高职高专机电一体化专业规划教材

自动控制系统原理与应用
(第 2 版)

李　琳　周柏青　主　编

清华大学出版社
北　京

内 容 简 介

全书共分为 5 个项目,通过项目任务的进程,将经典控制理论逐级展开。项目 1 介绍了定性分析自动控制系统所需的基本知识。项目 2 和 3 介绍了定量分析自动控制系统所需的基本知识和自动控制系统的时域性能指标内涵。项目 4 介绍了自动控制系统的工程分析方法、基本知识、问题产生原因与改善调试自动控制系统的基本控制规律。项目 5 是一个综合实例,通过该实例介绍了伺服控制系统的特点、系统组成、性能要求与调试方法等,它是对本书项目 1~4 所学理论知识的综合应用。

本书可作为高职高专电气自动化专业、机电一体化技术专业、数控系统维护专业和机械制造与自动化专业的教学用书,也适用于成人高校、职工大学、函授大学的相近专业,并可供从事自动化技术的工程技术人员参考。

图书在版编目(CIP)数据

自动控制系统原理与应用/李琳,周柏青主编. —2 版. —北京:清华大学出版社,2018 (2023.8重印)
(高职高专机电一体化专业规划教材)

ISBN 978-7-302-48678-7

Ⅰ. ①自…　Ⅱ. ①李…　②周…　Ⅲ. ①自动控制系统—高等职业教育—教材　Ⅳ. ①TP273

中国版本图书馆 CIP 数据核字(2017)第 270096 号

责任编辑:桑任松
装帧设计:王红强
责任校对:吴春华
责任印制:沈　露

出版发行:清华大学出版社
网　　　址:http://www.tup.com.cn, http://www.wqbook.com
地　　　址:北京清华大学学研大厦 A 座　　邮　　编:100084
社 总 机:010-83470000　　邮　　购:010-62786544
投稿与读者服务:010-62776969, c-service@tup.tsinghua.edu.cn
质量反馈:010-62772015, zhiliang@tup.tsinghua.edu.cn
课件下载:http://www.tup.com.cn, 010-62791865

印 装 者:三河市龙大印装有限公司
经　　销:全国新华书店
开　　本:185mm×260mm　　印　　张:13.75　　字　　数:331 千字
版　　次:2011 年 4 月第 1 版　2018 年 2 月第 2 版　印　次:2023 年 8 月第 4 次印刷
定　　价:35.00 元

产品编号:075617-01

第 2 版前言

本书自 2011 年 4 月出版以来，得到了全国许多高职院校自动化控制技术教师的关怀和支持。过去的五年多是中国高等职业教育改革力度大、发展速度快的时期，随着信息化、自动化技术应用水平的不断提高，自动控制技术作为电类专业的核心课程的重要性显得越来越重要，自动控制技术的知识与技能已成为多数职业与岗位的能力和技术支撑。

本书基本保持了原有结构，变动的情况如下。

(1) 对原教材中的错误进行了修正；

(2) 进一步完善每个项目的"小结与习题"，可供学生在学完每一章后进行总结和归纳；

(3) 对项目任务进行了修改，更加详细地描述了每个项目任务的分析思路与执行方案，以便学生更好地理解控制理论对实际工作的指导意义。

本书由云南机电职业技术学院李琳教授和浙江同济科技职业学院周柏青副教授编写并统稿。限于编者的水平和能力，教材中的疏漏之处敬请使用本教材的教师和学生予以批评指正。

编　者

第 1 版前言

"自动控制系统原理与应用"是一门理论知识综合应用极强的专业基础课程，所具有的科学方法论的特点是一般专业基础课程或专业课程所不具备的。因此，有效利用本课程所具有的学科特点，结合职业教育的职业性、实践性和开放性，是本书构建学习领域的知识内容与教学目标的基本理念。

本书在内容的编排上，以实际自动控制系统的维护、故障排除和性能调试为主线，抽象并模拟了自动控制系统实际的调试与维护过程，以及分析问题时思维方法的形成过程与理论知识的应用过程，通过建立与实践活动相对应的知识点与能力点的有机联系，修正了以往同类教材中"理论够用"却无定论，导致理论知识杂乱无序的弊端，为工程实践与理论知识的有机结合做了有益的尝试。本书的特点具体可概括为如下两方面。

(1) 学习领域的知识构架与教材内容的优化选择。将职业领域的实际工作任务分解成情境学习领域的内容框架，以解决职业领域中实际问题所需的知识点来构建学习领域的学习内容。为此，在以知识点重构教材内容时，本书既注意到了理论知识的有序性与连贯性，也考虑到了知识点与解决工程问题之间的相互依存关系。所选案例及习题尽可能多地与实际自动控制系统中出现或所关心的问题相一致，在培养学生的职业能力和职业素质的同时，开拓学生的认知范围。

(2) 职业领域的关键职业能力形成的模拟与抽象。职业能力的高低并不在于学生学到了哪些知识，而在于学生能否将学过的知识综合应用于职业行为过程。由于职业过程中的问题千变万化，不可能在有限的课程中一一列举。因此，"授人以鱼，不如授人以渔"的思维教学理念在以就业为导向、职业能力培养为核心的课程设计理念中就显得尤为重要。为此，本书面向职业领域的工作情境将知识再次细化为旧有知识、可以由旧知识推出的新知识和全新知识，通过模拟分析思维与分析方法的形成过程抽象出本书的知识链条，并引导学生随着工作情境的展开，逐步形成自己的知识综合应用的思维链条与方法链条。

全书内容安排如下：项目 1～4 的内容是按工作任务处理方式分解的项目要求，将经典控制理论逐级展开，展开过程模拟了对实际问题进行分析的思维形成过程。项目 5 是一个综合实例，在这个实例问题的解决过程中，除了将项目 1～4 的内容全部串接起来、让学生了解知识的应用方法之外，更为重要的是，有序地引导学生，利用知识的适度引申与资料的查阅来补充知识的不足，并利用它们解决新的问题。项目 5 是对本书项目 1～4 的理论与实践的综合应用。

本书由云南机电职业技术学院李琳教授和浙江同济科技技术职业学院周柏青老师主编并统稿。李林会老师参与了本书部分内容的编写与案例的处理，刘志华老师对全书的电子文本、绘图和 MATLAB 软件分析做了大量的工作。本书同时配有丰富的教学资源，包括电子教案、授课计划、试题库、教学指导与学习指导等，需要者可访问 http://www.ynmec.com

进行下载。

在本书的编写过程中，编者参考了国内外院校的优秀教材。在此，向所有为本书的编写和出版给予帮助的朋友致以衷心的感谢。

由于编者水平有限，书中有不妥与不足之处在所难免，敬请广大读者和专家批评指正。

编　者

目　　录

项目 1　单闭环直流调速系统的基本工作原理

- 能正确判断单闭环直流调速系统的控制目的，正确找到其被控制对象及被控量。
- 能正确判断单闭环直流调速系统的控制装置，正确找到其控制量与执行机构。
- 能正确判断单闭环直流调速系统的控制方案，理解开环控制与闭环控制方案的特点，并正确找到闭环控制方案中的反馈装置及反馈量。
- 通过分析，能将给定的单闭环直流调速系统的原理图绘制成系统组成框图，并借助组成框图对控制系统的基本工作原理进行分析。

拓展能力

- 了解自动控制系统的基本概念及特点。
- 了解开环控制与闭环控制方案的特点。
- 理解自动控制系统各个组成部件图形化描述方法的基本原则，并掌握自动控制系统的图形化描述方法。
- 理解自动控制系统组成框图中各种信号流与环节功能化抽象的基本意义。
- 掌握利用自动控制系统的系统组成框图来定性分析自动控制系统基本工作原理的工作方法。

工作任务

- 将单闭环直流调速系统的各个物理部件按功能进行抽象，建立图形化的功能描述。
- 通过对单闭环直流调速系统的控制目的、控制装置、被控量与控制量之间关系的分析，正确找到各物理部件之间的信号传递关系，并建立单闭环直流调速系统的系统组成框图。
- 在正确建立单闭环直流调速系统组成框图的基础上，正确分析该自动控制系统的基本工作原理。
- 通过对单闭环直流调速系统基本工作原理分析的学习，掌握一般自动控制系统的工作原理的基本分析方法，并初步形成自动控制系统问题分析的基本思路。

相 关 知 识

(一)自动控制系统

控制系统是一个非常普通的概念，它具有很多特性。如果一个系统是由人来完成对机器的操作，例如开汽车，那么可称之为人工控制(manual control)。如果一个系统仅由机器来完成操作任务，例如智能空调器自动调节室内温度，那么就称之为自动控制(automatic control)。

图 1-1 所示是液位控制的示意图，图中两个控制系统的目的都是期望容器中的液体能停留在指定的高度上。不同的是：图 1-1(a)中，期望结果是由人进行操作完成的，是人工控制系统；而图 1-1(b)中，期望结果不需要人来干预就可以自动完成，所以是自动控制系统。

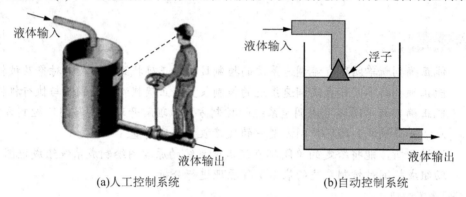

(a)人工控制系统　　　　　　　　　　　(b)自动控制系统

图 1-1　液位控制

下面再通过一个实例来进一步明确自动控制的基本概念。

【例 1-1】　热力系统的控制。在如图 1-2(a)所示的人工控制系统中，人是温度控制的主体，其目的是使热水保持在给定温度上。为此，可以考虑在系统的热水输出管道内安装一支温度计，并以此来测量热水的实际温度。操纵者(人)始终监视着温度计，当发现水温高于希望值时，就操作蒸汽阀门，减少输送到系统中的蒸汽量，以降低水温；当发现水温低于希望值时，就反向操纵蒸汽阀门，使进入系统的蒸汽量增大，以提高水温。

如果用自动控制器来取代操作者(人)的工作，那么，要完成人工控制所需要完成的任务，就必须在系统中增加一个能够模仿人、并能完成整个操作过程所需要的判断与操作装置，如图 1-2(b)所示。

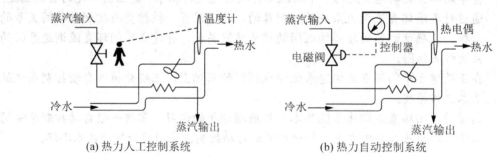

(a) 热力人工控制系统　　　　　　　　(b) 热力自动控制系统

图 1-2　热力系统的温度控制

图 1-2(b)所示的自动控制系统的特点如下。

(1) 用热电偶和控制器代替操作者对温度计的观察与判断。热电偶将温度变换成电信号输给控制器，由控制器来判断温度是否与期望值(设定值)相同。

(2) 用电磁阀取代人对送气阀门的操作。控制器将判断的结果送给电磁阀，以决定是关闭蒸汽阀门降低蒸汽输入，还是打开蒸汽阀门增加蒸汽输入。

在系统中增加了这些能模仿人进行判断和操作的控制设备后，这个热力系统就由人工控制变成了自动控制。因此，一般来说，所谓的自动控制就是指在没有人直接参与的情况下，利用可以模拟人进行判断与操作的控制装置，对生产过程、工艺参数、目标要求等进行自动调节，使之按照某种预定的方案达到希望效果或期望目标的过程。

通过对【例 1-1】的分析，可以总结出自动控制的一般规律。

(1) 所谓自动控制就是为了完成某种"目标"而采用的一整套的方法与步骤，而这些方法与步骤通常又包含了能够更好地实现这些"目标"的最佳策略(控制方案)。

(2) 所谓控制往往是对一个动态(运动)过程所实施的动态监测与动态调节过程。一个过程如果没有变化(运动)也就无所谓控制。

因此，简单来说，所谓自动控制系统是指能按照所设定的控制策略(或控制方案)，自动完成某项工作任务，并达到预定目标的机械和电气系统。

(二)自动控制系统的控制方案——开环与闭环(反馈)控制

1．开环与闭环控制系统

【例 1-2】　太阳能高效抽水系统。

图 1-3 所示的太阳能高效抽水系统的工作原理并不复杂，其目的是：白天太阳能收集器收集太阳能并通过太阳能—电能转换机组产生电能，以驱动电动机将地下水抽到蓄水池中储存起来。显而易见，这个控制过程只考虑了太阳能转换为电能并带动水泵抽水的过程，却并没有考虑蓄水池的蓄水情况。因此，在天气持续晴好而无须每天灌溉的情况下，势必会存在水资源的浪费问题。如果把供给水泵的电流作为该系统的输入，而蓄水情况作为输出的话，则电流供给水泵抽水(输入)与其目标——蓄水情况(输出)之间没有关联。这样的自动控制过程就是开环控制，而实施这种控制方案的系统称之为开环控制系统。

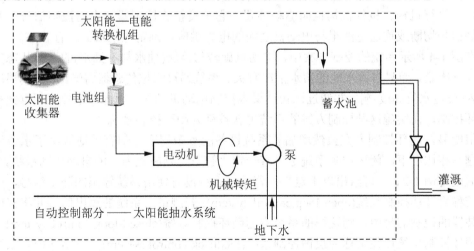

图 1-3　太阳能高效抽水系统——开环控制

分析【例 1-2】系统中存在的问题可知，造成这一问题的原因在于没有对蓄水池的蓄水情况进行监控。为了解决【例 1-2】系统中的问题，可以考虑给蓄水池增加一个可以用于监视蓄水池水位变化的测量转换装置。它负责将蓄水池里的水位高低变换成电信号送至控制装置，控制装置将该信号与给定的水位高度信号进行比较，然后将比较结果送给执行机构，由执行机构负责按控制装置送来的比较结果切断或连通太阳能电池与电动机之间的电力输送，以完成根据蓄水池水位情况来确定是抽水还是不抽水的节水方案。上述系统如图 1-4 所示。

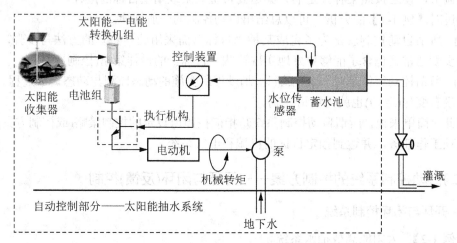

图 1-4　太阳能高效抽水系统——闭环控制

与图 1-3 所示的系统相比，图 1-4 所示的系统中添加了水位传感器、控制装置和执行机构(驱动装置)。这些装置的作用如下。

(1) 水位传感器。负责检测蓄水池中水位的高低，并将检测到的结果变成电信号送给控制装置。

(2) 控制装置。负责接收由水位传感器传送过来的水位检测信号，并将该信号与设定的水位信号进行比较，然后将比较结果作为控制信号送给执行机构。

(3) 执行机构。执行机构也叫驱动装置，它负责接收控制器送来的控制信号，并按照该控制信号切断或连通电池组与电动机之间的电力供应，确定电动机的运行状态。

在图 1-4 所示系统的控制方案中，电动机旋转与停转(抽水与不抽水)的运行状态完全抛开了天气因素，而只与蓄水池的蓄水情况有关。系统通过水位传感器将输出(蓄水)情况反馈给输入(设定水位高度)端，并通过比较结果来控制电动机动作。因此，这种控制方案被称之为闭环控制，而实施这种控制方案的系统也就被称为闭环控制系统。

很明显，闭环控制方案虽然增加了系统设备的复杂程度，却有效地解决了水资源的浪费问题。相比之下，闭环控制系统是具有一定"智慧与判断能力"的自动控制系统。

通过【例 1-2】，可给出以下定义：若控制系统没有使用系统输出的测量信号，则这样的系统称为开环控制系统(open-loop control system)；若测量了系统的输出信号并将其应用于控制装置的控制信号中，则这样的系统称为闭环控制系统(closed-loop control system)。

闭环控制系统往往又称为反馈控制系统(feedback control system)。在闭环控制系统中，系统需要测量输出状态，然后将此状态变换成某种信号送回给控制装置(或设备)与输入信号进行比较，并将比较的结果作为控制信号来控制相应的执行机构动作。这种将输出信号反送回输入端，进而产生控制信号(偏差信号)的过程称为反馈；利用其产生的控制信号(偏差信号)实现控制被控制目标(被控对象)的设备称为反馈系统；而其中实现这一控制目标的装置，如检测装置、传感装置等，则被统称为反馈装置。因此，一个自动控制系统是不是反馈(闭环)系统，只需要看这个系统的输入与输出之间是否存在反馈装置。若存在，则自动控制系统就是闭环控制系统。本书所介绍的有关自动控制系统的内容都是围绕反馈(闭环)控制系统展开的，所提到的自动控制系统在无特别说明的情况下，都是指反馈控制系统。

2．反馈(闭环)控制系统中的反馈控制类型

反馈的概念在模拟电子电路中有所涉及，即反馈放大器有正反馈和负反馈之分。而在采用了反馈(闭环)控制方案的自动控制系统中，类似的问题同样存在，一般可定义如下两个概念。

(1) 正反馈。反馈环节测量并返回了系统的输出信号，并以"加"的形式应用于控制器控制信号的计算中。其特点表现为，输入量与反馈量的作用相互增强，从而导致控制信号使输出量偏离于期望的结果。

(2) 负反馈。反馈环节测量并返回了系统的输出信号，并以"减"的形式应用于控制器控制信号的计算中。其特点表现为，输入量与反馈量的作用相互削弱，从而导致控制信号使输出量逼近于期望的结果。

【例 1-3】 用于孵化鸡蛋的孵卵器(Drebbel，1620 年设计)。

图 1-5 所示为 1620 年由 Cornelis Drebbel 设计的一种能自动控制加热温度的孵卵器。火炉有一个箱子，用于围控火苗，箱子顶部设有通气管并安装了一个烟道挡板。火箱里面是双层隔板的孵卵箱，隔板间充满了水以均衡整个孵化室的受热。温度传感器是一个玻璃容器，里面装的是酒精和水银，安装在孵卵器周围的水套中。当火加热箱子和水的时候，由于酒精具有正温度效应，所以受热后酒精体积膨胀，将提升杆向上抬起，从而降低通气管上的烟道挡板，使火势减小，温度降低。如果孵卵箱过冷，则酒精体积收缩，提升杆下降将烟道挡板打开，火势变旺，以提供更多的热量。

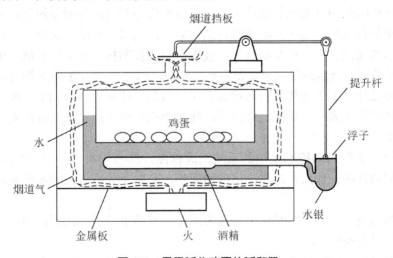

图 1-5 用于孵化鸡蛋的孵卵器

分析这个控制过程，不难发现该孵化设备的控制特点是：输入量(这里是火势的大小)与反馈量(温度)的作用是相互抵消的，其结果是当温度高过期望值时，输出量(火势)减小，温度降低。

在本例中，如果不改变孵化设备的装置结构，只是将温度传感器中具有正温度效应的酒精和水银换成具有负温度效应的某种液体。那么其控制过程就变成了：当温度上升时，具有负温度效应的液体体积收缩，提升杆下降，从而打开烟道挡板，使火势变旺，温度进一步升高；而当温度过低时，具有负温度效应的液体体积膨胀，提升杆向上抬起，降低通气道上的烟道挡板，使火势变小，温度又进一步降低。这样的改变造成的结果是：输入量(这里是火势的大小)与反馈量(温度)的作用是相互加强的，最终导致当温度高过期望值时，输出量(火势)不减反增，使温度进一步上升。

比较【例1-3】中的两种反馈方式，可以总结出正反馈与负反馈控制的性能特点如下。

(1) 正反馈。反馈信号不是制约输入信号的活动，而是促进与加强输入信号的活动。正反馈的意义在于使控制目标处在不断加强的控制过程中。

(2) 负反馈。反馈信号与输入信号的作用相反，因而它可以纠正控制信号所出现的偏差效应。负反馈调节的主要意义在于维持控制目标的实现。

通常，如果输入量与反馈量不是相互抵消，而是相互加强的，那么对于自动控制系统来说，则不可能实现稳定的期望(输出)结果。所以，只有输入量与反馈量的作用相反的负反馈才能使自动控制系统按照预定方案达到人们所期望的控制目标，而这正是负反馈(闭环)控制系统的控制精髓所在。在不特别说明的情况下，自动控制系统一般是指具有负反馈控制方案的闭环控制系统。

(三)自动控制系统的组成框图

1. 自动控制系统组成框图的建立

在实践中，要对某个自动控制系统进行分析与调试，就必须了解这个自动控制系统是如何工作的，也就是要了解这个自动控制系统大致的工作原理。而要完成这个任务，了解自动控制系统由哪些相互关联的部件或装置组成就成为对自动控制系统进行分析的第一个步骤。由于早期自动控制系统的组成部件结构简单，所以对它的分析总是可以借助于系统本身的原理示意图来进行。但是随着生产技术和自动控制技术的不断发展，现代自动控制系统的内部关联部件及组成结构也变得愈来愈复杂，单凭原理示意图(见图1-6)已不足以帮助人们分析并设计出一个现代的自动控制系统。因此，建立一种有助于了解自动控制系统工作原理的图形化模式——系统组成框图，就成为应用自动控制理论分析实际自动控制系统的重要一步。

要画出一个实际自动控制系统的系统组成框图，就必须明确下面三个问题。

(1) 控制的目的是什么？对这个问题的回答，有助于分析者找到被控制对象及被控量(输出量)。

(2) 控制的装置是什么？对这个问题的回答，有助于分析者找到控制量及执行控制过程的执行元件或驱动装置。

(3) 被控制量与控制量之间是否存在关联？对这个问题的回答，有助于分析者找到反馈装置及反馈量。

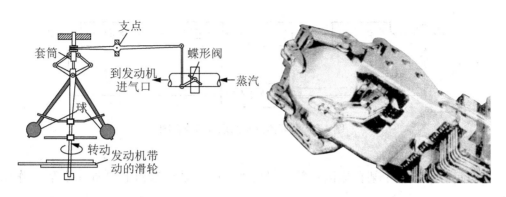

(a)飞球调速系统原理示意图(1769年，瓦特)　　　　(b)四指机械手(2001年，美国)

图 1-6　不同时期的自动控制系统的原理示意

在正确回答以上问题，并得到系统组成框图的基础上，可以进一步分析系统输入量与反馈量之间的比较关系，从而确定其反馈类型。

【例 1-4】　建立如图 1-5 所示孵卵器(Drebbel)的系统组成框图，并分析其工作原理。

解：（1）　控制的目的：保持孵卵器温度恒定。由此可以找到以下两个量。

被控制对象(物理实体)：孵卵器。

被控量(输出物理实量)：孵卵器温度。

（2）　控制的装置：烟道挡板。由此可以找到以下两个量。

控制量(输入物理实量)：火。

执行机构：水银、浮子及提升杆。

（3）　被控制量与控制量之间是否存在关联：存在。

反馈环节及其控制过程：酒精检测温度　→　浮子及提升杆动作　→　改变烟道挡板的高度。

反馈量：温度变化。

因此，可得到孵卵器系统的组成框图如图 1-7 所示。图中，"○"表示对输入量与反馈量进行比较的控制器件。

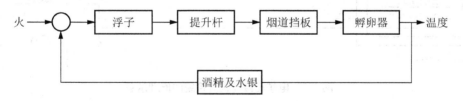

图 1-7　孵卵器的基本组成框图

正如【例 1-3】所分析的那样，要想让孵卵器达到自动控制的目的，即保持孵化箱内的温度恒定，必须采用负反馈。于是，在用"○"这个符号表示实现输入量与反馈量进行比较、并产生控制信号的控制装置的同时，对于输入这个控制装置的输入量，一般可用"+"来表示它的信号极性。由于本例中的反馈类型是负反馈，所以反馈量就用"-"来表示其信号类型。这样一个完整的系统组成框图就如图 1-8 所示。

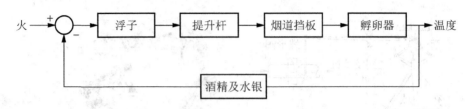

图 1-8 孵卵器完整的系统组成框图

下面分析其工作原理。

当假定孵卵器由于某种原因使箱体温度增加时，系统有如下的调节过程(工作原理)存在。

$$T \uparrow \rightarrow 酒精体积膨胀 \rightarrow 浮子上升 \rightarrow 提升杆上升 \rightarrow 烟道挡板高度降低$$

$$T \downarrow \longleftarrow$$

【例 1-5】 建立图 1-9 所示的电炉箱自动恒温系统的系统组成框图,并分析其工作原理。

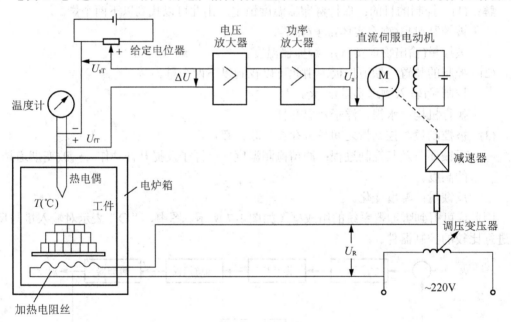

图 1-9 电炉箱自动恒温系统的原理示意

解： (1) 控制的目的：保持电炉温度恒定。由此可以找到以下两个量。

被控制对象(物理实体)：电炉箱。

被控量(输出物理实量)：电炉箱温度。

(2) 控制的装置：加热电阻丝。由此可以找到如下两个量。

控制量(输入物理实量)：给定电压 U_{sT}。

执行机构：调压变压器、减速器和直流伺服电动机。

(3) 被控制量与控制量之间是否存在关联：存在。

反馈环节及其控制过程：热电偶 → 给定电压 → 改变电动机转动方向 → 调节
电阻丝两端的电压大小。

反馈量：温度变化 U_{fT}。

因此，得到电炉箱自动恒温系统的系统组成框图如图 1-10 所示。

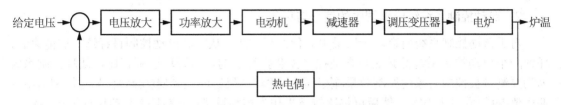

图 1-10　电炉箱自动恒温系统的基本组成框图

接下来可以进一步分析输入量与反馈量的比较结果。

如果炉子的温度事先已由给定电压 U_{sT} 设定好了，那么当某种扰动出现(如放入工件时
打开炉盖等)时，会使炉子的温度下降，这时需要增加电压使电阻丝迅速加温；反之，如果
电阻丝加热到超出设定温度，则需要减小电压，使电阻丝少发热或不发热。由此可知：电
炉箱自动恒温系统采用的应该是负反馈，其完整的系统框图如图 1-11 所示。

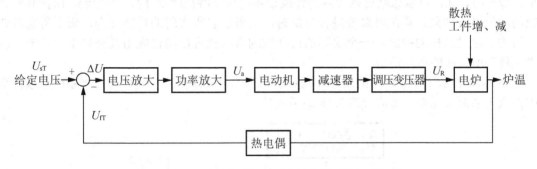

图 1-11　电炉箱自动恒温系统的完整系统组成框图

下面分析其工作原理。

当假定电炉箱温度由于某种原因增加时，系统有如下的调节过程(工作原理)存在。

$$T \uparrow \rightarrow U_{fT} \uparrow \rightarrow \Delta U = U_{sT} - U_{fT} \downarrow \rightarrow 电动机经减速器带动调压器运行使 U_R \downarrow$$

$$T \downarrow \longleftarrow$$

总结【例 1-5】，可以得到以下结论。

(1) 一般情况下，自动控制系统总是用"+"号来表示所给出的输入量，而对于反馈量，
可根据其控制目的及控制作用，分别用"+"号或者"−"号来表示其反馈性质。当反馈量
造成的控制作用加剧了输出量变化趋势时，用"+"号表示其反馈性质为正反馈；当反馈量
造成控制作用减弱并稳定了输出量的变化趋势时，用"−"号表示其反馈性质为负反馈。一
般来说，有效的自动控制系统往往是负反馈系统。

(2) 为了表明自动控制系统的组成以及信号的传递情况，通常把系统各个组成部件的

作用,用"方框+装置的功能特征说明"的方式进行表示。除此之外,还用箭头标明各关联装置之间作用量(能量或信号)的传递情况。而这样做的好处在于,在对实际问题进行分析时,可以避免画复杂的系统示意图,同时也可以把系统主要装置之间的相互作用关系(功能作用),能量或者信号的传递途径简单而明了地表达出来,从而为下一步系统的定量分析提供一个简单而明确的图形化模型(系统框图)做准备。

2.自动控制系统组成框图中的信号与环节

对于自动控制系统而言,无论采用哪种控制方式,从完成自动控制目标这一职能来看,任何一个自动控制系统都必然包含被控对象和执行机构。与开环控制相比,闭环控制系统因为要测量被控制对象的控制效果(输出量),并将结果送回控制器(比较环节)与控制器中的期望值(输入量)进行比较,然后再将比较结果作为控制量(偏差信号)来驱动执行机构,因此,闭环控制系统从结构上来说要比开环控制系统复杂。

组成自动控制系统的某些器件或设备,如用于检测和转换的反馈装置、用于比较和控制的控制器、用于控制信号输入的给定装置等,都是实现自动控制过程的关键器件和设备。在不同的应用场合,它们的材料结构、制造原型或尺寸大小可能完全不同,但它们在控制系统中所实现的控制任务和控制功能有可能完全一致。因此,从实现控制功能的角度来看,由于任何一个自动控制系统的控制过程基本类似,所以在对任何一个实际的自动控制系统进行分析时,通常可以忽略这些实际器件或设备的外部特征(如结构、类型等),而按其所完成的功能进行抽象,即在对系统进行分析时,只考虑它所实现的功能行为,而不考虑其装置结构。经过这样的抽象,一个实际的自动控制系统就可以简化成由几种典型"环节"或"元件"所组成的系统模型。

图 1-12 表示了一个典型的反馈控制系统的基本组成模型。一般自动控制系统组成模型中大致包括两类元素,即信号流与环节(或元件)。

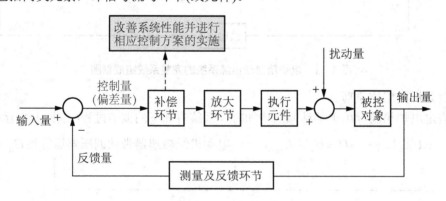

图 1-12　自动控制系统的典型组成框图

1)　信号流

信号流指一个自动控制系统中所有相互作用的信号的组合。一个给定的自动控制系统中一般包括以下 6 个信号量。

(1)　输入量(input variable)。输入量是指让自动控制系统按期望要求工作时的信号输入值,该物理量又常被称为给定量或参考量。

(2)　输出量(output variable)。输出量是指自动控制系统工作或动作的实际情况。它可以是任何被控制对象的实际输出值,如炉温温度、电动机转速、水位高度或机械加工设备的加工轨迹等。该物理量又常被称为被控量。

(3) 反馈量(feedback variable)。反馈量是输出量的一部分或全部。在电气控制系统中,非电量一般要转换成电量。

(4) 控制量(control variable)。控制量也称为偏差量,它是由输入量与反馈量比较得来的。这是一个非常重要的物理量,自动控制系统就是利用这个物理量,以闭环方式来控制被控对象的。

(5) 扰动量(disturbance variable)。扰动量是指引起输出量与期望值不一致的各种变化因素。它可以来自自动控制系统内部,如电子设备的零点漂移、温度导致的器件参数变化等;也可以来自自动控制系统外部,如电网电压变化,负载、阻力及环境温度等变化。

(6) 中间变量(middle variable)。中间变量是指自动控制系统各关联部件或装置之间相互作用的信号。其基本原则是:前一装置的输出量是后一装置的输入量。在系统模型中,中间变量的物理性质不一定是相同的,如电动机,它的输入量是电量,而输出量是机械转矩。

在自动控制系统的组成框图中,一般用带有箭头的有向线段来表示信号的传递方向或信号的流向。沿箭头方向从输入端(左侧)到达输出端(右侧)的传输通路称为自动控制系统的前向通路,输出量经测量元件反馈到输入端的传输通路称为反馈通路。

2) 环节或元件

环节或元件是指组成某一自动控制系统的各装置或设备的理想模型。它只反映了这些组成装置或设备所要完成的功能或任务,而与这些装置或设备的物理结构无关。一个给定的自动控制系统一般可以分成以下几个环节或元件。

(1) 给定元件(Command Element)。其任务是给出与期望的被控量相对应的系统输入量(也叫给定量或参考量)。

(2) 测量及反馈环节。其任务是测量被控量(输出量),并将其反馈到输入端。在电控系统中,如果这个被测量的物理量是非电量,一般要转换为电量。

例如,测速发电机可用于检测电动机轴的速度,并将其转换为电压信号;湿敏传感器可利用"湿—电"效应来检测湿度,并将其转换成电信号;旋转变压器、自整角机等可以用于检测角度,并将其转换为电压信号;热电偶可用于检测温度,并将其转换为电压等。

(3) 比较环节。其任务是把测量元件检测到的反馈量与给定元件给出的输入量进行求和运算,然后将其结果作为控制量(偏差量)输出,用以控制执行元件的运作。图中用"○"号代表比较元件(见图 1-12),它表示了反馈量与输入量所进行的比较运算。在一般的分析过程中,通常约定给定输入量为"+",因此,若反馈量用"−"号,则代表了负反馈;若反馈量用"+"号,则代表正反馈。常用的比较元件有差动放大器(运算放大器)、机械差动装置和电桥等。

(4) 补偿环节。补偿环节也称校正元件或控制器。其作用是对系统实施相应的控制策略,以改善系统的性能,使自动控制系统能更好地按要求达到期望的控制目标。这个环节是结构或参数都便于调整的装置或部件,常用串联方式或反馈方式(局部反馈)连接在系统中。最简单的补偿环节可以是由电阻、电容或放大器组成的无源或有源网络,复杂的则可用计算机芯片来完成。

(5) 放大环节。放大环节是将比较元件输出的控制量进行放大，以推动执行元件去控制被控对象。如电压偏差信号，可用电子管、晶体管、集成电路、晶闸管等组成的电压放大器或功率放大器加以放大。

(6) 执行元件。执行元件直接推动被控对象，使其按控制量的要求作相应的变化与动作。用来作为执行元件的设备有阀门、电动机等。

(7) 被控对象。被控对象是由一些机器零件有机地组合在一起的某种设备，其作用是完成某个预先设定的动作。一般来说，任何被控物体(如加热炉、电动机转动、水箱、化学反应器或宇宙飞船等)都可称为被控对象。

【例 1-6】 比较环节的物理器件分析——加法器。

解： 图 1-13 所示是一个可以实现给定信号(输入量)与反馈信号(反馈量)进行比较的物理器件，它由运算放大器构成。

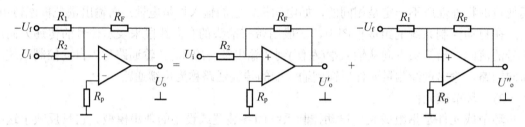

图 1-13　比较控制器

由叠加定理可知，当线性放大器输入端有两个信号源共同作用时，其输出为这两个信号源单独作用时所产生的输出的叠加。

当 U_i 单独作用时，此电路进行反相比例运算。由反相比例运算公式可得

$$U_o' = -\frac{R_F}{R_2} \times U_i$$

当 U_f 单独作用时，此电路为反相比例运算。再由反相比例运算公式得

$$U_o'' = -\frac{R_F}{R_1} \times (-U_f) = \frac{R_F}{R_1} \times U_f$$

则当 U_i 和 U_f 同作用时，此电路的输出电压为

$$U_o = -\frac{R_F}{R_2} \times U_i + \frac{R_F}{R_1} \times U_f = -\left(\frac{R_F}{R_2} \times U_i - \frac{R_F}{R_1} \times U_f \right)$$

特别地，当 $R_1 = R_2$ 时，有

$$U_o = -\frac{R_F}{R_1} \times (U_i - U_f) = -\frac{R_F}{R_2} \times (U_i - U_f)$$

即实现了输入信号与反馈信号的比较输出。

任务　单闭环直流调速系统基本工作原理分析

任务引导

　　所谓调速就是指通过某种方法来调节(改变)电动机的转速。如果这种调节电动机的方法是通过人工完成的，那么这种系统就是在本章相关知识(一)中讨论过的人工控制系统，可称之为人工调速系统；如果这种调节电动机转速的方法是通过某种装置自动完成的，那么它就是一个自动控制系统，称之为自动调速系统。由于现实生产生活中所用到的调速系统都是自动控制的，所以，以后讨论的调速系统都指的是自动调速系统。

　　调速系统可以按照电动机的类型来进行分类。即如果调节的是直流电动机的转速，则可称这类调速系统为直流调速系统；如果调节的是交流电动机的转速，则可称之为交流调速系统。

　　在电动机原理的相关课程中，已知直流电动机的转速公式是

$$n = \frac{U_a - I_a R_a}{C_e \Phi}$$

式中：n ——电动机转速；

$\quad\ U_a$ ——电枢两端的供电电压；

$\quad\ I_a$ ——流过电枢的电流；

$\quad\ R_a$ ——电枢回路的总电阻；

$\quad\ \Phi$ ——直流电动机的励磁磁通；

$\quad\ C_e$ ——由电动机结构决定的电势系数。

　　由上式可见，调节直流电动机的方法有三种，即改变电枢回路的总电阻 R_a、减弱电动机磁通 Φ 和调节电枢两端的供电电压 U_a。

　　对于要求调速范围较大的无级调速的系统来说，以调节电枢供电电压的调速方案最好。减弱磁通虽然也可以平滑调速，但其调速范围有限，往往只是配合调压方案，在电动机额定转速以上作小范围的升速调节。

任务实施

(一)任务目标

　　学习将一个自动控制系统的原理示意图按其功能行为变换成系统组成框图，并根据该组成框图分析系统的工作原理。

(二)任务内容

　　(1) 将单闭环直流调速系统的原理框图转换为系统组成框图，并分析该自动控制系统的工作原理。

(2) 将系统组成框图中的放大器(参见【例1-6】)与实际运算放大电路(调节器)进行比较,并给出比例放大器的接线图。

(三)知识点

(1) 开环闭环控制方案。
(2) 反馈类型。
(3) 组成框图。
(4) 信号与环节。

(四)任务实施步骤

1. 单闭环直流调速系统的组成框图及工作原理分析

任何一个自动控制系统的调试都是先从弄清这个自动控制系统由哪些器件或设备组成,其大致的工作原理及整个系统的工作过程如何开始的。对自动控制系统基本组成及工作原理的分析称为定性分析。

下面就结合本章介绍的相关知识,对一个实际的自动控制系统——单闭环直流调速系统进行工作原理上的定性分析。单闭环直流调速系统的原理示意图如图1-14所示。

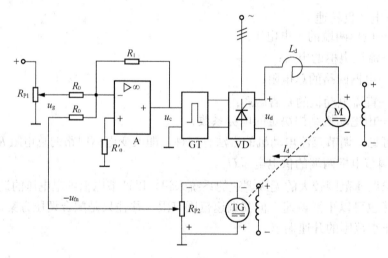

图1-14 单闭环直流调速系统(M-V系统)

对于图1-14所给出的单闭环直流调速系统的原理示意图,首先应建立它的系统组成框图,这样做的好处除了有助于分析该系统大致的工作原理外,更重要的是可以根据系统组成结构框图来建立下一步(定量)分析所需的数学模型及系统框图。因此,对给出的单闭环直流调速系统进行如下考虑。

(1) 控制的目的:保持直流电动机的转速恒定。由此可以找到以下两个量。
  被控制对象(物理实体):他励直流电动机;
  被控量(输出物理实量):直流电动机的转速。
(2) 控制的装置:晶闸管整流装置(触发、整流)。由此可以找到以下两个量。
  控制量:他励直流电动机两端的整流输出电压(电枢电压)u_d;

执行机构：触发装置 → 整流装置。

(3) 被控制量与控制量之间是否存在关联：存在。

反馈环节及其控制过程：测速发电机检测转速→与给定转速的输入电压进行比较→改变触发装置的触发电压 u_c 及晶闸管的导通角→改变整流装置的输出电压 u_d。

反馈量：直流电动机转速 u_{fn}。

因此，单闭环直流调速系统的组成框图如图 1-15 所示。

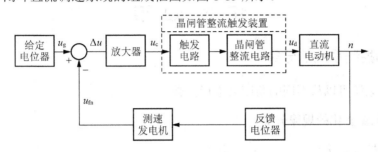

图 1-15 单闭环直流调速系统的组成框图

现在假定电动机转速由于负载转矩 T_L 增加而出现转速 n 下降，则系统有如下的调节过程(工作原理)存在。

$$T_L \uparrow \rightarrow n \downarrow \rightarrow u_{fn} \downarrow \rightarrow \Delta u = u_g - u_{fn} \uparrow \rightarrow u_c \uparrow \rightarrow 晶闸管导通角增加，使$$

$$u_d \uparrow$$

$$n \uparrow \longleftarrow$$

2. 系统组成框图中放大器与实际调节电路(调节器)的比较

图 1-16 为实训设备中实际的放大电路，虚线为待接的电阻及电容元件。与【例 1-6】中的加法器进行比较，分析当虚线处只接入电阻 R_1 时，该实际电路所实现的功能；同时查阅相关书籍或资料，分析该电路中 C_0、VD_1、VD_2、调零电位器以及限幅电路的作用。

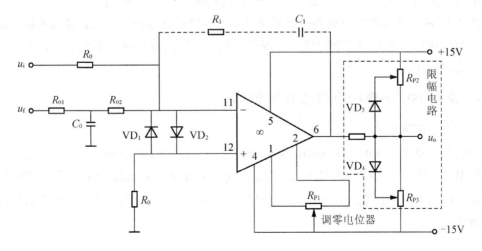

图 1-16 单闭环直流调速系统的调节器电路

(五)任务完成报告

将系统组成框图中的功能框与实际的单闭环直流调速系统进行比较，通过查找相应的资料，分析各部件的实际工作情况。

拓 展 知 识

(一)自动控制系统的分类

自动控制系统可以从不同的角度来进行分类。

1. 按输入量变化的规律分类

1) 恒值控制系统

恒值控制系统(fixed set-point control system)的特点是：控制系统的输入量(给定)是恒量，并且要求系统的输出量相应地保持恒定。恒值控制系统是最常见的一类自动控制系统。

图1-4所示的太阳能抽水系统及图1-5和图1-9所示的温度控制系统都属于恒值控制系统，除此之外，常见的恒值控制系统还有调速系统，如本次任务中的单闭环直流调速系统。

2) 伺服控制系统(随动系统)

伺服控制系统(servo control system)也叫随动系统，它的特点是：输入量是变化的(有时是随机的)，并且要求系统的输出量能随输入量的变化而做出相应的变化。

随动系统在工业和国防上有着极为广泛的应用，如船闸牵曳系统、机床刀架系统、雷达导引系统及机器人控制系统等。

3) 过程控制系统

过程控制系统(process control system)的特点是：输入量通常是随机变化的、不确定的，但要求系统的输出量在整个生产过程中保持恒值或按一定的程序变化。

图1-17所示的蒸汽发电机系统就是由计算机控制的过程控制系统。其输入量，即水、燃料和空气在输入过程中都有可能发生变化，但其实际的发电量则要求恒定，不能随输入量的变化而变化。

2. 按系统中的参数对时间的变化规律分类

1) 连续控制系统

连续控制系统(continuous control system)的特点是：各元件的输入量与输出量都是连续量或模拟量，所以它又称为模拟控制系统(analogue control system)。连续控制系统的运动规律通常可以用微分方程来进行描述。图1-18所示即为一个用模拟量来进行控制的双闭环直流调速系统。

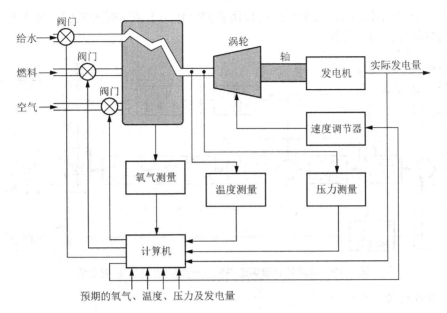

图 1-17　蒸汽发电机的协调控制系统

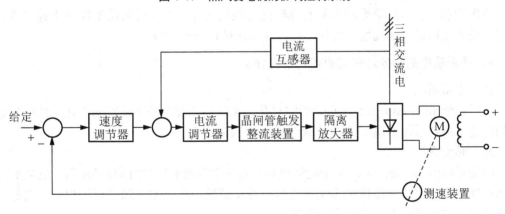

图 1-18　双闭环直流调速系统——连续控制系统

2)　离散控制系统

离散控制系统(discrete control system)又称采样数据控制系统(sampled date control system)。它的特点是：系统中的信号可能是脉冲序列、采样数据量、数字量等。通常采用数字计算机控制的系统都是离散控制系统。图 1-19 所示的是一个用计算机来进行控制的双闭环直流调速系统，其模拟反馈信号由 A/D 转换器转换成数字信号进入计算机，由计算机完成速度及电流的控制信号运算，并通过驱动接口(D/A)转换成模拟信号来改变电动机两端的电压大小，以使电动机转速恒定。

3. 按输出量和输入量间的关系分类

1)　线性控制系统

线性控制系统(linear control system)的特点是：系统全部由线性元件组成，它的输出量与输入量间的关系可用线性微分方程来进行描述。线性控制系统最重要的特性是可以应用叠加原理。叠加原理是指，两个不同的作用量同时作用于系统时的响应，等于两个作用量单独作用时其输出响应的叠加。

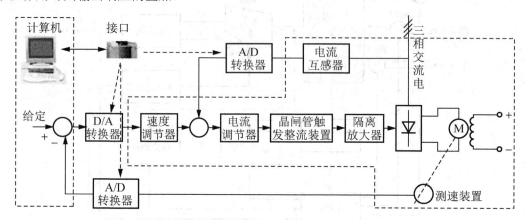

图 1-19　双闭环直流调速系统——离散(计算机)控制系统

2)　非线性控制系统

非线性控制系统(nonlinear control system)的特点是：系统中存在非线性元件，如具有死区、出现饱和、含有库仑摩擦等具有非线性特性的元件。非线性系统不能应用叠加原理，但有一些方法可以将非线性系统处理成线性系统进行近似分析。

4. 按系统中的参数对时间的变化情况分类

1)　定常系统

定常系统(time-invariant system)的特点是：系统的全部参数不随时间变化。实际生活中遇到的绝大多数系统都属于(或基本属于)这一类系统。

2)　时变系统

时变系统(time-varying system)的特点是：系统中有的参数是时间 t 的函数，它随时间变化而改变。例如宇宙飞船控制系统就是时变控制系统，在宇宙飞船飞行过程中，飞船内的燃料质量、飞船所受重力都在发生变化。

当然，除了以上的分类方法外，还可以根据其他的条件对自动控制系统进行分类。本书根据课程教学大纲的要求，只讨论定常线性系统(主要是调速控制系统与随动控制系统)。

(二)自动控制系统的基本要求

相关知识(一)中曾讨论了什么是自动控制系统，并从其定义中知道所谓的自动控制系统是能够模拟人的工作过程，对生产中出现的问题进行判断并加以解决的某种控制装置或控制设备。并由此得出结论，即所谓控制系统是可以完成某种人为规定任务的设备与装置。因此，如何完成任务以及如何更好地完成任务就成为人们对自动控制系统最基本的期望和要求。无论一个自动控制系统所完成的任务是复杂还是简单，也不论这个系统完成这些任务采用何种实现策略(控制策略)，对其不外乎三个方面的基本要求，即自动控制系统的稳定性、快速性和准确性。这三方面的要求简单介绍如下。

1. 自动控制系统的稳定性

对于任何自动控制系统来说，其首要条件必须是这个自动控制系统能稳定地正常运行。不稳定的自动控制系统是无法工作的。所以对于任何自动控制系统而言，稳定性是对其最基本的要求，不稳定的系统不能实现人们所预定或期望的任务，因而是没有工程应用价值的。

稳定性通常与自动控制系统的组成结构有关，而与外界因素无关，且对于不同类型的自动控制系统，其稳定性的内容也不尽相同。对于恒值系统，它的稳定性要求一般是：当系统受到外部因素影响(扰动量作用)后，系统能完成自我调整，并在经过一定时间的调整后，能够自动回到原来的期望值上。例如调速控制系统，当电动机所带负载发生变化导致其转速也产生变化时，要求系统经过调整后，其输出转速能保持不变。而对于随动系统而言，其稳定性的一般要求是：当系统受到外部因素影响或输入量突然发生变化时，被控制量能始终跟踪输入量的变化。例如雷达跟踪系统，无论其跟踪的飞机(输入量)是突然加速还是突然转弯，也不论它有没有释放干扰源，都要求雷达能准确跟踪该飞机。

因此，为了能够从理论上给出自动控制系统是否稳定的一般解释，通常定义如下：对于自动控制系统来说，若它的输入量或扰动量的变化是有界的，输出量也是有界(或收敛)的，则这样的自动控制系统就是稳定的；若它的输入量或扰动量的变化是有界的，而它的输出量是无界(或发散)的，则这样的自动控制系统就是不稳定的。

如图 1-20 所示，在有界的扰动信号的作用下，图 1-20(a)所示系统的输出量经过一定时间的调整后又回到了原来的状态,这种情况就称之为收敛，所以它是稳定的系统；而图 1-20(b)所示系统的输出量经过一段时间的调整后不仅没有回到原始状态，其幅值反而逐渐增大，这种情况就称为发散，所以它是不稳定的系统。

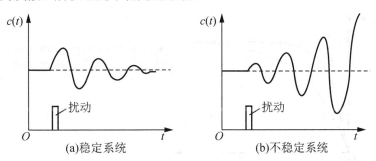

图 1-20　在有界扰动作用下，系统输出量的变化情况

自动控制系统稳定性通常还包括如下两个方面的含义。

(1) 自动控制系统的绝对稳定。即在任何有界的外部作用下，系统的输出量都必须是收敛的。

(2) 自动控制系统的相对稳定。即当自动控制系统是绝对稳定时，其调节过程所反映出来的调整性能(与系统的动态特性有关)。

如图 1-21 所示，在有界扰动信号的作用下，图 1-21(a)与图 1-21(b)所示系统都是稳定的。但比较而言，图 1-21(a)所示系统在调整过程中，其输出量经过了较大的幅值变化和较长的时间才回到预定状态，所以图 1-21(b)所示系统相对稳定性要好于图 1-21(a)所示系统。

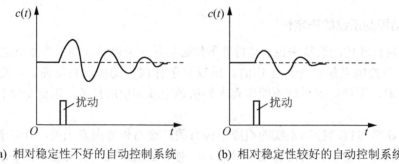

(a) 相对稳定性不好的自动控制系统　　　　(b) 相对稳定性较好的自动控制系统

图 1-21　自动控制系统的相对稳定性

2. 自动控制系统的动态特性(快速性)

在实际控制过程中，不仅要求系统稳定，而且还要求系统的实际输出量(被控量)能迅速跟上输入信号所发生的变化。比如，当踩下汽车油门时，人们总是希望汽车的行驶速度能迅速提高。但是，由于任何一个系统来说，当它从一个稳定运行状态向另一个稳定运行状态发生变化时，都要经过一个能量传递与变化(过渡)的过程，也就是说这个系统工作状态的变化是需要花费时间才能完成的。从另一方面来看，由于系统组成结构不同，因此，其能量传递的过程以及能量传递的形式也会有所差别。那么，对于某个系统而言，完成这些工作状态变化过程的快慢(所花时间的长短)，以及以哪种形式完成这些工作状态的变化，往往就成为恒量系统是否反应灵敏及如何反应的一个重要指标。所以，一个系统的输出要经过多长时间才能跟上输入量的变化，又以哪种形式跟上输入量的变化，就是一般所讨论的系统快速性的主要内容，如图 1-22 所示。而由于这些问题通常发生在系统工作状态出现变化的过程中，因而一般可以将其归于系统的动态特性。

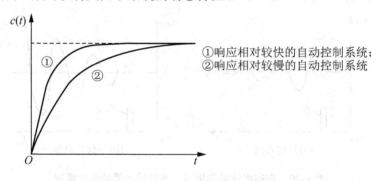

①响应相对较快的自动控制系统；
②响应相对较慢的自动控制系统

图 1-22　自动控制系统的快速性(动态特性)

3. 自动控制系统的稳态特性(准确性)

一个自动控制系统在平稳工作时，人们总是希望它的工作情况与预先设定好的期望值是百分之百吻合的。而实际情况往往是，由于系统中总是存在诸如机械摩擦、空气阻力等能量消耗等因素，从而使系统的实际输出不可能与人们预先设定好的期望值(输入量)丝毫不差。因此，系统的实际输出与人们期望值之间存在的差别就是自动控制系统在平稳工作时需要考虑的又一个性能指标。由于这种指标反映了系统在平稳工作情况下对输入量进行跟踪的能力，因此，通常也称这种性能指标为自动控制系统的稳态特性或跟(随)踪性能。在以后的系统性能分析中，大家将进一步了解到所谓系统的稳态特性这以下两方面的内容。

(1) 稳态特性讨论了系统实际输出与期望值之间存在的误差大小。系统在平稳工作情况下，其实际输出与期望输出(期望值)之间的差值被称为跟随误差，如图1-23所示。

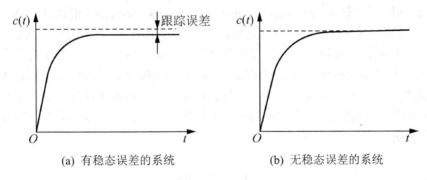

(a) 有稳态误差的系统　　　　　　　(b) 无稳态误差的系统

图1-23 自动控制系统的跟随误差

(2) 稳态特性还讨论了，一个系统平稳工作时，在外部干扰的作用(如电网的电压或电流突然发生变化)下自动返回原始工作状态的能力。当干扰系统的外部因素消失后，如果系统不能回到原始的工作状态，则这种实际输出与期望输出之间存在的差值就被称为扰动误差，如图1-24所示。

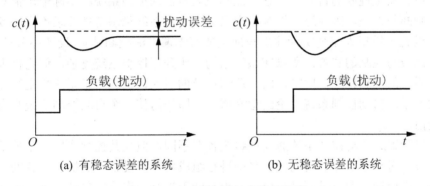

(a) 有稳态误差的系统　　　　　　　(b) 无稳态误差的系统

图1-24 自动控制系统的扰动误差

(三)自动控制系统的分析方法

对自动控制系统进行分析研究，首先是对其进行定性分析。所谓定性分析，主要是搞清系统的组成装置，以及各种装置在系统中所起的作用和它们之间的相互联系、物理量的传递关系，并在此基础上搞清楚系统的工作过程(工作原理)。然后，在定性分析的基础上，通过建立系统的数学模型，利用自动控制理论对其稳定性、快速性和准确性进行定量分析。在系统定量分析的基础上，找到改善自动控制系统性能的有效途径，这也就是所谓的系统的调试(校正)、故障排除等实际工作方法及技术应用手段。

自动控制理论分为经典控制理论(classical control theory)和现代控制理论(modern control theory)。经典控制理论是建立在传递函数(transfer function)概念基础上的，它对单输入—单输出(SISO)系统是十分有效的。现代控制理论是建立在状态变量(state variable)概念基础之上的，它适用于复杂的多输入—多输出(MIMO)控制系统及变参数非线性系统，以实现对自动控制系统的自适应控制(adaptive control)或最优控制(optimal control)等。本书讨论的自动控制系统基本上是单输入—单输出系统，所以应用的是经典控制理论。

在经典控制理论中，自动控制系统的定量分析方法又分为时域分析法(time-domain analysis method)、频域分析法(frequency-domain analysis method)和根轨迹法(the root locus method)等。其中时域分析法是最为直观和容易理解的方法，但由于这种方法要求解自动控制系统的闭环特征根，所以在没有计算机等计算工具前，这种方法显得十分复杂；但随着计算机的出现及自动控制研究方法的更新，现在对自动控制系统的时域分析已不再困难。频域分析法的直观性不如时域分析法，理解也较困难，但这种方法的工程应用价值是几种分析法中最高的，特别适用于自动控制系统的现场调试。因此，本书只介绍时域分析和频域分析这两种方法。

小　结

(1) 自动控制系统是指由机械、电气等设备所组成的，并能按照人们所设定的控制方案，模拟人完成某项工作任务，并达到预定目标的系统。

(2) 自动控制系统从控制方案上来说，可分为开环控制与闭环控制。开环控制系统具有结构简单、稳定性好的特点，但它不能模拟人对自动控制系统的实际输出值与期望值进行监视、判断与调整。因此这种控制方案只适用于对系统稳态特性要求不高的场合。闭环控制由于设置了模拟人监视实际输出与期望值有无偏差的检测装置(反馈环节)和对偏差进行调整的比较与控制的装置，所以在系统结构上比开环控制系统复杂，但它极大地提高了自动控制系统的控制精度。同时，由于反馈环节的引入，也造成了系统稳定性变坏，但这也正是大家学习自动控制系统理论的意义所在，即如何使一个自动控制系统具有稳、准、快的性能指标。

(3) 尽管组成自动控制系统的物理装置各有不同，但究其控制作用，不外乎几种基本元件或环节。对一个实际的自动控制系统进行组成器件或设备上的抽象，有助于对自动控制系统的工作原理、调节过程进行分析，也有助于为进一步分析自动控制系统性能而建立数学模型。

(4) 自动控制系统可以从不同的角度进行分类。工业加工设备中最为常见的系统是恒值系统与随动系统。

习　题

一、思考题

1. 什么是自动控制系统？

2. 什么是开环控制系统、闭环控制系统？试分析它们的特点。

3. 组成自动控制系统的主要元件或环节有哪些？它们各有什么特点，起什么作用？

4. 反馈分为哪两种类型？各有什么特点？

5. 自动控制系统的比较环节是如何实现的(电气实现)？其作用是什么？

6．恒值系统、随动系统与过程控制的主要区别是什么？

7．线性系统与非线性系统的主要区别是什么？

8．自动控制系统的性能指标有哪些？它们反映了系统哪些方面的要求？

9．分析直流调速的三种方案，并比较其优劣。

二、综合分析题

1．学习过程是知识不断积累的过程，图 1-25 所示为构成某一学习过程的反馈模型，试确定该系统中各个模块的内容。判断流学习过程应该属于哪种反馈。

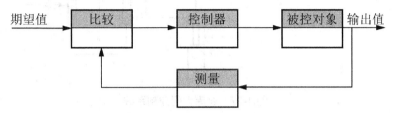

图 1-25　闭环反馈控制系统

2．图 1-26 所示为一晶体管稳压电源电路图，试分别指出给定量、被控量、反馈量和扰动量，画出其系统组成框图，并分析其自动调节过程。

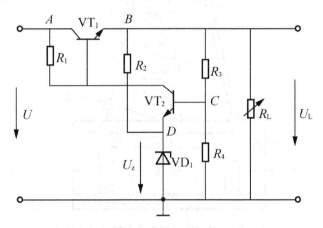

图 1-26　晶体管稳压电源电路

3．图 1-27 所示为一仓库大门自动控制系统。试说明自动控制大门开启和关闭的工作原理。如果大门不能全开或全关，应该怎样进行调整？

4．图 1-28 所示为通用压力调节器的内部结构示意图。通过旋转压力调节螺钉可以设定预期压力，设定的压力将压迫弹簧，从而产生一个与横隔板向上运动相反的力。而横隔板的底端承受着被控水压。这样，横隔板就像一个比较器，其运动反映了预期压力与实际压力的差异。于是，连接在横隔板上的阀门将根据压力差运动，最终到达压力差为零的平衡位置。试画出以输出压力为调节变量的控制系统的框图。

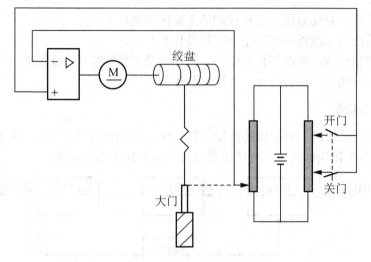

图 1-27　仓库大门控制系统

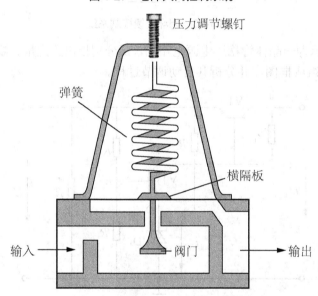

图 1-28　通用压力调节器内部结构示意图

5．在卷绕加工系统中，为了避免被卷物发生拉裂、拉伸变形或褶皱等不良现象，通常使被卷物的张力保持在某个规定数值上，这就是恒张力控制系统。在图 1-29 所示的恒张力控制系统中，右边是卷绕驱动系统，它以恒定的线速度卷绕被卷物(如纸张等)。右边的速度检测器提供反馈信号以使驱动系统保持恒定的线速度。左边的开卷筒与电气制动器相连，以保持一定的张力。为了保持恒定的张力，被卷物需绕过一个浮动的滚筒，滚筒具有一定的重量，滚筒摇臂的正常位置是水平位置。

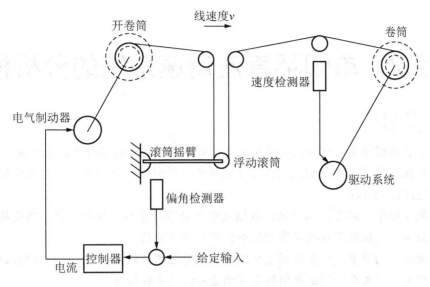

图 1-29　卷绕加工的恒张力控制系统

　　在实际运行中，因为外部扰动、被卷物的不均匀及开卷筒有效直径的减小而使张力发生变化时，滚筒摇臂便无法保持在水平位置，这时通过偏角检测器测出偏角位移量，并将其转换成电压信号，与给定输入量比较，两者的偏差电压经放大后去控制电气制动器。试画出该系统的组成框图，并分析因外部扰动而使张力减小时，整个系统的自动调节过程。

项目2 单闭环直流调速系统的分析模型

- 能正确理解单闭环直流调速系统各组成单元工作特性的数学描述方法。
- 能根据单闭环直流调速系统各组成单元工作特性的数学关系，建立它们的数学模型(微分方程)。
- 能根据单闭环直流调速系统各组成单元的微分方程，借助拉普拉斯变换及拉普拉斯运算定理将其转换成零初始条件下的传递函数。
- 能正确利用单闭环直流调速系统各组成单元的传递函数，并根据其输入输出关系、信号传递关系绘制出单闭环直流调速系统的系统框图。
- 能正确简化单闭环直流调速系统框图，正确求解其闭环传递函数，并理解其闭环传递函数的物理意义。

- 理解一般自动控制系统数学模型的描述方法、描述原则、描述步骤及物理意义。
- 了解拉普拉斯变换的基本定义，掌握拉普拉斯变换的基本运算定理及简单应用。
- 理解传递函数对一般自动控制系统进行数学描述的定义、性质及其图形表示的物理含义。
- 掌握一般自动控制系统传递函数的运算规律及图形运算规则。
- 掌握利用典型环节建立自动控制系统框图(图形化数学模型)的方法。
- 能根据一般自动控制系统组成框图，通过功能与特性分析，借助典型环节建立其传递函数的关系表达式。
- 能简化一般自动控制系统框图，并会求其闭环传递函数。
- 通过学习，掌握自动控制系统的理论基础，初步理解从实践抽象到理论分析的工作方法。

- 将项目1中建立的单闭环直流调速系统各功能模块按其工作特性、输入输出关系，利用所学过的知识找到描述它们的微分方程。
- 借助传递函数的概念，将单闭环直流调速系统各功能模块的微分方程转换成复数域的数学模型。
- 将单闭环直流调速系统各功能模块的复数域模型按其输入输出关系、信号传递关系进行连接，绘制成该系统的系统框图。
- 简化单闭环直流调速系统框图，求其闭环传递函数。

数学模型是用来描述自动控制系统工作过程或运动规律本质的一种科学语言。这种语言以微分方程为基础,以拉普拉斯变换为求解工具。因此,为了更好地解释自动控制系统的工作过程或运动规律,人们利用拉普拉斯变换,引入传递函数这一经典概念,并从这一概念出发,建立了对自动控制系统进行定量分析的经典控制理论。

相关知识引导

在对自动控制系统进行定量分析时,一个最为重要的任务是建立自动控制系统的数学模型。而不少自动控制系统的运动过程都可以用常系数线性微分方程加以描述。因此,方便地求解出常系数线性微分方程的“解”,对分析自动控制系统的性能指标就变得十分重要。

【例 2-1】 物体冷却系统的数学模型。

将某物体放置于空气中,然后开始计时。设计时开始时($t_0 = 0$)测得它的温度 $u_0 = 150℃$,10min 后($t_1 = 10$)再测得其温度变为 $u_1 = 100℃$。那么现在想要知道的是:此物体的温度 u 与放置在空气中的散热时间 t 之间有什么样的关系,且如何能够通过这种关系方便地计算出(而不是再次通过测量)20 min 后物体的温度。

解: 为了能找到这种关系,可以首先假定空气温度保持为 $u_T = 24℃$。根据热力学的基本规律:热量总是从温度高的物体向温度低的物体进行传导;在一定的温度范围内,一个物体的温度变化速度与这一物体的温度和其所在环境的温度的差值成比例。这是已经被实验证明了的牛顿(Newton)冷却定律。

那么,若假设物体在时刻 t 的温度为 $u = u(t)$,则温度的变化速度就可以表示为

$$\frac{\mathrm{d}u}{\mathrm{d}t} = \frac{u_2 - u_1}{t_2 - t_1}$$

式中:u_2——后一个时刻 t_2 所对应的物体温度;

u_1——前一个时刻 t_1 所对应的物体温度。

由于热量总是从温度高的物体向温度低的物体传导,因而有 $u_2 < u_1$,即温度差 $u_2 - u_1$ 恒负;又因为时间 $t_2 - t_1$ 恒正,所以该物体温度变化的速度 $\frac{\mathrm{d}u}{\mathrm{d}t} < 0$。根据牛顿冷却定律可得

$$-\frac{\mathrm{d}u}{\mathrm{d}t} = -k(u - u_T) \tag{2-1}$$

式中,$k > 0$,是比例常数。式(2-1)就是该物体冷却过程的数学模型,由于它含有未知函数 u 以及它的一阶微分 $\mathrm{d}u/\mathrm{d}t$,所以又构成了一阶微分方程。

为了确定物体的温度 u 和时间的关系,需要从式(2-1)中“解”出温度 u。

将式(2-1)改写成 $\dfrac{\mathrm{d}(u - u_T)}{u - u_T} = -k\mathrm{d}t$,并两边积分,可得到

$$\ln(u - u_T) = -kt + \tilde{c} \tag{2-2}$$

式中,$\tilde{c}$ 是任意的积分常数。根据对数的定义,可得

$$u - u_T = \mathrm{e}^{-kt + \tilde{c}} = \mathrm{e}^{\tilde{c}} \times \mathrm{e}^{-kt}$$

由此,令 $\mathrm{e}^{\tilde{c}} = c$,即可得到

$$u = u_\text{T} + ce^{-kt} \tag{2-3}$$

根据初始条件，当 $t = 0$ 时，$u = u_0$，则

$$c = u_0 - u_\text{T}$$

由此可得

$$u = u_\text{T} + (u_0 - u_\text{T})e^{-kt} \tag{2-4}$$

如果 k 的数值确定了，式(2-4)就完全确定了温度 u 与时间 t 的关系。

根据已知条件 $t = 10$，$u = u_1 = 100°C$，得到

$$u = u_\text{T} + (u_0 - u_\text{T})e^{-10k}$$

所以有

$$k = \frac{1}{10}\ln\frac{u_0 - u_\text{T}}{u_1 - u_\text{T}} = \frac{1}{10}\ln\frac{150 - 24}{100 - 24} \approx 0.051$$

从而有

$$u = u_\text{T} + (u_0 - u_\text{T})e^{-kt} = 24 + (150 - 24)e^{-0.051t} = 24 + 126e^{-0.051t} \tag{2-5}$$

由此可知：只要找到了关于物体冷却系统中，物体温度随环境温度变化而变化的关系，就可以方便地计算出任意时刻物体温度 u 的数值了。

例如，20 min 后，由式(2-5)可计算出物体的温度是 $u_2 = 64°C$。同时，式(2-5)还显示，当 $t \to \infty$ 时，$u \to 24°C$，即经过一段时间后，物体温度和环境温度将会趋同。事实上，经过 2h 后，物体温度会变为 24.3°C，即与环境温度已经相当接近。而经过 3h 后，物体温度会变为 24.01°C，现有的一些测量仪器已测不出它与环境温度之间的差别了。因此，可以认为该物体的冷却过程在 3 个小时后结束。这也说明，数学中"无穷大(∞)"的时间，在现实中仅仅意味着一个足以让某个过程结束的"有限"时间。

"温度解"还可以用图形表示出来，如图 2-1 所示。微分方程的图形解往往可以让人们对所描述的变化过程有更加简明、直观的理解。

由【例 2-1】，大体可以得出用微分方程解决实际系统问题的基本步骤。

(1) 建立实际系统的数学模型，也就是建立能反映这个实际系统运动过程的微分方程。

(2) 求解微分方程。

(3) 用所得到的微分方程的"解"解释实际问题，从而预测系统在其运动过程中所呈现出来的特定性质，以便可以为人为地改造系统的原有特性提供理论依据，使之按照人们的期望进行工作或解决实际工作中所出现的问题。

【例 2-2】 求电路系统的数学模型。

图 2-2 所示为一 RLC 电路系统，如果设 R、L、C 均为常数，电源 $e(t)$ 是时间 t 的函数，则要求建立当开关 S 合上时，电流 i 应该满足的微分方程。

解： 以图 2-2 中所示的电流方向为参考方向，则由基尔霍夫电压定律可得

$$e(t) = L\frac{di}{dt} + Ri + \frac{1}{C}\int i\,dt \tag{2-6}$$

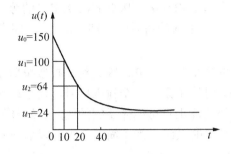

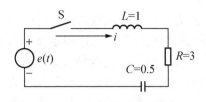

图 2-1 物体冷却温度与时间之间的关系曲线   图 2-2 RLC 电路系统

对式(2-6)等号两边进行微分并整理,可得

$$\frac{\mathrm{d}e(t)}{\mathrm{d}t} = L\frac{\mathrm{d}^2 i}{\mathrm{d}t^2} + R\frac{\mathrm{d}i}{\mathrm{d}t} + \frac{i}{C}$$

$$\frac{\mathrm{d}^2 i}{\mathrm{d}t^2} + \frac{R}{L}\frac{\mathrm{d}i}{\mathrm{d}t} + \frac{1}{LC}i = \frac{1}{L}\frac{\mathrm{d}e(t)}{\mathrm{d}t} \tag{2-7}$$

代入已知电路参数后,有

$$\frac{\mathrm{d}^2 i}{\mathrm{d}t^2} + 3\frac{\mathrm{d}i}{\mathrm{d}t} + 2i = \frac{\mathrm{d}e(t)}{\mathrm{d}t} \tag{2-8}$$

如果求出式(2-8)的解,那么就可以知道当开关 S 合上时电路中电流的变化规律,并通过人为改变电路系统中的参数 R、L、C,使其达到所期望的目的。

由【例 2-1】和【例 2-2】可知,求解一个系统的微分方程往往要利用某些与这个系统相关的定理与特性。

从【例 2-1】和【例 2-2】还可以看出求解微分方程的复杂性,而当自动控制系统的数学模型是二阶或更高阶的微分方程时,求取微分方程的解就会变得非常困难,甚至可能求不出精确解。因此,如何能方便地求出用来描述自动控制系统变化过程的线性微分方程的解,就成为对自动控制系统进行定量分析,找出自动控制系统中所存在的问题并加以补偿,并使之达到人们所期望的性能指标的一个重要问题。拉普拉斯变换正是用来求解微分方程的一种运算工具。

相 关 知 识

(一)拉普拉斯变换及其应用

1. 拉普拉斯变换的定义及其运算定理

已知有实函数 $f(t)$ 满足以下条件

$$\int_0^\infty \left| f(t)\mathrm{e}^{-\sigma t} \right| \mathrm{d}t < \infty$$

对于给定的有界实数 σ,定义函数 $f(t)$ 的拉普拉斯变换为

$$F(s) = L[(f(t)] = \int_0^\infty f(t)\mathrm{e}^{-st}\mathrm{d}t \tag{2-9}$$

式(2-9)中的 s 称为拉普拉斯算子,它是一个具有正实部的复数变量,即 $s = \sigma + \mathrm{j}\omega$。这

里 σ 是 s 的实部，$j\omega$ 是 s 的虚部。由于积分是从 $t=0$ 积到 ∞，因此式(2-9)定义的等式也称为单边拉普拉斯变换。它表明，$f(t)$ 中所包含的 $t=0$ 之前的所有信息都不作考虑，即当 $t<0$ 时，$f(t) \equiv 0$。

一般而言，在时域范围内，时间的参考值通常被设为 $t=0$，因此对于拉普拉斯变换在线性系统分析的应用，上述假定就相当于在 $t=0$ 时给了系统一个输入信号，而系统的输出响应将不可能在 $t=0$ 之前就开始。换言之，系统的输出不可能先于它的输入。这样的系统被称为因果系统。或者说，这是在物理上可以实现的系统。为了简单起见，以后在对系统的分析与讨论中都采用 $t=0$ 作为系统的初始条件。

通常在式(2-9)中，称 $f(t)$ 为原函数，$F(s)$ 为象函数。若已知拉普拉斯变换的象函数 $F(s)$，而要求其原函数 $f(t)$，则有拉普拉斯反变换为

$$f(t) = L^{-1}[F(s)] = \frac{1}{2\pi j} \int_{c-j\infty}^{c+j\infty} F(s) e^{st} ds \tag{2-10}$$

式中，c 是一个实常数。

一般来说，用拉普拉斯变换的定义来求取原函数 $f(t)$ 的象函数是一个十分复杂的运算过程。因此，在工程应用中，往往要借助拉普拉斯函数变换对照表，并通过简单的函数分解，将原函数分解成表中所列的标准函数，然后利用拉普拉斯变换的运算定理，并通过查表的方法来求取其象函数。反之，也可以用同样的方法求取象函数的原函数。

常用函数的拉普拉斯变换对照表见表 2-1。

表 2-1 拉普拉斯变换对照表

序 号	原函数 $f(t)$		象函数 $F(s)$
	函 数 名	函数表达式	
1	单位脉冲函数	$\delta(t)$	1
2	单位阶跃函数	$1(t)$	$\dfrac{1}{s}$
3	单位指数函数	e^{-at}	$\dfrac{1}{s+a}$
4	幂函数	t^n	$\dfrac{n!}{s^{n+1}}$
5	复合函数	te^{-at}	$\dfrac{1}{(s+a)^2}$
6	复合函数	$t^n e^{-at}$	$\dfrac{n!}{(s+a)^{n+1}}$
7	单位正弦函数	$\sin \omega t$	$\dfrac{\omega}{s^2+\omega^2}$
8	单位余弦函数	$\cos \omega t$	$\dfrac{s}{s^2+\omega^2}$
9	复合函数	$e^{-at}\cos \omega t$	$\dfrac{s+a}{(s+a)^2+\omega^2}$

下面介绍常用拉普拉斯变换的运算定理。

(1) 叠加定理。两个函数代数和的拉普拉斯变换等于两个函数拉普拉斯变换的代数和，即

$$L[(f_1(t) \pm f_2(t)] = L[f_1(t)] \pm L[f_2(t)] \tag{2-11}$$

(2) 比例定理。K 倍原函数的拉普拉斯变换等于原函数的拉普拉斯变换的 K 倍，即

$$L[(Kf(t)] = KL[f(t)] \tag{2-12}$$

(3) 微分定理。在零初始条件下，即 $f(0) = f'(0) = \cdots = f^{(n-1)}(t) = 0$，则有

$$L[f^{(n)}(t)] = s^n L[f(t)] \tag{2-13}$$

式(2-13)表明，在初始条件为零的前提下，原函数 n 阶导数的拉普拉斯变换等于原函数的象函数乘以 s^n。这就使得函数的微分运算变得十分简单，它反映了拉普拉斯变换能将微分运算转换成代数运算的依据，因此微分定理是一个十分重要的定理。

(4) 积分定理。在零初始条件下，即 $\int f(t)\mathrm{d}t\big|_{t=0} = \iint f(t)\mathrm{d}t^2\big|_{t=0} = \cdots = \underbrace{\int \cdots \int}_{n-1} f(t)\mathrm{d}t^{(n-1)}\big|_{t=0}$

$= 0$，则有

$$L\left[\underbrace{\int \cdots \int}_{n-1} f(t)\mathrm{d}t^n\right] = \frac{L[f(s)]}{s^n} \tag{2-14}$$

式(2-14)表明，在初始条件为零的前提下，原函数 n 重积分的拉普拉斯变换等于原函数的象函数除以 s^n。它是微分的逆运算，与微分定理一样，也是一个十分重要的定理。

(5) 延迟定理。当原函数 $f(t)$ 延迟了 τ，即成为 $f(t-\tau)$ 时，它的拉普拉斯变换为

$$L[f(t-\tau)] = \mathrm{e}^{-\tau s} L[f(t)] \tag{2-15}$$

(6) 终值定理。

$$\lim_{t \to \infty} f(t) = \lim_{s \to 0}(s \times L[f(t)]) \tag{2-16}$$

式(2-16)表明，原函数在时间 $t \to \infty$ 时的终值(稳态值)，可以通过其象函数在复数变量 $s \to 0$ 时的极限求得。终值定理在自动控制系统的分析中非常有用。

【例 2-3】　求下例函数的拉普拉斯变换式：

(1) $f(t) = 2 - t\mathrm{e}^{-5t}$；　　　　　　　　　　　　　(2) $f(t) = 1(t-2)$；

(3) $f(t) = 2u(t) + 5\dfrac{\mathrm{d}u(t)}{\mathrm{d}t}$；　　　　　　　　　(4) $f(t) = 3(t-3) + \int 3\mathrm{d}t$。

解：(1) 原函数为 $f(t) = 2 - t\mathrm{e}^{-5t}$，故由拉普拉斯变换中的叠加定理可得其象函数为

$$F(s) = L[2 - t\mathrm{e}^{-5t}] = L[2] - L[t\mathrm{e}^{-5t}]$$

查表 2-1，有 $L[2] = \dfrac{2}{s}$，$L[t\mathrm{e}^{-5t}] = \dfrac{1}{(s+5)^2}$，故

$$F(s) = \frac{2}{s} - \frac{1}{(s+5)^2} = \frac{2s^2 + 19s + 50}{s(s+5)^2}$$

(2) 原函数为 $f(t) = 1(t-2)$，故由拉普拉斯变换中的延迟定理可得其象函数为

$$F(s) = L[1(t-2)] = \mathrm{e}^{-2s} L[1(t)]$$

查表 2-1，有 $L[1(t)] = \dfrac{1}{s}$，故有

$$F(s) = \frac{1}{s} e^{-2s}$$

(3) 原函数为 $f(t) = 2u(t) + 5\frac{du(t)}{dt}$，故由拉普拉斯变换中的叠加定理可得其象函数为

$$F(s) = L\left[2u(t) + 5\frac{du(t)}{dt}\right] = L[2u(t)] + L\left[5\frac{du(t)}{dt}\right]$$

又由拉普拉斯变换中的比例定理，有 $L[2u(t)] = 2L[u(t)]$；由拉普拉斯变换中的比例定理和微分定理，有

$$L\left[5\frac{du(t)}{dt}\right] = 5L\left[\frac{du(t)}{dt}\right] = 5sL[u(t)]$$

所以令 $L[u(t)] = U(s)$，可得原函数的象函数为

$$F(s) = 2U(s) + 5sU(s) = (5s + 2)U(s)$$

(4) 原函数为 $f(t) = 3(t-3) + \int 3dt$，故由拉普拉斯变换中的叠加定理可得其象函数为

$$F(s) = L[3(t-3) + \int 3dt] = L[3(t-3)] + L[\int 3dt]$$

又由拉普拉斯变换中的比例定理和延迟定理，有

$$L[3(t-3)] = 3L[1(t-3)] = \frac{3}{s} e^{-3s}$$

由拉普拉斯变换中的比例定理和积分定理，有

$$F(s) = L[\int 3dt] = 3L[\int dt] = \frac{3}{s^2}$$

最后有

$$F(s) = \frac{3}{s} e^{-3s} + \frac{3}{s^2} = \frac{3(se^{-3s} + 1)}{s^2}$$

2. 拉普拉斯变换的应用

【例 2-4】 应用拉普拉斯变换求微分方程的解。

对于【例 2-2】中给出的 RLC 电路，如果要知道电路开关 S 闭合后，电路中电流的变化规律，就必须解出其电流 i 的运动方程(微分方程)，即

$$\frac{d^2 i}{dt^2} + \frac{R}{L}\frac{di}{dt} + \frac{1}{LC}i = \frac{1}{L}\frac{de(t)}{dt}$$

由于这个微分方程是二阶微分方程，所以如果直接用微分方程法去求解，过程会很复杂。因此，可应用拉普拉斯变换来求解。

解： 首先，对电流微分方程两边进行拉普拉斯变换，有

$$L\left[\frac{d^2 i}{dt^2} + 3\frac{di}{dt} + 2i\right] = L\left[\frac{de(t)}{dt}\right]$$

由拉普拉斯变换中的叠加定理及比例定理，可得其象函数为

$$L\left[\frac{d^2 i}{dt^2}\right] + 3 \times L\left[\frac{di}{dt}\right] + 2 \times L[i] = L\left[\frac{de(t)}{dt}\right]$$

由拉普拉斯变换中的微分定理，有

$$L\left[\frac{\mathrm{d}^2 i}{\mathrm{d}t^2}\right] = s^2 L[i], \quad 3 \times L\left[\frac{\mathrm{d}i}{\mathrm{d}t}\right] = 3sL[i], \quad L\left[\frac{\mathrm{d}e(t)}{\mathrm{d}t}\right] = sL[e(t)]$$

如果令 $L[i] = I(s)$，$L[e(t)] = E(s)$，则电流微分方程变换成

$$s^2 I(s) + 3sI(s) + 2I(s) = sE(s) \tag{2-17}$$

与原来的微分方程相比，经过拉普拉斯变换后的方程有以下两个优点。

(1) 微分方程被变换成了代数方程。在本例中，未知变量是电路电流 $I(s)$，一旦知道开关 S 闭合时的输入电压 $E(s)$ 和电路参数，就可求解出电流 $I(s)$。

(2) 拉普拉斯变换方程具有非常明确的输入输出关系。在本例中，如果想知道当电路开关 S 闭合后，电路电流 $I(s)$ 是如何变化的，就要将其看成是 RLC 电路的响应(输出量)，则开关 S 闭合时的输入量(输入电压) $E(s)$ 与输出量之间的关系就是

$$I(s) = \frac{s}{s^2 + 3s + 2} \times E(s) \tag{2-18}$$

假定开关 S 闭合后的电压输入为单位阶跃，即 $E(s) = L[e(t)] = L[1(t)] = \dfrac{1}{s}$，代入式(2-18)后，得

$$I(s) = \frac{s}{s^2 + 3s + 2} \times E(s) = \frac{s}{s^2 + 3s + 2} \times \frac{1}{s} = \frac{1}{s^2 + 3s + 2} = \frac{1}{(s+1)(s+2)} \tag{2-19}$$

将式(2-19)进行因式分解，转换成表 2-1 中的象函数形式，有

$$I(s) = \frac{1}{(s+1)(s+2)} = \frac{A}{s+1} + \frac{B}{s+2} \tag{2-20}$$

将式(2-20)右边的式子进行通分，则有

$$\frac{A}{s+1} + \frac{B}{s+2} = \frac{A(s+2) + B(s+1)}{(s+1)(s+2)} = \frac{As + Bs + 2A + B}{(s+1)(s+2)} \tag{2-21}$$

再将式(2-19)右边分式中的分子与式(2-21)右边分式中的分子进行比较，则有

$$\begin{cases} A + B = 0 \\ 2A + B = 1 \end{cases} \Rightarrow \begin{cases} A = 1 \\ B = -1 \end{cases}$$

将 $A = 1$ 和 $B = -1$ 代入式(2-20)，有

$$I(s) = \frac{1}{(s+1)(s+2)} = \frac{1}{s+1} - \frac{1}{s+2} \tag{2-22}$$

最后，对式(2-22)两边求拉普拉斯反变换，并通过查表 2-1 可得

$$i = L^{-1}\left[\frac{1}{s+1}\right] - L^{-1}\left[\frac{1}{s+2}\right] = \mathrm{e}^{-t} - \mathrm{e}^{-2t}$$

【例 2-5】 应用拉普拉斯变换求电路元件的阻抗欧姆定理，并利用阻抗欧姆定理，建立【例 2-2】所给电路(见图 2-3(a))的数学模型。

解：电路中有三大元件，它们分别是电阻、电容和电感，表 2-2 中给出了在如电路符号图所示的电流方向及零初始条件下，流过这些元件的电流与这些元件两端电压之间的约束关系。利用拉普拉斯变换，可以得到类似于电阻元件欧姆定理的阻抗欧姆定理。

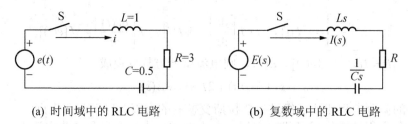

(a) 时间域中的 RLC 电路　　　　　(b) 复数域中的 RLC 电路

图 2-3　RLC 电路

表 2-2　阻抗欧姆定理

元件名称	电路符号	电压电流的约束关系	阻抗欧姆定理
电阻	$+\ \underline{u}\ -$ $\rightarrow i$	$u = Ri$	$U(s) = RI(s)$
电容	$+\ \underline{u}\ -$ $\rightarrow i$	$i = C\dfrac{du}{dt}$	$I(s) = CsU(s)$，$\ U(s) = \dfrac{1}{Cs}I(s)$
电感	$+\ \underline{u}\ -$ $\rightarrow i$	$u = L\dfrac{di}{dt}$	$U(s) = LsI(s)$

利用表 2-2 将时间域中的 RLC 电路转换成复数域中的 RLC 电路，如图 2-3(b)所示。则根据基尔霍夫电压定理可得

$$E(s) = RI(s) + LsI(s) + \frac{1}{Cs}I(s) = \left(R + Ls + \frac{1}{Cs} \right)I(s)$$

整理得

$$sE(s) = RsI(s) + Ls^2 I(s) + I(s)/C = L(s^2 + Rs/L + 1/LC)I(s)$$

代入电路参数并整理得

$$I(s) = \frac{s}{s^2 + Rs/L + 1/LC} E(s) = \frac{s}{s^2 + 3s + 2} E(s) \tag{2-23}$$

比较式(2-18)和式(2-23)可知，用微分方程建立的 RLC 电路的数学模型，在进行拉普拉斯变换后的形式与直接用阻抗欧姆定理所建立的数学模型是完全一样的，但用阻抗欧姆定理在复数域中建立的方法更为简单和直接，而且其输出与输入关系也比时域中的微分方程更为明确。

【例 2-6】　利用阻抗欧姆定理，为图 2-4 所示的电路建立数学模型。其中输入量为输入电压 u_i，输出量为输出电压 u_o。

解：利用表 2-2 将时间域中的运放电路(见图 2-4(a))转换成复数域中的运放电路(见图 2-4(b))，则根据线性运算放大器虚断和虚短的概念，有 $I(s) = -I_f(s)$，即

$$I(s) = \frac{U_i(s)}{R_0} = -I_f(s) = \frac{U_o(s)}{R_1 + 1/Cs}$$

整理得

$$U_o(s) = \frac{R_1 + 1/Cs}{R_0} U_i(s) = \frac{R_1Cs + 1}{R_0Cs} U_i(s)$$

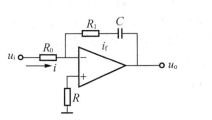

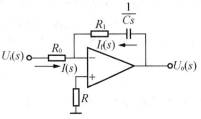

(a) 时间域中的运放电路　　　　　　　(b) 复数域中的运放电路

图 2-4　运算放大电路

(二)自动控制系统复数域的数学模型

1. 传递函数的定义及其图形表示

传递函数(transfer function)是在用拉普拉斯变换求解线性常微分方程的过程中引申出来的概念(见【例 2-4】),即在用微分方程描述自动控制系统的运动过程中,再用拉普拉斯变换求其微分方程的解时所引申出来的。由于本书所讨论的自动控制系统是物理上可以实现的因果系统,因此,在给定输入量及零初始条件后,对微分方程进行拉普拉斯变换,必定存在复数域内输入量与其输出量之间的对应关系,而这种对应关系就称为传递函数。

一般而言,若线性定常系统可由下面的 n 阶常系数微分方程来描述,即

$$a_n \frac{d^n c(t)}{dt} + a_{n-1} \frac{d^{n-1} c(t)}{dt} + \cdots + a_1 \frac{dc(t)}{dt} + a_0 c(t)$$

$$= b_m \frac{d^m r(t)}{dt} + b_{m-1} \frac{d^{m-1} r(t)}{dt} + \cdots + b_1 \frac{dr(t)}{dt} + b_0 r(t) \tag{2-24}$$

式中: $r(t)$ 是已知的输入量; $c(t)$ 是在输入量 $r(t)$ 作用下,系统所产生的响应(输出量); a_n, a_{n-1}, $\cdots$, a_1, a_0 和 b_m, b_{m-1}, $\cdots$, b_1, b_0 是与系统参数结构有关的常系数。

在零初始条件下,对式(2-24)的两边取拉普拉斯变换后,有

$$a_n s^n C(s) + a_{n-1} s^{n-1} C(s) + \cdots + a_1 s C(s) + a_0 C(s)$$

$$= b_m s^m R(s) + b_{m-1} s^{m-1} R(s) + \cdots + b_1 s R(s) + b_0 R(s)$$

提取公因式,有

$$C(s)(a_n s^n + a_{n-1} s^{n-1} + \cdots + a_1 s + a_0) = R(s)(b_m s^m + b_{m-1} s^{m-1} + \cdots + b_1 s + b_0)$$

整理后可得

$$\frac{C(s)}{R(s)} = \frac{b_m s^m + b_{m-1} s^{m-1} + \cdots + b_1 s + b_0}{a_n s^n + a_{n-1} s^{n-1} + \cdots + a_1 s + a_0} = G(s) \tag{2-25}$$

这样式(2-25)就被称为线性定常系统的传递函数,并用 $G(s)$ 表示。从本质上来说,传递函数应该只与系统本身的内部结构以及系统的内部结构参数有关,但这种关系可以通过给系统输入某种信号,然后观察系统在给定的外部信号的作用下,它的外部表现(输出量)来得

到并推测出系统可能具有的内在结构与参数。因此，作为一种复数域的数学模型，不同的物理系统可能会有相同的传递函数；反之，对于同一个物理模型，若选择不同的输入量和输出量，则也可能会有不同的传递函数。

【例 2-7】 建立图 2-5 所示的测速发电机系统的复数域的数学模型。

解：图 2-5 所示为一永磁式测速发电机的结构原理图，其工作原理是将转动速度转换成相应的电压信号 $u(t)$，即其输出电压与其转速(角速度 ω)的变化成正比，有

$$u(t) = K\frac{\mathrm{d}\omega}{\mathrm{d}t} \tag{2-26}$$

对式(2-26)两边求拉普拉斯变换，则有

$$U(s) = Ks\Omega(s) \implies G(s) = \frac{U(s)}{\Omega(s)} = Ks \tag{2-27}$$

在图 2-6 所示的电路中，如果取流过电容的电流 i 为电路的输出量，取开关 S 闭合时的电源 $e(t)$ 为电路的输入量，则由基尔霍夫电压定理可得

$$e(t) = u_c(t)$$

且有

$$i = C\frac{\mathrm{d}u_c(t)}{\mathrm{d}t} = C\frac{\mathrm{d}e(t)}{\mathrm{d}t}$$

对电流等式的两边取拉普拉斯变换，则有

$$I(s) = CsE(s) \implies G(s) = \frac{I(s)}{E(s)} = Cs \tag{2-28}$$

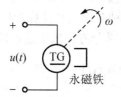

图 2-5 永磁式测速发电机

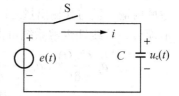

图 2-6 理想微分电路

从数学形式上看，式(2-27)与式(2-28)所建立的两个不同物理系统的传递函数模型是没有任何区别的，但从物理结构上来说，这是两个结构完全不同的物理系统。

换一种情况来看，在图 2-6 所示的电路中，若取流过电容的电流 i 为输入量，而取电容两端的电压 $u_c(t)$ 为输出量，则同样当开关 S 闭合时，由基尔霍夫电压定理可得

$$e(t) = u_c(t)，\text{且} u_c(t) = \frac{1}{C}\int i\mathrm{d}t$$

对电容电压等式的两边取拉普拉斯变换，则有

$$U_c(s) = \frac{1}{Cs}I(s) \implies G(s) = \frac{U_c(s)}{I(s)} = \frac{1}{Cs}$$

由此可见，对于同一个电路，当选取的输入量与输出量不同时，其传递函数也可能是不同的。

由【例 2-7】可知：传递函数是一种描述性的函数，它的定义虽然反映了系统的内部结构与参数(如【例 2-7】中的比例系数 K 和电路结构中的电容值 C)，但更多的是从系统的外

部表象来描述系统的内部构造。因此，所谓系统的传递函数就是指这个系统在零初始条件下，其输出量的拉普拉斯变换式与其输入量的拉普拉斯变换式之比，即

$$G(s) = \frac{L[c(t)]}{L[r(t)]} = \frac{C(s)}{R(s)} \tag{2-29}$$

有了式(2-29)定义的关系，传递函数也就有了运算特性，也就是说当已知系统的传递函数时，系统在某种给定输入量作用下的输出表现形式也就唯一确定了。因此，由式(2-29)可知，当已知某系统或环节的输入时，可以很方便地知道系统的输出一定是

$$C(s) = G(s)R(s) \tag{2-30}$$

因此，传递函数的概念就为人们解决工程实际问题带来了便利。因为实际系统往往由于其复杂性，很难通过建立系统的微分方程来获得系统的数学模型，然而通过给定输入及观察系统的输出表现可以知道，用其输出的拉普拉斯变换式除以其输入的拉普拉斯变换式，所得到的比值关系一定是系统的传递函数，也一定表征了系统的内部结构。因此，通过这种试验方法虽然不能获得系统精确的数学模型，却可以通过模仿来逼近系统真实的数学模型，这种试验方法就是所谓的"黑箱(匣子)法"，如图2-7所示。

输入(已知) ⟶ 黑匣子 ⟶ 输出(已知)

图 2-7 系统数学模型的实验逼近

【例 2-8】 某系统在输入信号 $r(t) = 1 + t$ 作用下，测得输出响应为

$$y(t) = t + 0.9 - 0.9e^{-10t}$$

在零初始条件下，求系统的传递函数。

解： 由于系统的传递函数为 $G(s) = Y(s)/R(s)$，因此分别对系统的输入与输出信号取拉普拉斯变换，则有

$$R(s) = L[1+t] = \frac{1}{s} + \frac{1}{s^2} = \frac{s+1}{s^2}$$

$$Y(s) = L[t + 0.9 - 0.9e^{-10t}] = \frac{1}{s^2} + \frac{0.9}{s} - \frac{0.9}{s+10} = \frac{10(s+1)}{s^2(s+10)}$$

故系统的传递函数为

$$G(s) = \frac{Y(s)}{R(s)} = \frac{10(s+1)/[s^2(s+10)]}{(s+1)/s^2} = \frac{10(s+1)}{s^2(s+10)} \times \frac{s^2}{s+1} = \frac{10}{s+10} = \frac{1}{0.1s+1}$$

借助图 2-7 又可以得到传递函数的另一种表示方法，即传递函数的图形表示法，如图 2-8 所示。

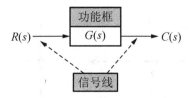

功能框
$G(s)$

$R(s)$ ⟶ ⟶ $C(s)$

信号线

图 2-8 传递函数的图形表示法

传递函数的图形表示法中，"方框"叫功能框，它表示了系统、机构或元件的结构与

参数，也就是系统、机构或元件的传递函数；"有向线段"也叫信号线，它表示了信号的传递方向。在自动控制系统中，信号流向一般遵循从左向右的原则，即输入量在"功能框"的左侧，输出量在"功能框"的右侧，它们一起构成了传递函数式(2-30)的运算方式。

2．传递函数定义中的性质及几个术语

1）零输入零输出

传递函数是在零初始条件下，由微分方程变换而来的，它与微分方程之间存在着一一对应的关系。对于一个确定的系统，在其输入量与输出量确定的情况下，其微分方程就是唯一的。

2）系统的零点与极点

设式(2-25)中的分子多项式与分母多项式能进行因式分解，并具有如下形式：

$$G(s) = \frac{b_m s^m + b_{m-1} s^{m-1} + \cdots + b_1 s + b_0}{a_n s^n + a_{n-1} s^{n-1} + \cdots + a_1 s + a_0} = K \times \frac{(s-z_1)(s-z_2)\cdots(s-z_m)}{(s-p_1)(s-p_2)\cdots(s-p_n)} \tag{2-31}$$

式中，K 称为系统增益。

若令 $(s-z_1)(s-z_2)\cdots(s-z_m) = 0$，则解得的根 $s_1 = z_1$，$s_2 = z_2$，$\cdots$，$s_m = z_m$ 称为系统的零点。

若令 $(s-p_1)(s-p_2)\cdots(s-p_n) = 0$，则解得的根 $s_1 = p_1$，$s_2 = p_2$，$\cdots$，$s_n = p_n$ 称为系统的极点。

由于传递函数是复数域中引出的概念，因此其系统的零点与极点既可以是实数，也可以是虚数或复数。在复数平面上，一般用"○"表示零点，用"×"表示极点。

如【例2-2】中，RLC电路复数域中的数学模型是

$$I(s) = \frac{s}{s^2 + \dfrac{R}{L}s + \dfrac{1}{LC}} E(s) = \frac{s}{s^2 + 3s + 2} E(s)$$

将其整理成传递函数后，有

$$G(s) = \frac{I(s)}{E(s)} = \frac{s}{s^2 + 3s + 2}$$

令分子为零，可求得系统的零点为

$$s_z = 0$$

若令分母为零，则可求得系统的极点为

$$s_{p1} = -1, \quad s_{p2} = -2$$

如果在复数平面上进行表示，则其零极点分布如图2-9所示。

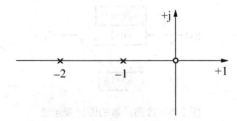

图2-9　零极点分配图

3)　典型环节

由【例 2-6】可知，传递函数只描述了系统的基本结构与系统参数，而没有定义与描述系统是由什么物理器件组成的。另外，一个自动控制系统，无论它多么复杂，它所要完成的任务无非就是反馈、比较、控制和执行等。所以总结以上两点可知，不管自动控制系统的物理装置是由什么器件组成的，从本质上来说其工作原理与结构参数都是为了一个相同的目标，即完成对期望目标的自动控制。因此，一个再复杂的自动控制系统总是可以由几个有限的典型环节，通过不同的方式连接组合而成。这几个典型环节见表 2-3。

表 2-3　自动控制系统的典型环节

序号	典型环节名称		典型环节的传递函数	参数说明
1	比例环节		$G(s) = \dfrac{C(s)}{R(s)} = K$	K 为系统增益常数
2	积分环节	纯积分环节	$G(s) = \dfrac{C(s)}{R(s)} = \dfrac{1}{s}$	—
		比例积分环节	$G(s) = \dfrac{C(s)}{R(s)} = \dfrac{1}{Ts} = K \times \dfrac{1}{s}$	T 为积分常数
3	惯性环节		$G(s) = \dfrac{C(s)}{R(s)} = \dfrac{1}{Ts+1}$	T 为惯性时间常数
4	微分环节	比例微分环节	$G(s) = \dfrac{C(s)}{R(s)} = \tau s$	τ 为微分时间常数
		一阶微分环节	$G(s) = \dfrac{C(s)}{R(s)} = \tau s + 1$	
5	振荡环节		$G(s) = \dfrac{C(s)}{R(s)} = \dfrac{\omega_n^2}{s^2 + 2\xi\omega_n s + \omega_n^2}$	ξ 为阻尼比；ω_n 为无阻尼自然振荡频率
6	延迟环节		$G(s) = \dfrac{C(s)}{R(s)} = e^{-\tau s}$	τ 为延迟时间

【例 2-9】　建立图 2-10(a)所示的伺服电位器的数学模型。

解：这是随动系统中常用的一种用来检测角位移的器件，其工作原理是将伺服运动系统所转过的角位移之差 $\Delta\theta$ 转换成电压信号 $u(t)$。因此，该器件输出电压与其角位移之差成正比，即有

$$u(t) = K(\theta_1 - \theta_2) = K\Delta\theta$$

两边取拉普拉斯变换，则有

$$U(s) = K\Theta(s) \quad \Rightarrow \quad \frac{U(s)}{\Theta(s)} = K$$

由此可见，伺服电位器可以抽象为表 2-3 中的比例环节，如果用传递函数图形方式进行表示，则如图 2-10(b)所示。

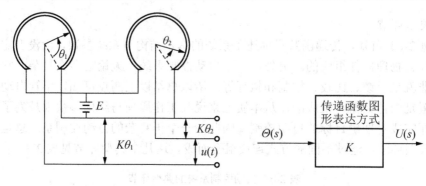

| (a) 原理示意图 | (b) 传递函数的图形表示 |

图 2-10　伺服电位器

【例 2-10】 他励直流电动机数学模型的建立，如图 2-11 所示。

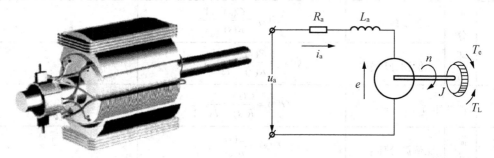

(a) 他励直流电动机的结构图　　　　(b) 他励直流电动机的等效电路

图 2-11　他励直流电动机

解：(1)　直流电动机各物理量之间的关系。

a. 电枢回路的电压方程为

$$u_a = u_d = i_a R_a + L_a \frac{\mathrm{d}i_a}{\mathrm{d}t} + e$$

式中：R_a——电枢电阻；

　　　　L_a——漏磁电感；

　　　　e——电枢的反电动势；

　　　　u_d——晶闸管整流输出电压。

b. 电磁转矩与电枢电流的关系为

$$T_e = K_T \Phi i_a = C_m i_a$$

式中：T_e——电磁转矩；

　　　　i_a——电枢电流；

　　　　$C_m = K_T \Phi$——额定磁通下的转矩系数。

c. 电动机转速与转矩之间的运动方程为

$$T_e - T_L = J \frac{\mathrm{d}\omega}{\mathrm{d}t} = \frac{CD^2}{375} \frac{\mathrm{d}n}{\mathrm{d}t} = J_G \frac{\mathrm{d}n}{\mathrm{d}t}$$

式中：CD^2——折合到电动机轴上的机械负载和电动机电枢的飞轮转矩；

J_G——转动惯量;

T_L——摩擦力和负载阻力矩;

n——转速。

d. 电动机转速与反电动势之间的关系为

$$e = K_e \Phi n = C_e n$$

式中:$C_e = K_e \Phi$——额定磁通下的电势系数。

(2) 对以上四个关系方程直接取拉普拉斯变换。

a. 电枢回路的电压方程(拉普拉斯变换式)为

$$U_a(s) = U_d(s) = R_a I_a(s) + L_a s I_a(s) + E(s)$$

整理,有

$$U_d(s) - E(s) = (R_a + L_a s) I_a(s)$$

直流电动机的输入是平均整流电压 $U_d(s)$,所以,当以电枢电流 $I_a(s)$ 为输出量时,可得

$$I_a(s) = \frac{1}{R_a + L_a s}[U_d(s) - E(s)] = \frac{1/R_a}{L_a/R_a \, s + 1}[U_d(s) - E(s)] = \frac{1/R_a}{T_a s + 1}[U_d(s) - E(s)]$$

式中:T_a——电磁时间常数,$T_a = L_a/R_a$。

如果用传递函数的图形方式表示以上信号的传递关系,则如图 2-12 所示。

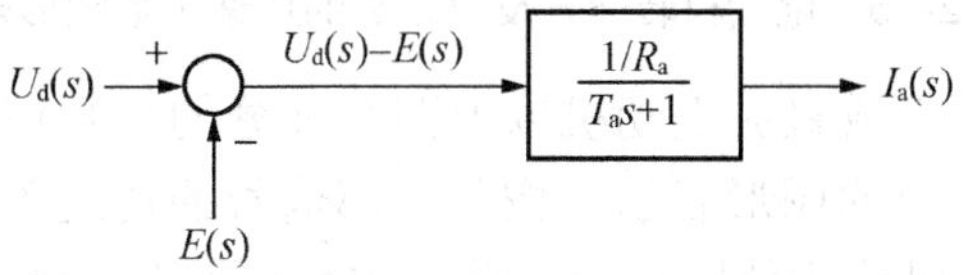

图 2-12 电枢回路的传递函数图形表示

b. 电磁转矩与电枢电流的关系(拉普拉斯变换式)为

$$T_e(s) = C_m I_a(s)$$

其物理意义是:直流电动机在电枢电流 $I_a(s)$ 的作用下,产生了电磁转矩 $T_e(s)$。因此,如果用传递函数的图形方式表示以上信号的传递关系,则如图 2-13 所示。

c. 电动机转速与转矩之间的运动方程(拉普拉斯变换式)为

$$T_e(s) - T_L(s) = J_G s N(s)$$

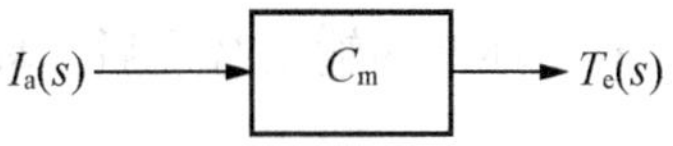

图 2-13 电磁转矩与电枢电流的传递函数图形表示

由于直流调速系统最终考虑的是直流电动机转速稳定的问题,因此以电动机转速作为输出,则有

$$N(s) = \frac{1}{J_G s}[T_e(s) - T_L(s)]$$

如果用传递函数的图形方式表示以上信号的传递关系,则如图 2-14 所示。

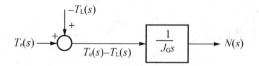

图 2-14 电动机转速与转矩的传递函数图形表示

在图 2-14 所示的图形表示中，可将摩擦力和负载阻力矩 $T_L(s)$ 视为扰动量。而实际情况也是这样：希望的是直流电动机能够以额定转速恒值工作，而电动机所带负载发生的变化势必会影响到直流电动机的转速。

d. 电动机转速与反电动势之间的关系(拉普拉斯变换式)为

$$E(s) = C_e N(s)$$

由于其反电动势 $E(s)$ 存在于电枢回路中，而电动机的转速 $N(s)$ 又是最终输出量，所以可以把这部分视为一个连接直流电动机从输出端到输入端的反馈环节。这样，该环节的输入应为电动机转速 $N(s)$，输出则是返回到电枢端的反电动势 $E(s)$。则这个环节的传递函数关系的图形表示如图 2-15 所示。

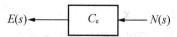

图 2-15 电动机转速与反电动势的传递函数图形表示

(3) 建立系统框图。完成直流电动机以上四个部分的复数域模型后，就可以利用直流电动机这四个部分传递函数的图形表示，按其内部信号的传递关系，将直流电动机按其信号的传递方向连接起来，以构成他励直流电动机的系统框图，如图 2-16 所示。

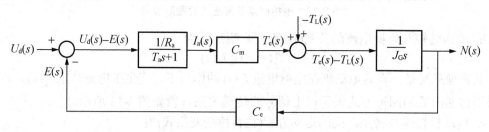

图 2-16 直流电动机的系统框图

在连接时须注意一个原则：前一环节的输出必是后一环节的输入。

(三)自动控制系统的系统框图

1. 系统框图的组成要素

由【例 2-10】中对直流电动机数学模型建立的实例讨论可以了解到：系统框图是一种用传递函数的图形化方法表示系统各组成部分之间信号传递关系(连接)的一种数学模型。它之所以重要，是因为它清晰而严谨地表达了系统内部各单元在系统中所处的地位与作用，以及各单元之间的相互联系。它可以使人们更加直观地理解系统所表达的物理意义。

与自动控制系统的组成框图类似，自动控制系统的系统框图是由功能框、信号线(有向线段)、引出点及综合点(比较点)等各要素绘制而成的，同时也遵循前向通道的信号从左向右，反馈通道的信号从右向左的基本绘制原则。

下面对照图 2-16 来逐一对系统框图的各部分要素进行介绍。

1) 信号线

信号线表示信号的传递方向(箭头)和大小。在【例 2-10】中，流入电枢回路的信号大小是 $U_d(s) - E(s)$ (见图 2-12)，箭头方向表明了该信号流入他励直流电动机的电枢回路。

在系统的前向通路中，信号线遵循从左向右的基本流向，即输入信号在最左端，输出信号在最右端；在反馈通路中，信号线则遵循从右向左的基本流向。

2) 功能框

功能框表示由实际的物理系统或根据其工作原理所构造的虚拟系统(如【例 2-10】中的电枢回路、电磁转矩与电流回路等，都是根据工作原理所构成的虚拟系统，但它们真实地反映了实际物理系统的工作过程和能量的传递关系)所建立起来的，系统各组成环节(元件)或机构的传递函数模型 $G(s)$。

功能框(方框)左右两边均连有有向信号线，左边的信号线表示了这个环节或机构的输入量(拉普拉斯变换式)，右边的信号线表示了这个环节或机构的输出量(拉普拉斯变换式)，它们组合在一起构成了传递函数的图形表示方式，即 $C(s) = G(s)R(s)$。

3) 引出点

引出点表示信号由该点取出，如图 2-17 所示。从同一信号线上取出的信号，其大小和性质完全相同。

图 2-17　引出点

4) 综合点

综合点又称和点(summing point)或比较点(见图 2-18)，其输出量(拉普拉斯变换式)为各输入量(拉普拉斯变换式)的代数和。因此，当信号输入综合点时，要注明它们的极性。

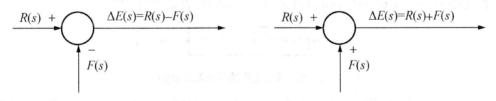

图 2-18　综合点

一般来说，一个典型自动控制系统在建立起它各部分的数学模型(框图要素)之后，就可以用系统框图来表示这个系统。图 2-19 所示为自动控制系统中典型的系统框图。

2. 系统框图的运算

与自动控制系统的组成框图不同，自动控制系统的系统框图是可以进行运算的。而这个运算过程，就是所谓的系统框图的变换和简化，其目的就是求出自动控制系统闭环传递函数。

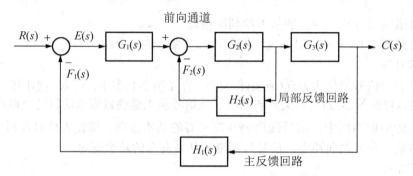

图 2-19   一个典型自动控制系统框图结构

1)   系统框图的等效变换运算

系统框图等效变换运算的原则是:变换后与变换前的输入量和输出量都保持不变。

(1)   串联连接。当系统中有两个或两个以上的环节串联时(见图 2-20),其等效的传递函数为各环节传递函数的乘积。

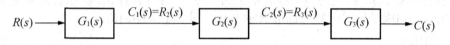

图 2-20   串联连接的系统框图

串联环节的信号传递必定满足"前一环节的输出量一定是后一环节的输入量"这样一个简单的连接原则。

图 2-20 中每个环节的输入量与输出量之间的关系是

$$C_1(s) = G_1(s)R(s) \tag{2-32}$$

$$C_2(s) = G_2(s)R_2(s) = G_2(s)C_1(s) \tag{2-33}$$

$$C(s) = G_3(s)R_3(s) = G_3(s)C_2(s) \tag{2-34}$$

将式(2-33)和式(2-34)代入式(2-32),消去中间变量 $C_1(s)$ 和 $C_2(s)$,则有

$$C(s) = G_1(s)G_2(s)G_3(s)R(s)$$

得到 $C(s)/R(s) = G_1(s)G_2(s)G_3(s) = G(s)$,其图形表示如图 2-21 所示。

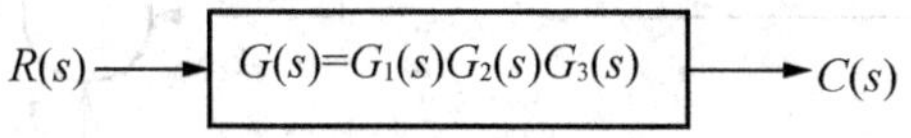

$$R(s) \longrightarrow \boxed{G(s)=G_1(s)G_2(s)G_3(s)} \longrightarrow C(s)$$

图 2-21   串联连接的等效系统框图

(2)   并联连接。当系统中有两个或两个以上环节并联时,其等效传递函数为各环节传递函数的代数和,如图 2-22 所示。

并联环节的信号传递必定满足"信号以相同的方向流入综合点或以相同的方向流出引出点"这样一个简单的连接原则。

如图 2-22 所示,由于每个环节的输入量与输出量之间的关系是

$$C_1(s) = G_1(s)R(s)$$

$$C_2(s) = G_2(s)R(s)$$

$$C_3(s) = G_3(s)R(s)$$

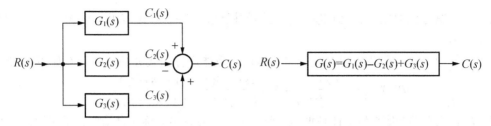

(a) 并联连接的系统框图　　　　　　　　(b) 并联连接的等效框图

图 2-22　并联连接的框图运算

且综合点处有

$$C(s) = C_1(s) - C_2(s) + C_3(s)$$
$$= G_1(s)R(s) - G_2(s)R(s) + G_3(s)R(s)$$
$$= [G_1(s) - G_2(s) + G_3(s)]R(s)$$

整理上式，有

$$C(s)/R(s) = G_1(s) - G_2(s) + G_3(s)$$

(3) 反馈连接。如图 2-23 所示，由于 $C(s) = G(s)U(s)$，$F(s) = H(s)C(s)$，在综合点处可得

$$U(s) = R(s) \pm F(s) = R(s) \pm H(s)C(s) = \frac{C(s)}{G(s)}$$

因此有

$$G(s)[R(s) \pm H(s)C(s)] = C(s)$$

即有

$$C(s) = G(s)R(s) \pm G(s)H(s)C(s) \Rightarrow [1 \mp G(s)H(s)]C(s) = G(s)R(s)$$

整理得

$$\frac{C(s)}{R(s)} = \Phi(s) = \frac{G(s)}{1 \mp G(s)H(s)} \tag{2-35}$$

式中：$G(s)$——前向通道的传递函数；

$G(s)H(s)$——闭环系统的开环传递函数；

$\Phi(s)$——闭环传递函数，当 $H(s) = 1$ 时有 $\Phi(s) = G(s)/[1 \mp G(s)]$，称为单位反馈系
统的闭环传递函数。

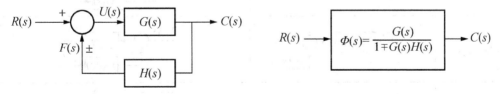

(a) 反馈连接的系统框图　　　　　　　　(b)反馈连接的等效系统框图

图 2-23　反馈连接的框图运算

式(2-35)即为反馈连接的等效传递函数。由于自动控制系统多为闭环控制系统，所以它
也被称为系统的闭环传递函数。同理，由于一般总是假定系统的输入量为正，因此，式(2-35)

中的加号与减号就对应了自动控制系统反馈的极性，"+"号对应于负反馈；"−"号则对应于正反馈。

另一方面，如果自动控制系统的闭环传递函数能进行因式分解，并具有如下形式

$$\Phi(s) = \frac{G(s)}{1+G(s)H(s)} = K \times \frac{(s-z_1)(s-z_2)\cdots(s-z_m)}{(s-p_1)(s-p_2)\cdots(s-p_n)} \tag{2-36}$$

其中，K 称为自动控制系统的闭环增益。令 $1+G(s)H(s)=0$ ，称为自动控制系统的特征方程。

若令 $(s-z_1)(s-z_2)\cdots(s-z_m)=0$ ，解得的根 $s_1=z_1$，$s_2=z_2$，$\cdots$，$s_m=z_m$ 称为自动控制系统的闭环零点。

若令 $(s-p_1)(s-p_2)\cdots(s-p_n)=0$ ，解得的根 $s_1=p_1$，$s_2=p_2$，$\cdots$，$s_n=p_n$ 称为自动控制系统的闭环极点。由于自动控制系统的闭环极点是由系统的特征方程解出的，所以它也被称为自动控制系统的特征根。

后续(见项目3)分析将表明，自动控制系统的特征方程反映了系统稳定特性及系统动态性能的性质，所以由闭环传递函数可以研究系统的稳定特性与动态特性。特征方程的阶次 n 即为系统的阶次，一般所说的"几阶"系统，就是由其闭环系统特征方程的阶次 n 来确定的。

2) 引出点与综合点(比较点)的移动规则

引出点与综合点移动的原则是：移动前后的输入量与输出量保持不变。移动前后的框图对照见表2-4。

比较对照表 2-4 中的原框图与等效变换后的框图，不难发现，在增添 $G(s)$ 或 $1/G(s)$ 环节后，引出点向前或向后移，其引出量仍保持原来的量；而综合点向后或向前移，其输出量仍保持原来的量。

表2-4 引出点与综合点(比较点)的移动规则

移动规则	原框图	等效框图
引出点前移	$X(s) \to G(s) \to Y(s)$，$Y(s)$	$X(s)$(前) $\to G(s) \to Y(s)$(后)，$Y(s) \leftarrow G(s)$
引出点后移	$X(s) \to G(s) \to Y(s)$，$X(s)$	$X(s) \to G(s) \to Y(s)$，$X(s) \leftarrow 1/G(s)$
综合点前移	$X_1(s) \to G(s) \to \otimes \to Y(s)$，$X_2(s)$	$X_1(s) \to \otimes \to G(s) \to Y(s)$，$X_2(s) \to 1/G(s)$
综合点后移	$X_1(s) \to \otimes \to G(s) \to Y(s)$，$X_2(s)$	$X_1(s) \to G(s) \to \otimes \to Y(s)$，$X_2(s) \to G(s)$

【例2-11】 求【例2-10】中直流电动机在下列情况下的闭环传递函数：① $T_L=0$ ；② $T_L \neq 0$ 。

解： (1)　当 $T_L = 0$ 时，直流电动机的系统框图(见图 2-16)可简化为图 2-24。

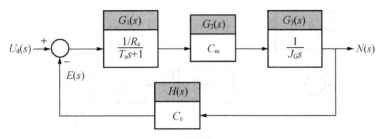

图 2-24　单闭环直流调速系统的系统框图($T_L = 0$)

因此，前向通道的等效传递函数为

$$G(s) = G_1(s)G_2(s)G_3(s) = \frac{1/R_a}{T_a s + 1} \times C_m \times \frac{1}{J_G s}$$

$$= \frac{C_m}{J_G R_a s(T_a s + 1)}$$

则闭环传递函数为

$$\Phi(s) = \frac{G(s)}{1 + G(s)H(s)} = \frac{\dfrac{C_m}{J_G R_a s(T_a s + 1)}}{1 + \dfrac{C_e C_m}{J_G R_a s(T_a s + 1)}} = \frac{\dfrac{1}{C_e}}{\dfrac{J_G R_a}{C_m C_e}T_a s^2 + \dfrac{J_G R_a}{C_m C_e}s + 1}$$

$$= \frac{1/C_e}{T_m T_a s^2 + T_m s + 1} \tag{2-37}$$

式中，$T_m = \dfrac{J_G R_a}{C_m C_e}$ 为机电时间常数。

(2)　当 $T_L \ne 0$ 时，为方便理解将直流电动机的系统框图(见图 2-16)重录于此，如图 2-25(a)所示。

利用框图等效变换运算及引出点移动规则，可有如图 2-25(b)、(c)所示的变换过程。

由此可见，由于直流电动机闭环传递函数的特征方程是二阶的，因此可将直流电动机视为一个二阶振荡环节。

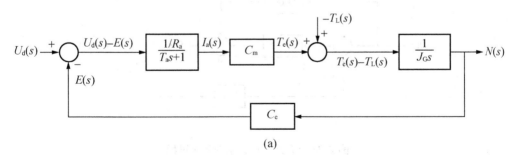

(a)

图 2-25　单闭环直流调速系统的系统框图($T_L \ne 0$)

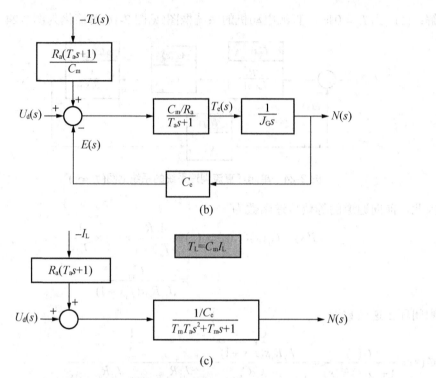

(b)

$$T_L = C_m I_L$$

(c)

图 2-25 单闭环直流调速系统的系统框图($T_L \neq 0$)(续)

【例 2-12】 求图 2-26(a)所示系统的闭环传递函数。

解： 图 2-26(a)所示系统框图不是典型结构，所以不能直接用公式，而要进行引出点或综合点(比较点)的移动。在进行引出点及综合点(比较点)移动时，要注意这两种性质不同的点相邻时，不可以互换位置，即引出点向引出点移动；综合点(比较点)向综合点(比较点)移动。其简化过程如图 2-26(b)～(d)所示。

最终可得到系统的闭环传递函数是

$$\Phi(s) = \frac{G_2(s)[G_1(s) + G_3(s)]}{1 + G_1(s)G_2(s)G_4(s)}$$

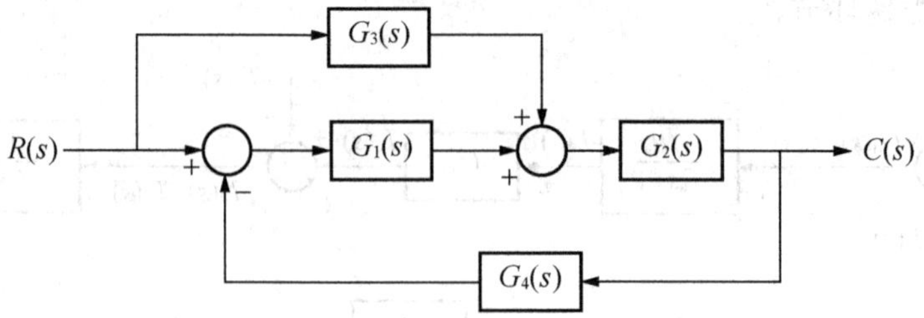

(a)

图 2-26 【例 2-11】系统简化过程

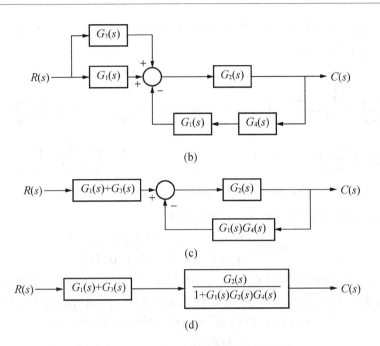

(b)

(c)

(d)

图 2-26　【例 2-11】系统简化过程(续)

【**例 2-13**】　某系统如图 2-27 所示，试求：①输入量作用下的闭环传递函数；②扰动量作用下的闭环传递函数；③输入量与扰动量同时存在时的系统输出。

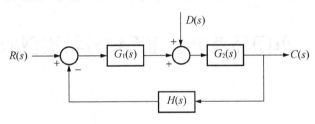

图 2-27　干扰存在时的自动控制系统

解：由于本书讨论的系统是线性时不变系统，所以当系统存在干扰且干扰不能被忽略时，可利用叠加定理来解决多信号作用于系统时的情况。

(1)　若只考虑输入信号作用于系统，则由叠加定理，可令扰动量 $D(s) = 0$，这样简化后的系统如图 2-28 所示。

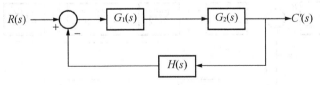

图 2-28　只有输入量单独作用系统时的系统框图

由图 2-28 可求得此时系统的闭环传递函数为

$$\Phi_{\mathrm{r}}(s) = \frac{C'(s)}{R(s)} = \frac{G_1(s)G_2(s)}{1 + G_1(s)G_2(s)H(s)}$$

(2) 若只考虑干扰信号作用于系统，则由叠加定理，可令输入量 $R(s)=0$，这样简化后的系统框图如图 2-29 所示。

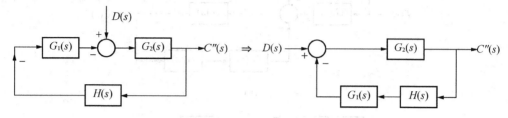

图 2-29　只有扰动量单独作用系统时的系统框图

由图 2-29 可求得此时系统的闭环传递函数为

$$\varPhi_\mathrm{d}(s)=\frac{C''(s)}{D(s)}=\frac{G_2(s)}{1+G_1(s)G_2(s)H(s)}$$

(3) 当输入量与扰动量同时存在时，由叠加定理可知，此时系统的输出量一定为输入量单独作用时所产生的输出量与扰动量单独作用时所产生的输出量的代数和。即有

$$C(s)=C'(s)+C''(s)=\varPhi_\mathrm{r}(s)R(s)+\varPhi_\mathrm{d}(s)D(s)$$

$$=\frac{G_1(s)G_2(s)}{1+G_1(s)G_2(s)H(s)}R(s)+\frac{G_2(s)}{1+G_1(s)G_2(s)H(s)}D(s) \tag{2-38}$$

由以上分析可知，由于输入量和扰动量的作用点不同，因此，即使在同一系统中，其输出量的闭环传递函数 $[\varPhi_\mathrm{r}(s)$ 和 $\varPhi_\mathrm{d}(s)]$ 一般也不相同。

任务　单闭环直流调速系统分析模型的建立

任务引导

在项目 1 中已经建立了单闭环直流调速系统的系统组成框图，并且也了解到该调速控制系统对电动机转速进行调节的基本工作原理。下面利用其系统组成框图(见图 1-15)，来建立系统各组成部分在复数域内的数学模型。为了方便理解，将图 1-15 重录于此，如图 2-30 所示。

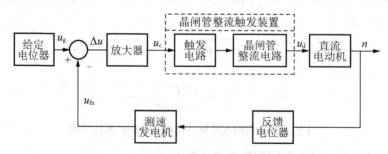

图 2-30　单闭环直流调速系统的组成框图

任务实施

(一)任务目标

(1) 学习利用自动控制系统的系统组成框图，通过对其各组成部件功能、特性的分析，建立它们的数学模型。

(2) 学习利用拉普拉斯变换对照表(见表 2-1)和拉普拉斯变换的运算定理，将各组成部件用图形进行描述。

(3) 学习利用各组成部件的输入/输出关系、信号传递函数，将其各部件正确连接成自动控制系统的系统框图。

(4) 学习利用自动控制系统的系统框图的图形运算法则，求取自动控制系统的闭环传递函数。

(二)任务内容

(1) 建立单闭环直流调速系统各组成部分的复数域模型(传递函数)，并绘制各组成部分传递函数的框图。

(2) 将单闭环直流调速系统各组成部分的功能框按信号的传递关系连接成系统框图。

(3) 简化单闭环直流调速系统的系统框图，并求其闭环传递函数。

(三)知识点

(1) 传递函数的定义、条件及应用。

(2) 传递函数的图形化表示方式。

(3) 系统框图的运算与简化。

(4) 闭环传递函数的定义、求法及物理意义。

(四)任务实施步骤

1. 建立单闭环直流调速系统各组成部分的复数域模型(传递函数)

1) 给定电位器

图 2-31(a)所示电路为单闭环直流调速系统给定电位器的电路示意图。

根据电路分压定理，有

$$U_g(s) = \frac{R_2}{R_1 + R_2} U(s)$$

整理后，其传递函数为$\dfrac{U_g(s)}{U(s)} = \dfrac{R_2}{R_1 + R_2} = K_g$(比例环节)，其图形如图 2-31(b)所示。

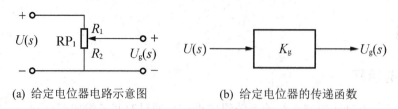

(a) 给定电位器电路示意图　　　　　(b) 给定电位器的传递函数

图 2-31　给定电位器

2)　晶闸管整流触发电路

晶闸管整流触发电路及其调节特性如图 2-32 所示。

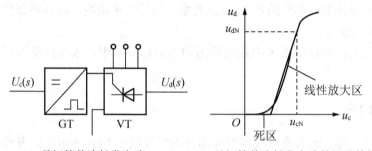

(a) 晶闸管整流触发电路　　　　　(b) 晶闸管整流触发电路的调节特性

图 2-32　晶闸管整流触发电路及其调节特性

晶闸管整流电路的调节特性为输出平均电压 u_d 与触发电路控制电压 u_c 之间的函数关系，即 $u_d = f(u_c)$。由图 2-32(b)可见，该函数关系曲线既有死区，又会饱和，只有中间部分接近线性放大。如果在一定范围内将晶闸管调节特性的非线性问题进行线性化处理，则可以把晶闸管调节特性视为由死区和线性放大区两部分组成。因此，在对晶闸管整流电路进行模型建立时，可以按晶闸管整流触发电路的工作特性和所分的特性区域，分别建立它们各自的数学模型。

(1)　线性放大区。在线性放大区域内，其整流输出电压 u_d 基本上与触发电路的控制电压 u_c 成正比关系，因此有

$$U_d(s) = K_s U_c(s)$$

(2)　死区。晶闸管触发装置和整流装置之间是存在滞后作用的，这主要是由整流装置的失控时间造成的。由电力电子知识可知，晶闸管是一个半控型的电子器件，只有当阳极在正向电压作用下供给门极触发脉冲才能使其导通。晶闸管一旦导通，门极便会失去作用。改变控制电压 u_c，虽然可以使触发脉冲的触发角产生移动，但是也必须等到阳极处于正向电压作用时才能使晶闸管导通。因此，当改变控制电压 u_c 来调节平均整流输出电压 u_d 的大小时，新的脉冲总是要等到阳极处于正向电压时才能实现。而这就造成整流输出电压 u_d 的变化滞后于控制电压 u_c 的变化一个 τ_0 时间的情况，如图 2-33(a)所示。因而有

$$u_d = u_c(t - \tau_0) \tag{2-39}$$

对式(2-39)进行拉普拉斯变换，则有

$$U_d(s) = e^{-\tau_0 s} U_c(s) \approx \frac{1}{\tau_0 s + 1} \times U_c(s)$$

结合晶闸管两个区域内的特性，可得

$$U_d(s) = K_s e^{-\tau_0 s} U_c(s) \approx \frac{K_s}{\tau_0 s + 1} U_c(s)$$

整理后，其传递函数为 $\dfrac{U_d(s)}{U_c(s)} \approx \dfrac{K_s}{\tau_0 s + 1} = K_s \times \dfrac{1}{\tau_0 s + 1}$ (比例与惯性环节的串联)，其图形如图 2-33(b)所示。

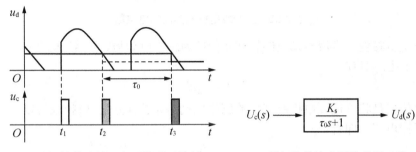

(a) 晶闸管整流输出电压的滞后特性   (b) 晶闸管整流装置的传递函数

图 2-33　晶闸管整流输出电压的滞后特性及其传递函数

3)　他励直流电动机

【例 2-10】已经建立了他励直流电动机的数学模型，并在【例 2-11】中对它进行了简化，求出了它从整流输入电压 $U_d(s)$ 到转速输出 $N(s)$ 的传递函数，如图 2-34 所示。

由【例 2-11】可知，直流电动机本身就构成了一个闭环系统，但在单闭环直流调速系统中，它仍是系统前向通道中的一个环节。由其传递函数的构成形式来看，他励直流电动机可视为一个二阶振荡环节，其传递函数的图形表示方式如图 2-34 所示。

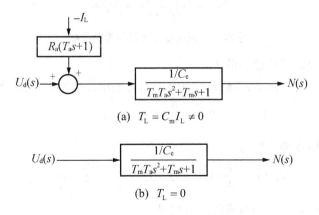

(a) $T_L = C_m I_L \neq 0$

(b) $T_L = 0$

图 2-34　直流电动机的传递函数

4)　测速发电机及其反馈电位器

测速发电机及其反馈电位器各部分之间的关系如图 2-35 所示。

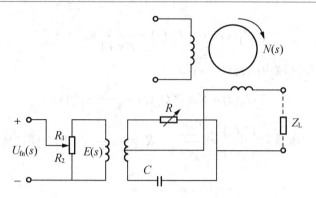

图 2-35 测速发电机及其反馈电位器

测速发电机将他励直流电动机的转速 n 转换为感生电动势 e，感生电动势 e 与测速发电机转速 n 成正比，即有

$$E(s) = K_n N(s)$$

反馈电位器是将测速发电机所产生的感生电动势 e 进行分配，转换成可以与给定电压进行比较的反馈电压，即有

$$U_{fn}(s) = \frac{R_2}{R_1 + R_2} E(s)$$

输入量电动机转速 $N(s)$ 与输出量反馈电压 $U_{fn}(s)$ 的关系为

$$U_{fn}(s) = \frac{R_2}{R_1 + R_2} E(s) = \frac{R_2}{R_1 + R_2} \times K_n N(s) = \alpha N(s)$$

整理后，得到测速发电机及其反馈电位器的传递函数是

$$\frac{U_{fn}(s)}{N(s)} = \alpha$$

测速发电机及反馈装置传递函数的图形表示如图 2-36 所示。

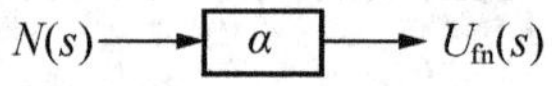

$$N(s) \longrightarrow \boxed{\alpha} \longrightarrow U_{fn}(s)$$

图 2-36 测速反馈装置的传递函数

5) 给定量与反馈量的比较放大

利用叠加定理，可得图 2-37(a)所示电路输入与输出之间的关系是(详见【例 1-6】)

$$u_c = -\frac{R_1}{R_0} \times (u_g - u_{fn})$$

两边取拉普拉斯变换，则有

$$U_c(s) = -\frac{R_1}{R_0} \times \left[U_g(s) - U_{fn}(s) \right] = -\frac{R_1}{R_0} \times \Delta U(s)$$

整理后，得到比较放大环节的传递函数是

$$\frac{U_c(s)}{\Delta U(s)} = -\frac{R_1}{R_0} = K$$

比较放大电路传递函数的图形表示如图 2-37(b)所示。

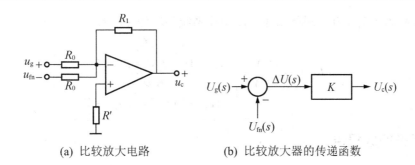

(a) 比较放大电路　　　　　(b) 比较放大器的传递函数

图 2-37　比较放大电路及其传递函数

2. 将单闭环直流调速系统各组成部分的功能框按信号的传递关系连接成系统框图

按信号的传递关系将单闭环直流调速系统各部分传递函数的图形表示方式连接起来(见图 2-38)，就构成了单闭环直流调速系统的系统框图。

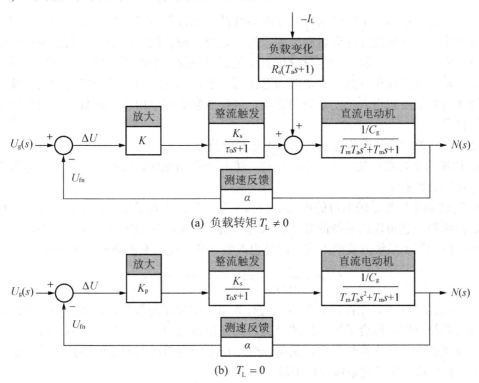

(a) 负载转矩 $T_L \neq 0$

(b) $T_L = 0$

图 2-38　单闭环直流调速系统的系统框图

3. 简化单闭环直流调速系统的系统框图，求其闭环传递函数

由图 2-38(a)及【例 2-12】可知，单闭环直流调速系统的输出与输入、扰动之间的关系是

$$N(s) = \frac{\dfrac{K_p K_s / C_e}{(\tau_0 s + 1)(T_m T_a s^2 + T_m s + 1)}}{1 + \dfrac{K_p K_s \alpha / C_e}{(\tau_0 s + 1)(T_m T_a s^2 + T_m s + 1)}} U_g(s) - \frac{\dfrac{R_a(T_a s + 1)/C_e}{(T_m T_a s^2 + T_m s + 1)}}{1 + \dfrac{K_p K_s \alpha / C_e}{(\tau_0 s + 1)(T_m T_a s^2 + T_m s + 1)}} I_L(s) \qquad (2\text{-}40)$$

若设负载力矩 $T_L \neq 0$，则单闭环直流调速系统闭环传递函数是

$$\Phi(s) = \frac{N(s)}{U_g(s)} = \frac{\dfrac{K_p K_s / C_e}{(\tau_0 s + 1)(T_m T_a s^2 + T_m s + 1)}}{1 + \dfrac{K_p K_s \alpha / C_e}{(\tau_0 s + 1)(T_m T_a s^2 + T_m s + 1)}} \tag{2-41}$$

(五)任务完成报告

(1) 复习有关晶闸管整流电路的相关知识。

(2) 完成式(2-40)的推导。

小　结

(1) 大部分单输入单输出的自动控制系统的控制过程可以由微分方程来进行描述，一般把这个描述方法的建立称为自动控制系统的系统建模。因此，求出用来描述自动控制系统微分方程的"解"，就成为定量分析自动控制系统的一个重要问题。拉普拉斯变换是为了解决自动控制系统微分方程的求解问题而引入的，但它的引入又为自动控制系统用数学方法描述其控制过程引入了一个新的方法，就是在复数域中用传递函数的方式来建立系统的数学模型。

(2) 自动控制系统的传递函数有以下重要的特点。

a. 传递函数是在零初始条件下，由微分方程变换而来的，因此，它与微分方程之间存在一一对应的关系。

b. 传递函数只与系统本身的内部结构和参数有关，代表了系统的固有特性，但作为一种描述性函数，它可以由系统的外部输入与系统所产生的输出来进行描述。不同的输入会造成描述自动控制系统方式的不同，因此也改变了其传递函数的不同表现方式，即有

$$G(s) = \frac{C(s)}{R(s)} \quad \Rightarrow \quad C(s) = G(s)R(s)$$

c. 传递函数还可以用图形化的方式进行表示。由传递函数结合自动控制系统组成框图而构成的系统框图，综合了数学描述及图形描述两方面的优点，从而成为一种既可以用来进行系统变换、简化等数学运算，又可以表示出系统各组成部分之间连接方式、信号传递方式等结构组成的模型化系统分析手段。

d. 由于自动控制系统一般是闭环控制系统，因此，系统的闭环传递函数对分析自动控制系统的性能指标具有重要的意义。对于一个已知的闭环传递函数，有如下概念

$$\Phi(s) = \frac{G(s)}{1 + G(s)H(s)} = K \times \frac{(s - z_1)(s - z_2)\cdots(s - z_m)}{(s - p_1)(s - p_2)\cdots(s - p_n)} \tag{2-42}$$

式中的 K 称为自动控制系统的闭环增益。令 $1 + G(s)H(s) = 0$，式(2-42)称为自动控制系统的特征方程。

若令 $(s - z_1)(s - z_2)\cdots(s - z_m) = 0$，则解得的根 $s_1 = z_1$，$s_2 = z_2$，…，$s_m = z_m$ 称为自动控制系统的闭环零点。

若令 $(s-p_1)(s-p_2)\cdots(s-p_n)=0$，则解得的根 $s_1=p_1$，$s_2=p_2$，$\cdots$，$s_n=p_n$ 称为自动控制系统的闭环极点。由于自动控制系统的闭环极点是由系统的特征方程解出的，所以它也被称为系统的特征根。且系统的"阶数"由其闭环系统特征方程的阶次来确定。

e. 传递函数可以用图形化的方式进行表示，即用"功能框+有向线段"来表示传递函数的功能及其输入与输出之间的关系。因此，一个自动控制系统可以按其各部件所要完成的功能及各部件之间的信号传递关系，用传递函数的图形方式来组成它的系统框图。自动控制系统的系统框图是可以直接进行运算的一种图形表示方式，通过各部件功能框的并联、串联，以及引出点或比较点的移动，最终可以方便地求出自动控制系统的闭环传递函数。其公式为

$$\Phi(s)=\frac{\text{前向通道各串联环节传递函数的乘积}}{1+\text{系统的开环传递函数}}$$

习　题

一、思考题

1. 系统的数学模型指的是什么？建立系统的数学模型的意义是什么？

2. 零初始条件的物理意义是什么？

3. 定义传递函数时的前提条件是什么？为什么要加这个条件？

4. 惯性环节在什么条件下可以近似为比例环节？在什么情况下可以近似为比例积分环节？

5. 一个比例积分环节与一个比例微分环节串联，能简化成一个比例环节吗？

6. 惯性环节与一阶微分环节串联，在什么条件下可以简化为比例环节？

7. 二阶系统是一个振荡环节，这种说法正确吗？为什么？

8. 框图等效变换的原则是什么？

9. 引出点与综合点移动的原则是什么？

10. 系统框图与系统组成框图有何同异？

二、综合分析题

1. 求下列函数的象函数。

(1) $f(t)=1-\mathrm{e}^{-2t}$

(2) $f(t)=2-t\mathrm{e}^{-5t}$

(3) $f(t)=u(t-2)$

(4) $f(t)=a_1+a_2 t$

2. 求下列函数的原函数。

(1) $F(s)=\dfrac{1}{s^2+s}$

(2) $F(s)=\dfrac{4}{s^2+2s+4}$

3. 用终值定理求下列函数的终值。

(1) $F(s)=\dfrac{5}{s(s+2)}$

(2) $F(s)=\dfrac{4}{(s+5)(s+8)}$

(3) $F(s)=\dfrac{s+1}{s^2(s+5)}$

4. 激光打印机利用激光光束来实现快速打印。通常用控制输入 $r(t)$ 的方法来对激光束进行定位，因此会有

$$C(s) = \frac{5(s+100)}{s^2 + 50s + 600} R(s)$$

其中，输入 $r(t)$ 代表了激光光束的期望位置。

(1) 若 $r(t)$ 是单位阶跃输入，试计算输出 $c(t)$。

(2) 求 $c(t)$ 的终值。

5. 求图 2-39 所示 4 个电路的传递函数。

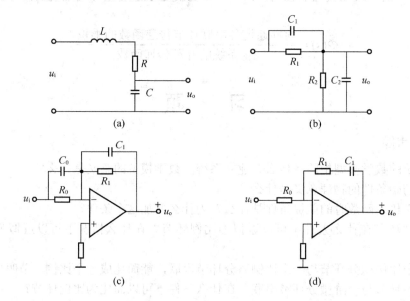

图 2-39　习题 5 电路图

6. 已知某系统的闭环传递函数为

$$G(s) = \frac{50(s+3)}{10s^2 + 37s + 78}$$

(1) 求该系统的特征多项式和特征方程。

(2) 求该系统的零点和极点，并绘制该系统的零极点分布图。

7. 如图 2-40 所示，某系统的输入输出特性为 $y = f(u) = e^{-2u}$，试求该系统在开关 S 未闭合与开关 S 闭合时，系统的闭环传递函数。

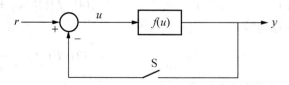

图 2-40　开环与闭环系统

8. 应用公式求图 2-41 所示两个系统的闭环传递函数。

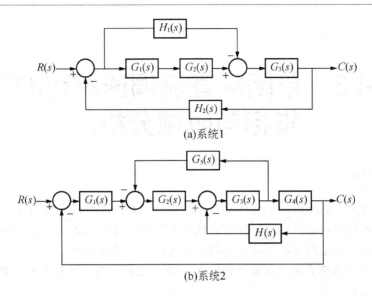

(a)系统1

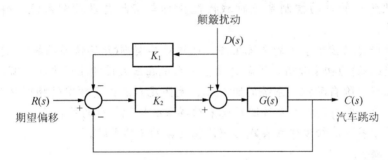

(b)系统2

图 2-41　自动控制系统框图

9．求图 2-16 所示直流电动机在 $U_d(s)$ 和 $-T_L(s)$ 共同作用下的输出 $N(s)$。

10．在粗糙路面上颠簸行驶的车辆会受到许多干扰因素的影响，采用主动式悬挂系统可以减轻干扰的影响，简单悬挂减震系统的系统框图如图 2-42 所示。试选取恰当的增益值 K_1 和 K_2，从而使当期望值 $R(s)=0$，扰动量 $D(s)=1/s$ 时，车辆不会发生跳动。

项目 3　单闭环直流调速系统的性能指标与时域分析

　　任何自动控制系统的运行都与时间相关。从自动控制系统开始运行到平稳运行，再到最后结束运行，其整个工作过程中所表现出来的特点就是它的性能，而性能指标则是人们使用自动控制系统所期望达到的目标。一个自动控制系统在正常工作时，它本身的运行表现与人们所期望的表现之间的差别，就成为系统调试与维护的主要内容，即通过调试与维护，使自动控制系统的运行表现尽可能满足要求。因此，了解自动控制系统性能指标与系统的哪些因素有关，是对系统进行实际调试与维护工作中所必须了解的理论知识。

相关知识引导

项目 2 介绍了自动控制系统数学模型的建立。有了自动控制系统的数学模型，就可以在此基础上，对自动控制系统的工作性能进行全面的定量分析与评价。所谓时域(time domain)分析就是在给定系统输入信号的基础上，使用拉普斯变换，直接求出自动控制系统微分方程的"时域解"，然后根据其"解"的表现形式来分析自动控制系统的性能指标。

自动控制系统"时域解"的一个明显优点就是能够直观地调节系统的动态性能与稳态性能。实际应用中，往往需要首先定义并规定好如何度量自动控制系统的性能，然后根据所要求的性能，通过调节系统参数来获得期望的响应(输出)，使之满足性能要求。由于每一个"有用"的自动控制系统的"时域解"总是包括暂态分量与稳态分量。因此，当自动控制系统采用时域分析法分析系统性能时，也就常常从动态响应和稳态响应两个方面来定义。

下面就通过一个常用的电路实例来说明这个概念的定义，以及相应的物理意义。

【例 3-1】　一阶 RC 电路如图 3-1 所示，试分析零初始条件下，开关 S 闭合后，电容两端产生的电压变化。

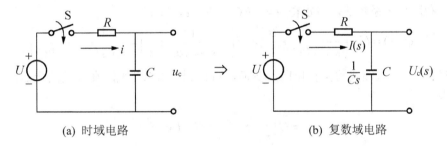

(a) 时域电路　　　　　　　(b) 复数域电路

图 3-1　一阶 RC 电路

解：(1)　建立一阶 RC 电路的数学模型。由阻抗分析法，一阶 RC 电路在复数域上的数学模型如图 3-1(b)所示，利用基尔霍夫定理，有

$$U_c(s) = \frac{1}{Cs}I(s) \ , \quad I(s) = \frac{U(s)}{R + 1/Cs} = \frac{CsU(s)}{RCs + 1}$$

整理可得

$$U_c(s) = \frac{1}{RCs + 1} \times U(s)$$

(2)　分析开关 S 闭合这一动作如何用数学方式进行描述。当开关 S 未闭合时，电路中的给定电压为零；而当开关 S 闭合后，由于是直流供电，所以电路中有持续的电压供给，且其大小等于直流电源电压 U，如图 3-2 所示。

如假定闭合开关这一动作是从计时起点(即 $t = 0$)开始的，且动作所需的时间非常短($\Delta t \to 0$)。在理想状态下，就可以用图 3-2(b)所表示的函数图形来描述这一动作与时间之间的关系。这种关系函数在数学上就被称为阶跃函数，且有

$$u(t) = \begin{cases} 0 & t < 0 \\ U & t \geq 0 \end{cases} = U \times \begin{cases} 0 & t < 0 \\ 1 & t \geq 0 \end{cases} = U \times 1(t)$$

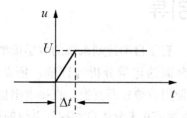

(a) 实际情况下，开关闭合时的电压变化

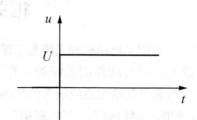

(b) 理想情况下，开关闭合时的电压变化

图 3-2　开关闭合的函数图形表示

由于单位阶跃函数 $1(t)$ 的拉普拉斯变换为 $L[1(t)] = 1/s$，所以利用比例定理有

$$U(s) = U \times \frac{1}{s} = \frac{U}{s}$$

即有

$$U_c(s) = \frac{1}{RCs+1} \times U(s) = \frac{1}{RCs+1} \times \frac{U}{s} = U \times \frac{1/RC}{s(s+1/RC)} = U\left(\frac{A}{s+1/RC} + \frac{B}{s}\right)$$

(3) 利用待定系数法，可求得 $A = -RC$，$B = 1$，即有

$$U_c(s) = U \times \left(\frac{A}{s+1/RC} + \frac{B}{s}\right) = U\left(-\frac{1}{s+1/RC} + \frac{1}{s}\right) = U\left(\frac{1}{s} - \frac{1}{s+1/RC}\right)$$

按照表 2-1，求该式的拉普拉斯反变换，可得到一阶 RC 电路在开关闭合后，电容两端的电压为

$$u_c = U\left(1 - e^{-\frac{1}{RC}t}\right) = U - Ue^{-\frac{1}{RC}t} \tag{3-1}$$

根据式(3-1)，有

$$u_c = \lim_{t \to \infty} U\left(1 - e^{-\frac{1}{RC}t}\right) = U - \lim_{t \to \infty} Ue^{-\frac{1}{RC}t} = U$$

由此可见，一阶 RC 电路在开关 S 闭合以后的整个时间轴上，电容两端电压的变化存在着两种分量，即稳态分量与暂态分量。这两种分量中的前者是与输入量同性质的分量，它反映了电容跟踪直流输入电压的变化情况，也是电容电压最终要输出的电压值；而后者是按指数规律衰减的分量，它随着时间的增加而减少，并最终消失为零。

对于自动控制系统来说，系统的输出情况(响应)存在着与一阶 RC 电路类似的规律，即自动控制系统对某种信号的响应也可以写成

$$c(t) = c_{ss}(t) + c_t(t) \tag{3-2}$$

式中，$c_{ss}(t)$ 为自动控制系统的稳态分量，称为自动控制系统对输入量(输入激励)的稳态响应，它反映了自动控制系统在平稳运行后，与期望值之间是否存在差别以及差别的大小；$c_t(t)$ 为自动控制系统的暂态分量，称为自动控制系统对输入量(输入激励)的动态响应，它反映了自动控制系统以什么样的方式进入平稳运行状态，或以什么样的方式达到期望值。

所有稳定的自动控制系统在达到平稳运行的稳态值前，都会显现出一定程度的动态响应现象。惯性、质量和感应在物理系统中都是无法避免的。因此，一个典型的控制系统是无法立即跟踪输入量或系统状态的突然变化。

对自动控制系统的响应来说，控制好系统的动态响应过程是非常重要的。这不仅仅因为系统动态响应是自动控制系统动态行为的重要组成部分，还在于系统在达到稳态之前，输出响应和输入或期望响应之间的误差必须得到很好的控制。

同样，对自动控制系统稳态响应的控制也非常重要。这是因为系统的稳态响应表明了，在动态响应完成之后系统的输出达到了什么状态，是不是达到期望。一般而言，自动控制系统的稳态响应是不会与期望值完全一致的，但是如果一个自动控制系统与期望值相差太大，可以说这个自动控制系统是一个完全失败的系统。

从另一方面来说，需要分析的自动控制系统首先应该是稳定的系统。不稳定的自动控制系统没有实际应用价值。确定系统稳定性的方法将在本项目相关知识的动态特性之后进行讨论。

相 关 知 识

(一)自动控制系统时域分析中的典型测试信号

自动控制系统本身是时域系统，对它来说重要的是要确定它的时域性能指标。如果自动控制系统是稳定的，那么，它对特定输入信号的响应可以用几个相应的性能指标来加以确定。一般情况下，自动控制系统的实际输入信号是未知的。因此，需要选择一些已知的、能够代表某些典型工作状态的典型测试信号作为被测系统的输入信号，用以分析自动控制系统的性能。这种分析方法很有用，因为自动控制系统对典型测试信号的响应与系统在典型工作条件下的性能密切相关。而且应用典型测试信号作为输入信号，也便于设计者或调试者对几种控制方案进行比较。而事实上，许多自动控制系统的实际输入信号同典型测试信号也很相似。

典型测试信号通常有以下几种。

1) 阶跃信号(位置信号)

阶跃信号的数学表达式为

$$r(t) = \begin{cases} 0 & t < 0 \\ A & t \geqslant 0 \end{cases} \tag{3-3}$$

函数曲线如图 3-3(a)所示。拉普拉斯变换式为

$$R(s) = \frac{A}{s} \tag{3-4}$$

当 $A = 1$ 时，阶跃信号称为单位阶跃信号，用 $1(t)$ 表示。

阶跃信号相当于在计时起点($t = 0$)处突然加入一个与时间无关的恒值输入信号，它可以用来描述开关的闭合、扰动量的突然变化等外界输入信号。

2) 斜坡信号(速度信号)

斜坡信号的数学表达式为

$$r(t) = \begin{cases} 0 & t < 0 \\ At & t \geqslant 0 \end{cases} \tag{3-5}$$

函数曲线如图 3-3(b)所示。其拉普拉斯变换式为

$$R(s) = \frac{A}{s^2} \tag{3-6}$$

当 $A = 1$ 时，斜坡信号称为单位斜坡信号。

斜坡信号开始出现后，即随时间作匀速变化。所以它可以用来表示诸如系统的匀速运动，机械加工过程中刀具对加工轨迹的匀速跟踪等。

3) 抛物线信号(加速度信号)

抛物线信号的数学表达式为

$$r(t) = \begin{cases} 0 & t < 0 \\ \dfrac{A}{2} t^2 & t \geqslant 0 \end{cases} \tag{3-7}$$

函数曲线如图 3-3(c)所示。拉普拉斯变换式为

$$R(s) = \frac{A}{s^3} \tag{3-8}$$

当 $A = 1$ 时，抛物线信号称为单位抛物线信号。

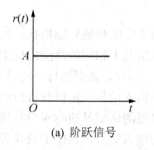 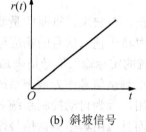 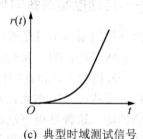

(a) 阶跃信号　　　　　　(b) 斜坡信号　　　　　(c) 典型时域测试信号

图 3-3　典型时域测试信号

抛物线信号在开始出现后，即随时间作加速变化。它可以表示系统在一个持续外力作用下系统状态的改变，如电动机的启动与制动，汽车在行驶过程中的突然加速超车或减速停车等。

(二)单位阶跃响应下的时域性能指标

对线性系统而言，系统动态响应的性能指标常常用单位阶跃函数 $1(t)$ 作为测试信号来进行衡量。输入信号为单位阶跃函数时，自动控制系统的输出响应被称为单位阶跃响应。图 3-4 所示为一个线性系统典型的单位阶跃响应曲线。

根据单位阶跃响应，在时域建立的线性系统的常用性能指标如下。

1) 最大超调量 σ

令 $r(t)$ 为单位阶跃输入信号，$c(t)$ 为单位阶跃响应。$c_{\max}$ 是 $c(t)$ 的最大值，c_{ss} 是 $c(t)$ 的稳态值，且有 $c_{\max} \geqslant c_{ss}$。则定义 $c(t)$ 的最大超调量为

$$\sigma = c_{\max} - c_{ss}$$

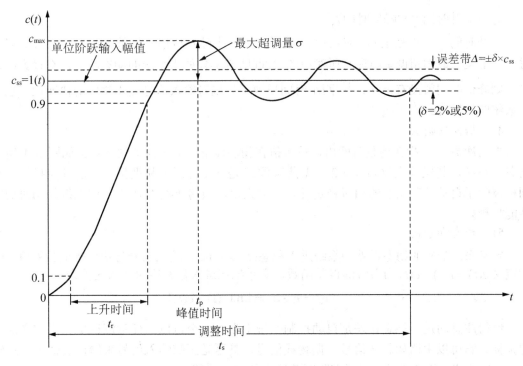

图 3-4　自动控制系统的典型单位阶跃响应的时域性能指标

最大超调量常常写成阶跃响应终值的百分比形式，即百分比超调量，其公式表示为

$$\sigma\% = \frac{c_{\max} - c_{ss}}{c_{ss}} \times 100\%$$

最大超调量常常用来衡量自动控制系统的相对稳定性。最大超调量越小，则说明自动控制系统的动态响应过程进行得越平稳，所以自动控制系统一般不希望有太大的超调。

不同的自动控制系统对最大超调量的要求也不同。例如，对一般调速系统，σ 可允许范围为 $10\% \sim 35\%$；轧钢机的初轧机要求 σ 小于 10%；对连轧机则要求 σ 小于 2%；而张力控制的卷扬机、造纸机、电梯等则不允许有超调量。

2)　调整时间 t_s

通常可以用调整时间 t_s 来表征自动控制系统动态响应过程的结束时间。由式(3-1)可知，自动控制系统动态响应过程的结束时间为 $t \to \infty$。但就实际工程应用而言，自动控制系统的动态响应过程虽然需要很长时间(实际系统的输出量在其稳态值附近作很长时间的微小波动)，但作为稳定系统来说，这种响应波动呈衰减趋势。因此，只要实际系统动态响应的输出量进入并一直保持在一个可以接受的误差范围内，就可以认为该控制系统的动态响应过程结束。

在工程上，通常把 $\pm\delta \times c_{ss}$ 算作误差带，其中 δ 可取 2% 或 5%，如图 3-4 所示。于是，调整时间 t_s 可定义为：控制系统的动态响应输出量进入并一直保持在稳态值允许误差带内所需要的时间。

调整时间反映了控制系统的快速性。一般来说，控制系统的调整时间 t_s 越小，系统的快速性就越好。比如连轧机的调整时间 t_s 为 $0.2 \sim 0.5\,\mathrm{s}$，造纸机为 $0.3\,\mathrm{s}$。

3) 上升时间 t_r 和峰值时间 t_p

上升时间 t_r 定义为阶跃响应从稳态值的10%上升到90%所需要的时间(见图 3-4);峰值时间 t_p 定义为最大超调量出现时所对应的时间(见图 3-4,如果系统的动态响应没有最大超调量,则峰值时间就没有定义)。这两个时间反映了系统对输入信号变化响应的快速性,也就是系统的灵敏度。

4) 振荡次数 N

振荡次数 N 是指在调整时间内,输出值在稳态值附近上下摆动的次数。如图 3-4 所示的典型系统,其振荡次数为 $N=2$。振荡次数 N 是一个与最大超调量一致的性能指标,它同样反映了自动控制系统的相对稳定性。一般来说,振荡次数 N 越少,则系统的相对稳定性能也越好。

5) 稳态误差 e_{ss}

定义系统响应的稳态误差为系统进入稳态($t \to \infty$)后,输入信号与输出幅值的差值。一般定义 $e(t)=r(t)-c(t)$ 为系统的误差函数,则系统在进入稳态后的稳态误差为

$$e_{ss} = r - c_{ss} = \lim_{t \to \infty}[r(t)-c(t)]$$

值得注意的是,稳态误差是自动控制系统中唯一一个可以由任意测试信号来定义的性能指标。它可以由诸如斜坡信号、抛物线信号,甚至是正弦输入信号来给出类似于阶跃输入信号的定义。图 3-4 只给出了在阶跃响应下的稳态误差。

(三)一阶自动控制系统时域动态响应

一阶系统是指可以用一阶微分方程进行描述的自动控制系统,也就是指其闭环传递函数特征方程 s 的最高阶次为1的系统,典型一阶自动控制系统的系统框图如图 3-5 所示。

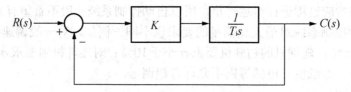

图 3-5 典型一阶系统的系统框图

因此,它的闭环传递函数为

$$\Phi(s) = \frac{C(s)}{R(s)} = \frac{\dfrac{K}{\tau s}}{1 + \dfrac{K}{T_i s}} = \frac{K}{T_i s + K} = \frac{1}{\dfrac{T_i}{K} s + 1}$$

$$= \frac{1}{Ts+1} \tag{3-9}$$

式中: T_i ——积分环节的时间常数;

K ——系统的开环增益;

$T = T_i/K$ ——典型一阶系统的时间常数,由于典型一阶系统的闭环传递函数类似于惯性环节,所以 T 也称为一阶系统的惯性时间常数。

若令式(3-9)中的分母多项式 $Ts+1=0$，则得到一阶系统的特征方程。解其特征方程，可得到一个实极点，即

$$Ts+1=0 \Rightarrow s=-1/T$$

1) 当输入信号为单位阶跃信号时

当输入信号为单位阶跃信号时，由式(3-9)可得

$$C(s)=\Phi(s)R(s)=\frac{1}{Ts+1}\times\frac{1}{s}$$

$$=\frac{A}{Ts+1}+\frac{B}{s}$$

由待定系数法可得 $A=-T$，$B=1$，即有

$$C(s)=\frac{T}{Ts+1}+\frac{1}{s}=\frac{1}{s}-\frac{1}{s+1/T}$$

由表 2-1，取拉普拉斯反变换可得

$$c(t)=1-e^{-\frac{1}{T}t} \tag{3-10}$$

由式(3-10)，当取时间常数 $T=0.5$ 时，有

$$c(t)=1-e^{-\frac{1}{0.5}t}=1-e^{-2t} \tag{3-11}$$

由式(3-11)，可作出一阶典型系统的单位阶跃响应曲线(MATLAB 仿真曲线)，如图 3-6 所示。由该仿真曲线，可得到该一阶系统的性能。

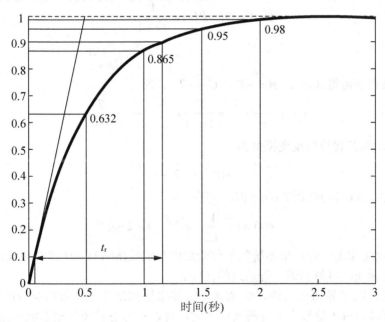

图 3-6　一阶系统的单位阶跃响应曲线(MATLAB 仿真曲线)

(1) 上升时间 t_r。从上升时间的定义及式(3-10)，有

$$0.1=1-e^{-\frac{1}{T}t_1} \Rightarrow t_1=-T\times\ln 0.9$$

$$0.9 = 1 - e^{-\frac{1}{T}t_2} \Rightarrow t_2 = -T \times \ln 0.1$$

$$t_r = t_2 - t_1 = -T(\ln 0.1 - \ln 0.9) \approx 2.2T \tag{3-12}$$

由于所给一阶仿真系统的惯性时间常数 $T = 0.5$，所以由式(3-12)可得

$$t_r \approx 2.2T = 2.2 \times 0.5 = 1.1$$

对比图 3-6 的仿真曲线，也有 $t_r \approx 1.1$。

(2) 调整时间 t_s。从图 3-6 所示的仿真曲线可见，一阶系统没有超调。由于一阶系统是对单位阶跃输入信号的响应，所以可推知一阶系统的稳态输入 $c_{ss} = 1$。

若取误差带 $\Delta = \pm\delta \times c_{ss} = \pm 2\% \times c_{ss} = \pm 0.02$，则响应曲线的幅值达到 0.98 (进入误差带)的时间是 $t_s = 2 (4 \times 0.5 = 4 \times T)$。

若取误差带 $\Delta = \pm\delta \times c_{ss} = \pm 5\% \times c_{ss} = \pm 0.05$，则响应曲线的幅值达到 0.95 (进入误差带)的时间是 $t_s = 1.5 (3 \times 0.5 = 3 \times T)$。

即一阶系统的调整时间 t_s 可选择为 $3T \sim 4T$。

(3) 稳态误差。由于单位阶跃信号的输出幅值为 1，而当 $t \to \infty$ 时，由式(3-11)，可得

$$c_{ss} = \lim_{t \to \infty}\left(1 - e^{-\frac{1}{0.5}t}\right) = 1$$

所以一阶系统在阶跃信号作用下的稳态误差等于零，即 $e_{ss} = r(t) - c_{ss} = 0$。

2) 当输入信号为单位斜坡信号时

当输入信号为单位斜坡信号时，由式(3-9)可得

$$C(s) = \Phi(s)R(s) = \frac{1}{Ts+1} \times \frac{1}{s^2}$$

$$= \frac{A}{s^2} + \frac{B}{s} + \frac{C}{Ts+1}$$

由待定系数法可得 $A = 1$，$B = -T$，$C = -T^2$。即

$$C(s) = \frac{1}{s^2} - \frac{T}{s} + \frac{T^2}{Ts+1} = \frac{1}{s^2} - \frac{T}{s} + \frac{T}{s+1/T}$$

由表 2-1，取拉普拉斯反变换可得

$$c(t) = t - T + e^{-\frac{1}{T}t} \tag{3-13}$$

由式(3-13)，取时间常数 $T = 0.5$ 时，则有

$$c(t) = t - \frac{1}{0.5} - e^{-\frac{1}{0.5}t} = t - 2 - e^{-2t} \tag{3-14}$$

由式(3-14)可作出一阶典型系统的单位阶跃响应曲线(MATLAB 仿真曲线)，如图 3-7 所示。由该仿真曲线，可得到该一阶系统的性能。

如前所述，除了稳态误差外，时域其他性能指标都是建立在阶跃响应(单位阶跃响应)基础上的，所以当输入信号为单位斜坡信号时，可以只考虑系统的稳态响应指标。由图 3-7 可见，典型一阶系统的单位斜坡稳态响应与输入的单位斜坡信号之间存在着固定的稳态误差。对照输出量 $c(t)$ 和输入量 $r(t)$，可以得到系统的误差函数，即

$$e(t) = r(t) - c(t) = t - \left(t - T + Te^{-\frac{1}{T}t}\right) = T\left(1 - e^{-\frac{1}{T}t}\right)$$

则当 $t \to \infty$ 时，有稳态误差为

$$e_{ss} = \lim_{t \to \infty} e(t) = \lim_{t \to \infty} T\left(1 - e^{-\frac{1}{T}t}\right) = T$$

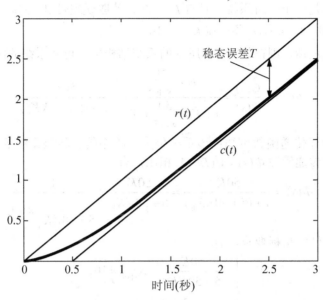

图 3-7　一阶系统的单位斜坡响应曲线(MATLAB 仿真曲线)

由图 3-7 所示的仿真曲线可以验证，由于仿真系统的惯性时间常数是 $T = 0.5$，所以系统的稳态误差为 $e_{ss} = 0.5$。由此可见减小惯性时间常数，可以改善一阶系统对斜坡信号的稳态误差。

通过以上对一阶典型系统的分析，可以得出以下结论。

(1)　一阶系统的阶跃响应在任意参数下都不会产生超调量。

(2)　一阶系统在复平面上有一个实极点 $s = -1/T$。由于在一阶系统中，T 具有实际的物理意义。由此可以推知一个结论，即当系统只有复数平面负实极点时，系统的动态响应不会发生振荡。

【例 3-2】　某系统的结构如图 3-8 所示。已知原有开环系统的传递函数为

$$G(s) = \frac{50}{s + 5}$$

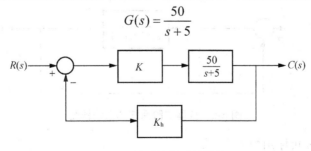

图 3-8　某系统的系统结构

若采用负反馈将系统响应的调整时间 t_s 减小到原来的 0.1 倍，并保证系统总的开环增益不变。试确定 K 和 K_h 的取值。

解：(1) 若不采用负反馈，则系统开环时的传递函数为

$$G(s) = \frac{C(s)}{R(s)} = \frac{50}{s+5} = \frac{50}{5(0.2s+1)} = 10 \times \frac{1}{0.2s+1}$$

由此可见，这是一个一阶系统，且有 $T = 0.2$。若取误差带 $\Delta = 2\% \times c_{ss}$，则该系统的调整时间 $t_s = 4 \times T = 0.8\ \mathrm{s}$，系统开环增益 $K_{open} = 10$。

(2) 若采用负反馈，则在如图 3-8 所示的系统结构中，可知系统的闭环传递函数是

$$\Phi(s) = \frac{C(s)}{R(s)} = \frac{K \times \dfrac{50}{s+5}}{1 + K \times \dfrac{50}{s+5} \times K_h} = \frac{50K}{s + (5+50KK_h)}$$

由该系统的闭环传递函数可知：该系统仍为一阶系统。将该系统的闭环传递函数与一阶系统的标准闭环传递函数 $\Phi(s) = 1/(Ts+1)$ 相比，有

$$\Phi(s) = \frac{50K}{s+(5+50KK_h)} = \frac{50K}{5+50KK_h} \times \frac{1}{\dfrac{1}{5+50KK_h}s+1}$$

由系统给定的性能指标要求，有

$$\begin{cases} \dfrac{50K}{5+50KK_h} = K_{open} = 10 \\[3mm] 4 \times \dfrac{1}{5+50KK_h} = 0.1t_s = \dfrac{0.8}{10} \end{cases}$$

由此可得到 $K = 10$，$K_h = 0.09$。

(四)二阶自动控制系统时域动态响应

虽然现实中很少存在真正意义上的二阶控制系统，但分析二阶系统有助于加深对更高阶系统的理解，尤其是那些可以用二阶系统近似的高阶系统。

1. 二阶自动控制系统闭环极点分布与时域动态响应

二阶系统是指可以用二阶微分方程进行描述的自动控制系统，也就是指其闭环传递函数特征方程 s 的最高阶次为 2 的系统，典型二阶自动控制系统的系统框图如图 3-9 所示。

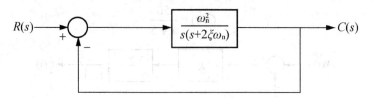

图 3-9 典型二阶系统的系统框图

因此，它的闭环传递函数为

$$\Phi(s) = \frac{C(s)}{R(s)} = \frac{\dfrac{\omega_n^2}{s(s+2\xi\omega_n)}}{1 + \dfrac{\omega_n^2}{s(s+2\xi\omega_n)}} = \frac{\omega_n^2}{s^2 + 2\xi\omega_n s + \omega_n^2} \tag{3-15}$$

式中：ω_n——二阶系统的无阻尼振荡频率；

　　　ξ——二阶系统的阻尼比。

若令式(3-15)中的分母多项式 $s^2 + 2\xi\omega_n s + \omega_n^2 = 0$，则可得到二阶系统的特征方程。利用一元二次方程的求根公式来解这个特征方程，可得到两个极点，为

$$s_{1,2} = -\xi\omega_n \pm \omega_n\sqrt{\xi^2 - 1} \tag{3-16}$$

由式(3-16)可见，对应不同的阻尼比 ξ 和无阻尼自然振荡频率 ω_n，二阶系统的闭环极点的性质也不同。但就一般实际的物理系统而言，典型二阶系统的系统参数都有着明确的物理意义。其中，阻尼比 ξ 表示系统本身对控制信号或运动所产生的阻碍作用。如电路中的电阻，油缸中润滑油对运动机械所产生的黏滞阻力等。无阻尼自然振荡频率 ω_n 表示了物理系统本身所具有的固有振荡频率。所以，对于任意一个给定的二阶系统，其本身的无阻尼自然振荡频率 ω_n 一般是固定的，能改变的往往是系统的阻尼比 ξ(值得注意的是，当改变系统的阻尼比 ξ 时，系统的无阻尼自然振荡频率也会随之而产生变化)。因此，在实际的讨论中，一般只讨论当改变二阶系统的阻尼比 ξ 时，二阶系统不同的极点所呈现出来的、对单位阶跃输入信号的输出响应特性。

现在分别讨论如下。

1) 　$\xi = 0$(无阻尼)

当 $\xi = 0$ 时，由式(3-16)可以得到特征方程的极点为 $s_{1,2} = -\xi\omega_n \pm \omega_n\sqrt{\xi^2 - 1} = \pm j\omega_n$，即有一对纯虚根。此时式(3-15)可简化为

$$\Phi(s) = \frac{C(s)}{R(s)} = \frac{\omega_n^2}{s^2 + 2\xi\omega_n s + \omega_n^2} = \frac{\omega_n^2}{s^2 + \omega_n^2}$$

当输入信号为单位阶跃信号时，经过拉普拉斯反变换，可以得到二阶系统的单位阶跃响应为

$$c(t) = 1 - \cos\omega t \tag{3-17}$$

由式(3-17)可知，当阻尼比 $\xi = 0$ 时，二阶系统的响应曲线为等幅振荡曲线。

2) 　$0 < \xi < 1$(欠阻尼)

由于 $0 < \xi < 1$，所以式(3-16)中的 $\xi^2 - 1 < 0$，这样特征方程的极点为一对共轭复数根，即

$$s_{1,2} = -\xi\omega_n \pm j\omega_n\sqrt{1 - \xi^2}$$

式中，j 是虚单位。

当输入信号为单位阶跃信号时，经过拉普拉斯反变换，可以得到二阶系统的单位阶跃响应为

$$c(t) = 1 - \frac{e^{-\xi\omega_n t}}{\sqrt{1 - \xi^2}}\sin(\omega_d t + \varphi) \tag{3-18}$$

式中，$\omega_d = \omega_n\sqrt{1 - \xi^2}$，是二阶系统的阻尼振荡频率；$\varphi = \arctan\dfrac{\sqrt{1 - \xi^2}}{\xi}$。

式(3-18)表示一个衰减振荡的曲线。所以，当阻尼比 $0 < \xi < 1$ 时，二阶系统的响应曲线

为衰减振荡曲线。

3) $\xi = 1$(临界阻尼)

当 $\xi = 1$ 时，由式(3-16)可以得到特征方程的极点为 $s_{1,2} = -\xi\omega_n \pm \omega_n\sqrt{\xi^2-1} = -\omega_n$，即有一对负重实根。此时式(3-15)可简化为

$$\Phi(s) = \frac{C(s)}{R(s)} = \frac{\omega_n^2}{s^2 + 2\xi\omega_n s + \omega_n^2}$$
$$= \frac{\omega_n^2}{s^2 + 2\omega_n + \omega_n^2}$$

当输入信号为单位阶跃信号时，经过拉普拉斯反变换，可以得到二阶系统的单位阶跃响应为

$$c(t) = 1 - e^{-\omega_n t}(1 - \omega_n t) \tag{3-19}$$

式(3-19)与一阶系统的单位阶跃响应类似。由此可知，当阻尼比 $\xi = 1$ 时，二阶系统的响应曲线为一条按指数规律上升的曲线。

4) $\xi > 1$(过阻尼)

由于 $\xi > 1$，所以，式(3-16)中的 $\xi^2 - 1 > 0$，这样特征方程的极点为两个不相等的负实根，即

$$s_{1,2} = -\xi\omega_n \pm \omega_n\sqrt{\xi^2-1}$$

当输入信号为单位阶跃信号时，经过拉普拉斯反变换，可以得到二阶系统的单位阶跃响应为

$$c(t) = 1 - \frac{e^{-(\xi-x)\omega_n t}}{2x(\xi-x)} + \frac{e^{-(\xi+x)\omega_n t}}{2x(\xi-x)} \tag{3-20}$$

式中，$x = \sqrt{\xi^2-1}$。

式(3-20)与一阶系统的单位阶跃响应也类似。由此可知，当阻尼比 $\xi > 1$ 时，二阶系统的响应曲线也为一条按指数规律变化的曲线。且此时的二阶系统可近似为一个大惯性系统，其惯性时间常数为

$$\frac{1}{T} = \omega_n(\xi - \sqrt{\xi^2-1}) \tag{3-21}$$

通过以上分析，大致可以得出特征方程的极点性质与二阶系统阶跃响应之间的关系。具体如表 3-1 所示。

表 3-1 二阶系统的闭环极点分布与单位阶跃响应

序 号	阻尼比取值	二阶系统的闭环极点分布	二阶系统的单位阶跃响应
1	$\xi = 1$		

序　号	阻尼比取值	二阶系统的闭环极点分布	二阶系统的单位阶跃响应
2	$\xi > 1$	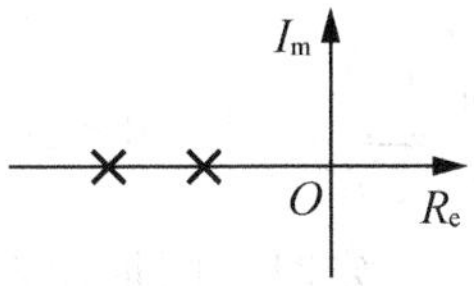	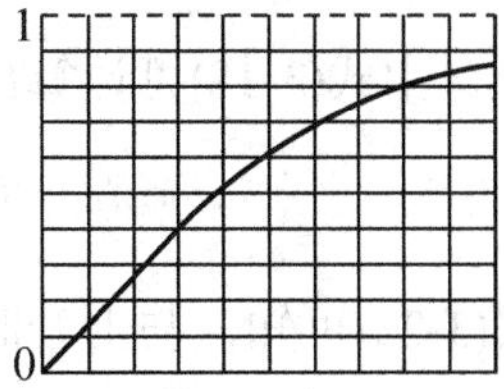
3	$0 < \xi < 1$	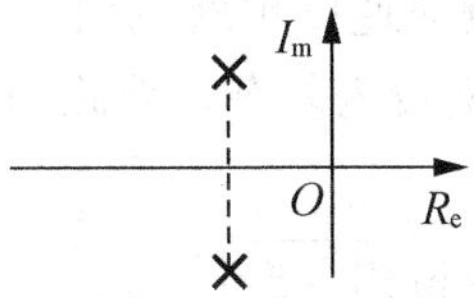	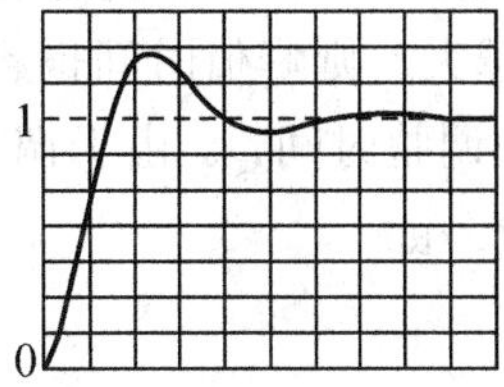
4	$\xi = 0$	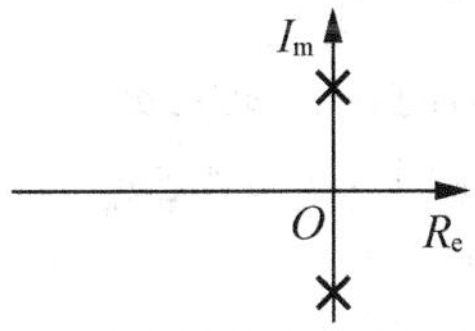	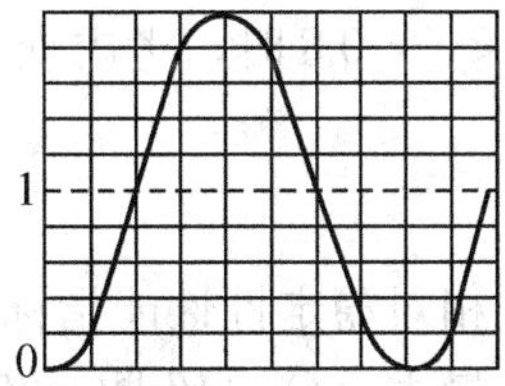

表 3-1 说明当系统只有复数平面的负实极点时，系统的动态响应不会发生振荡；而当系统中存在负复数极点时，系统的动态响应呈现衰减振荡的变化趋势；而当系统中存在纯虚数极点时，系统的动态响应呈现等幅振荡的变化趋势。

2．二阶自动控制系统欠阻尼单位阶跃响应的性能指标

由表 3-1 可知，$\xi = 1$ 和 $\xi > 1$ 时的系统单位阶跃响应均为按指数规律上升的曲线，它类似于一阶系统的响应曲线，但其响应速度比一阶系统慢。因而，工程上对于绝对不允许产生振荡的控制系统，为提高响应速度常将一阶系统作为预期模型，进行参数逼近；而对于那些允许在调节过程中有适度振荡，并希望有较快响应速度的控制系统，则将欠阻尼二阶系统作为预期模型，或按欠阻尼二阶系统具有的相似特性来设计高阶系统。因此，有关自动控制系统时域性能指标的讨论也只限于欠阻尼二阶系统。

借助于图 3-4 所示的典型系统的单位阶跃响应曲线及所建立的时域性能指标，对比二阶系统在欠阻尼时的单位阶跃响应函数表达式(3-18)，可以得到时域性能指标的计算公式。

1) 快速性能指标计算公式

(1) 上升时间 t_r。根据上升时间的定义，由式(3-18)可计算出

$$t_r = \frac{\pi - \beta}{\omega_d} = \frac{\pi - \beta}{\omega_n (\sqrt{1 - \xi^2})}，\quad 且有 \begin{cases} 0 < \xi < 1 \\ \varphi = \arctan \dfrac{\sqrt{1 - \xi^2}}{\xi} \end{cases} \tag{3-22}$$

由式(3-22)可知，当 ω_n 一定时，阻尼比 ξ 越小，则上升时间 t_r 越小，系统的响应速度也

就越快；而当阻尼比 ξ 一定时，系统的无阻尼自然振荡频率 ω_n 越大，则上升时间也越小，系统的响应速度也就越快。

(2) 峰值时间 t_p。是指系统输出量超过其稳态值，达到第一个最大峰值所需要的时间。根据定义，由式(3-18)可计算出

$$t_p = \frac{\pi}{\omega_d} = \frac{\pi}{\omega_n(\sqrt{1-\xi^2})}, \quad \text{且有 } 0 < \xi < 1 \tag{3-23}$$

由式(3-23)可知，与上升时间类似，当 ω_n 一定时，阻尼比 ξ 越小，则峰值时间 t_p 越小，系统达到第一个最大峰值的速度也就越快；而当阻尼比 ξ 一定时，系统的无阻尼自然振荡频率 ω_n 越大，则峰值时间也越小，系统的响应速度也就越快。

(3) 调整时间 t_s。由于调整时间 t_s 的定义较为复杂，因此为了简便计算，有近似的调整时间公式，即

$$t_s = \frac{-(\ln\delta + \ln\sqrt{1-\xi^2})}{\xi\omega_n} \tag{3-24}$$

当 $0 < \xi < 0.8$ 时，考虑误差带中 δ 的取值，有

$$\text{当 } \delta = 5\% \text{ 时，} \quad t_s \approx 3/\xi\omega_n$$
$$\text{当 } \delta = 2\% \text{ 时，} \quad t_s \approx 4/\xi\omega_n$$

2) 相对稳定性性能指标

(1) 最大百分比超调($\sigma\%$)。根据最大百分比超调的定义，由式(3-18)可计算出

$$\sigma\% = e^{-\frac{\xi\pi}{\sqrt{1-\xi^2}}} \times 100\% \tag{3-25}$$

由式(3-25)可知，最大超调量是阻尼比 ξ 的函数，ξ 越大，最大超调量就越小，系统的相对稳定性也就越好。在实际工程设计中，阻尼比 ξ 一般是根据系统所提出的最大超调量的性能指标要求来确定的。因此由式(3-25)，在给定系统最大超调量的情况下，可求得系统的阻尼比 ξ 为

$$\xi = 1 \Big/ \sqrt{\left(\frac{\pi}{\ln\sigma}\right)^2 + 1} \tag{3-26}$$

(2) 振荡次数(N)。根据振荡次数的定义，由式(3-18)可计算出

$$N = t_s/T_d \tag{3-27}$$

式中，T_d 为系统的阻尼振荡周期，且有 $T_d = \dfrac{2\pi}{\omega_d} = \dfrac{2\pi}{\omega_n\sqrt{1-\xi^2}}$。

所以，当 $0 < \xi < 0.8$ 时，将上式及式(3-24(a))或式(3-24(b))代入振荡次数的计算公式，有

$$N = \frac{t_s}{T_d} = \frac{3(\text{或}4)/\xi\omega_n}{2\pi/\omega_n\sqrt{1-\xi^2}} = \frac{1.5(\text{或}2)\sqrt{1-\xi^2}}{\pi\xi} \tag{3-28}$$

又由式(3-25)可得 $\dfrac{\sqrt{1-\xi^2}}{\pi\xi} = -\dfrac{1}{\ln\sigma}$。将此式代入式(3-27)后，有

$$N = -1.5(\text{或}2)\frac{1}{\ln\sigma} \tag{3-29}$$

由式(3-27)可见，系统的振荡次数 N 与阻尼比 ξ 有关，ξ 越小，系统的振荡次数也就越多。由式(3-28)可见，系统的最大超调量 σ 越大，则系统的振荡次数 N 也越多。

【例 3-3】　已知单位负反馈系统的开环传递函数为

$$G(s) = \frac{5K_A}{s(s + 34.5)}$$

设系统的输入为单位阶跃函数，试计算开环增益 $K_A = 200$ 时，系统输出响应的动态性能指标。当 K_A 增加到 1500 或减小到 13.5 时，系统的动态性能指标如何变化？(改变系统的开环增益对系统动态性能的影响。)

解：(1) 由已知条件，先求出系统的闭环传递函数。因为是单位负反馈，所以系统的闭环传递函数是

$$\Phi(s) = \frac{G(s)}{1 + G(s)} = \frac{\dfrac{5K_A}{s(s + 34.5)}}{1 + \dfrac{5K_A}{s(s + 34.5)}} = \frac{5K_A}{s(s + 34.5) + 5K_A} = \frac{5K_A}{s^2 + 34.5s + 5K_A}$$

由此可知，此系统为二阶系统。

(2) 对照二阶系统的典型的闭环传递函数，求出二阶系统参数 ω_n 和 ξ。对照典型二阶系统的闭环传递函数，有

$$\begin{cases} \omega_n^2 = 5K_A \\ 2\xi\omega_n = 34.5 \end{cases} \Rightarrow \begin{cases} \omega_n = \sqrt{5K_A} \\ \xi = \dfrac{34.5}{2} \times \dfrac{1}{\sqrt{5K_A}} \end{cases}$$

(3) 根据给定的开环增益 K_A，确定该系统的性能指标。当 $K_A = 200$ 时，二阶系统的参数为 $\omega_n \approx 31.6$，$\xi \approx 0.55$，根据式(3-23)可得

$$t_p = \frac{\pi}{\omega_n(\sqrt{1 - \xi^2})} = \frac{3.14}{31.6(\sqrt{1 - 0.55^2})} \approx 0.12$$

由于 $0 < \xi \approx 0.55 < 0.8$，当取 $\delta = 5\%$ 时，由式(3-24)、式(3-25)和式(3-27)可得

$$t_s \approx \frac{3}{\xi\omega_n} = \frac{3}{0.55 \times 31.6} = 0.17$$

$$\sigma\% = e^{-\frac{\xi\pi}{\sqrt{1 - \xi^2}}} \times 100\% = e^{-\frac{0.55 \times 3.14}{\sqrt{1 - 0.55^2}}} \times 100\% = 12.8\%$$

$$N = -\frac{1.5}{\ln\sigma} = -\frac{1.5}{\ln 0.128} \approx 0.73$$

当 $K_A = 1500$ 时，二阶系统的参数为 $\omega_n \approx 86.6$，$\xi \approx 0.2$，同理有

$$t_p = \frac{\pi}{\omega_n(\sqrt{1 - \xi^2})} = \frac{3.14}{86.6(\sqrt{1 - 0.2^2})} \approx 0.037$$

由于 $0 < \xi \approx 0.2 < 0.8$，当取 $\delta = 5\%$ 时，有

$$t_s \approx \frac{3}{\xi\omega_n} = \frac{3}{0.2 \times 83.6} = 0.18$$

$$\sigma\% = e^{-\frac{\xi\pi}{\sqrt{1 - \xi^2}}} \times 100\% = e^{-\frac{0.2 \times 3.14}{\sqrt{1 - 0.2^2}}} \times 100\% = 52.7\%$$

$$N = -\frac{1.5}{\ln \sigma} = -\frac{1.5}{\ln 0.527} \approx 2.34$$

由此可见，当增加开环增益 $K_A = 1500$ 时，系统的响应速度变快，但超调量与振荡次数也随之增加；系统的快速响应性(灵敏度)变好，但系统的相对稳定性变差。同时，随着开环增益 K_A 的增加，系统动态响应过程的调整时间基本没有发生变化。

当 $K_A = 13.5$，二阶系统的参数为 $\omega_n \approx 8.22$，$\xi \approx 2.1$。由于 $\xi \approx 2.1 > 1$，所以系统工作在过阻尼状态。

当系统工作在过阻尼状态时，二阶系统没有超调量，系统响应按指数规律单调增加。因此系统的峰值时间、超调量和振荡次数等时域性能指标均不存在，而调节时间 t_s 可在对二阶系统近似为大惯性一阶系统后，来进行估计。

由式(3-21)，得

$$\frac{1}{T} = \omega_n (\xi - \sqrt{\xi^2 - 1}) = 8.22(2.1 - \sqrt{2.1^2 - 1}) = 2.08$$

即有 $T = 0.48$。

再由一阶系统调节时间的计算公式，当取 $\delta = 5\%$ 时，可得

$$t_s \approx 3T = 3 \times 0.48 = 1.44$$

由此可见，当开环增益 $K_A = 13.5$ 时，系统的调整时间比前两种情况大得多。此时系统虽然没有超调，但系统的动态响应过程变得十分缓慢。

由【例 3-3】可以得出如下结论。

(1) 控制系统的开环增益 K 与系统动态响应的快速性(系统的灵敏度)有关。当控制系统为稳定系统时，增加系统的开环增益可以提高系统对输入信号的响应速度，同时也会增加系统的超调量和振荡次数，降低系统的相对稳定性。

(2) 从另一方面来看，增加系统的开环增益 K 后，一般不会对自动控制系统动态响应过程中的调整时间 t_s 带来多大的改善，相反，超调量与振荡次数的增加反而可能造成系统调整时间的延长。

【例 3-3】所给系统在不同开环增益 (K_A) 下的单位阶跃响应曲线如图 3-10 所示。

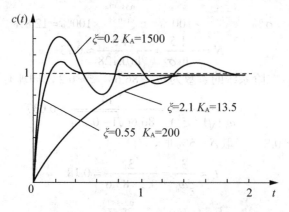

图 3-10 某单位负反馈系统的单位响应曲线

【例 3-4】 设控制系统如图 3-11 所示。如果要求系统的百分比超调量 $\sigma\% = 15\%$，峰值时间等于 $t_p = 0.8s$，试确定增益 K_1 和速度反馈系数 K_t。

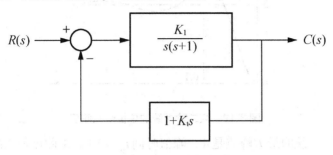

图 3-11 某控制系统的系统框图

解：（1） 由已知条件，先求出系统的闭环传递函数为

$$\Phi(s) = \frac{G(s)}{1 + G(s)H(s)} = \frac{\dfrac{K_1}{s(s+1)}}{1 + \dfrac{K_1(1+K_t s)}{s(s+1)}} = \frac{K_1}{s(s+1) + K_1(1+K_t s)} = \frac{K_1}{s^2 + (1+K_1 K_t)s + K_1}$$

（2） 对照二阶系统的典型的闭环传递函数，确定二阶系统参数 ω_n 和 ξ。有

$$\begin{cases} \omega_n^2 = K_1 \\ 2\xi\omega_n = 1 + K_1 K_t \end{cases} \Rightarrow \begin{cases} \omega_n = \sqrt{K_1} \\ \xi = \dfrac{1 + K_1 K_t}{2\sqrt{K_1}} \end{cases} \tag{3-30}$$

（3） 根据给定的性能指标，求出二阶系统的参数 ω_n 和 ξ。

已知 $\sigma\% = 15\%$ 和 $t_p = 0.8\ \text{s}$，由式(3-23)和式(3-25)可得

$$\begin{cases} t_p = \dfrac{\pi}{\omega_n(\sqrt{1-\xi^2})} \approx 0.8 \\ \sigma\% = e^{-\frac{\xi\pi}{\sqrt{1-\xi^2}}} \times 100\% = 15\% \end{cases} \Rightarrow \begin{cases} \omega_n = 4.588 \\ \xi = 0.517 \end{cases}$$

（4） 将二阶系统参数代入式(3-30)，确定该系统的增益及反馈系数。

$$\begin{cases} \omega_n = \sqrt{K_1} = 4.588 \\ \xi = \dfrac{1 + K_1 K_t}{2\sqrt{K_1}} = 0.517 \end{cases} \Rightarrow \begin{cases} K_1 = 21.05 \\ K_t = 0.178 \end{cases}$$

【例 3-5】 某欠阻尼二阶控制系统的单位阶跃响应曲线如图 3-12 所示。试确定该系统的传递函数。

解：已知条件所给的是该二阶系统在单位阶跃信号作用下的响应曲线。但由所给曲线可明显看出，该系统在单位阶跃作用下，其输出响应的稳态幅值为 3，而并不是 1。这就说明该系统中存在着比例放大环节，正是在这个环节的作用下，系统的输出信号幅值被放大到了 3（$K = 3$）。因此该系统的传递函数模型应该为

$$\Phi(s) = K \times \frac{\omega_n^2}{s^2 + 2\xi\omega_n s + \omega_n^2} = 3 \times \frac{\omega_n^2}{s^2 + 2\xi\omega_n s + \omega_n^2}$$

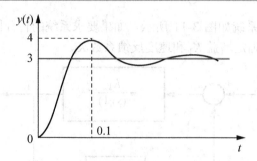

图 3-12　某二阶系统的单位阶跃响应

由图 3-12 可知系统的最大峰值是 4，峰值时间 $t_p = 0.1$。由此可得系统的最大百分比超调为

$$\sigma\% = \frac{c_{max} - c_{ss}}{c_{ss}} \times 100\% = \frac{4-3}{3} \times 100\% \approx 33\%$$

由性能指标公式(3-25)和式(3-23)可得

$$\sigma\% = e^{-\frac{\xi\pi}{\sqrt{1-\xi^2}}} \times 100\% = 33\% \quad \Rightarrow \quad \xi = 0.33$$

$$t_p = \frac{\pi}{\omega_n(\sqrt{1-\xi^2})} = 0.1 \quad \Rightarrow \quad \omega_n = 33.2$$

(五)自动控制系统的时域稳定性分析

1. 稳定的概念及稳定的充要条件

如前所述，稳定性是自动控制系统要考虑的最重要的性能指标，从实用的观点来看，不稳定的自动控制系统没有多大价值。除了个别例外，一般所设计、所使用的自动控制系统都应该是闭环稳定的系统。

稳定性的概念可以通过下面的例子来加以说明。考虑置于不同平面上的小球。将小球放于锥面的底部，若将它稍微移动后，小球仍然会返回到初始平衡位置。而这个位置和这样的响应就是稳定的(如图 3-13(a)所示)；将小球放于水平面上，若稍稍移动一下位置，那么小球没有固定向哪个方向滚动的趋势，这种位置被称为是临界稳定的(如图 3-13(b)所示)；最后，当将小球放于锥面顶端时，一旦将它放开，小球就会完全离开其原来所在的位置，这种位置就是不稳定的(如图 3-13(c)所示)。

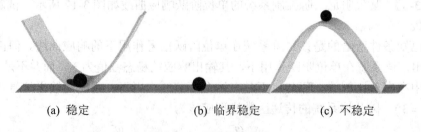

(a) 稳定　　　　　　(b) 临界稳定　　　　　(c) 不稳定

图 3-13　小球的稳定性

以相似的方式定义自动控制系统的稳定性，则系统的稳定性就是指自动控制系统在受

到外部扰动作用,而致使其原来的平衡状态被破坏的情况下,如果系统经过自我调节,能重新返回到原来的平衡状态,那么这样的系统就是稳定的系统,如图 3-14(a)所示;如果系统不能返回原来的平衡状态或这种偏离原来平衡状态的趋势不断扩大,那么这样的系统就是不稳定的系统,如图 3-14(b)所示。

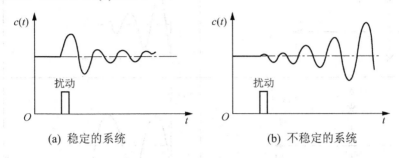

(a) 稳定的系统　　　　　　　　　(b) 不稳定的系统

图 3-14　稳定与不稳定的系统

由图 3-14 可以得出关于系统稳定的边界条件:对于任何有界的输入产生有界的输出。对于线性系统而言,系统稳定性的定义与其闭环极点在复数平面中的位置有关。研究表明,获得有界输出的条件是闭环控制系统的所有极点都必须位于复数平面的左半部分。也就是说,对于反馈控制系统来说,系统稳定的充分必要条件是自动控制系统闭环传递函数的全部极点都必须有负的实部。

借助在自动控制系统动态响应特性中的讨论,自动控制系统的稳定情况与其极点分布情况的关系如表 3-2 和表 3-3 所示。

表 3-2　系统稳定性与闭环实数极点之间的关系

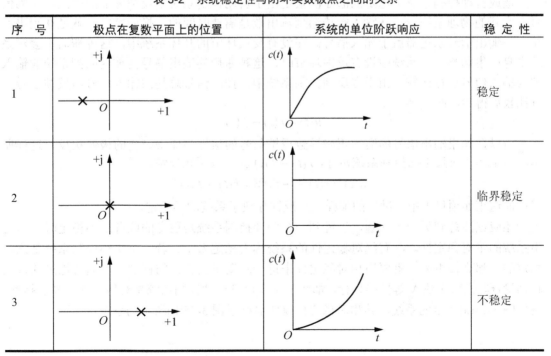

序　号	极点在复数平面上的位置	系统的单位阶跃响应	稳定性
1			稳定
2			临界稳定
3			不稳定

表 3-3 系统稳定性与闭环复数极点之间的关系

序 号	极点在复数平面上的位置	系统的单位阶跃响应	稳 定 性
1			稳定
2			临界稳定
3			不稳定

造成自动控制系统不稳定的潜在因素是由于自动控制系统中反馈环节的引入。因为信号在实际的物理系统中，从输入端传递到输出端是需要时间的。换而言之，就是在因果系统中，输出信号永远滞后于输入信号。在没有反馈环节的开环系统中，这种滞后不会对系统本身产生影响。当系统中设有反馈环节时，这种滞后的输出信号会被返回到系统的输入端与输入信号进行比较。由于在反馈控制系统中，控制信号总是由输入信号与反馈信号进行比较后得到，即

$$u(t) = r(t) - f(t)$$

所以，如果输出信号的滞后正好导致反馈信号的极性与原来设定的极性相反，这样原本应该是形成负反馈的控制系统 $u(t) = r(t) - f(t)$ 就变成了正反馈，即

$$u(t) = r(t) - [-f(t)] = r(t) + f(t)$$

而这正如项目 1 中所讨论的那样，正反馈导致了系统的不稳定。

还应该注意到另一个问题，当说到一个闭环控制系统是稳定的或者是不稳定时，这是指系统的绝对稳定性。具有绝对稳定性的系统称为稳定系统。若一个闭环控制系统是绝对稳定的，那么接下来，就要用相对稳定性来进一步衡量其稳定的程度。前面讨论过的最大超调量 σ、振荡次数 N 等性能指标，都属于用来评价自动控制系统相对稳定性的性能指标。例如图 3-15(a)所示的系统，其相对稳定性就明显好于图 3-15(b)所示的系统。

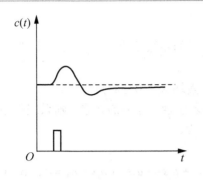
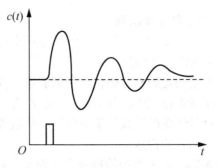

(a) 相对稳定性较好的系统　　　　(b) 相对稳定性较差的系统

图 3-15 自动控制系统的相对稳定性

【**例 3-6**】 已知某系统的系统框图如图 3-16 所示，试判断其系统的稳定性。

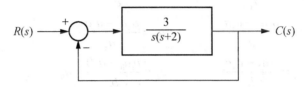

图 3-16 系统框图

解：(1) 先求出系统的闭环传递函数

$$\Phi(s) = \frac{G(s)}{1+G(s)} = \frac{\dfrac{3}{s(s+2)}}{1+\dfrac{3}{s(s+2)}} = \frac{3}{s(s+2)+3} = \frac{3}{s^2+2s+3}$$

因此，该系统的特征方程为 $s^2+2s+3=0$。

(2) 求系统的闭环特征根，以确定闭环系统极点分布。

利用求根公式，有

$$s_{1,2} = \frac{-b\pm\sqrt{b^2-4ac}}{2a} = \frac{-2\pm\sqrt{2^2-4\times3}}{2} = -1\pm j1.41$$

(3) 由极点分布判断系统的稳定性。

由于此闭环系统具有两个负实部的虚根，因此根据系统稳定的边界条件可知该系统是稳定的系统。

2. 自动控制系统稳定性的时域分析方法——劳斯-赫尔维茨判据

通过【例 3-6】可以得出结论：对自动控制系统稳定性的分析可以通过求解其闭环系统的特征方程的根来获得。只要知道了闭环特征方程根(极点)在复数平面上的分布情况，就可以判断系统是否稳定。但这种方法只适用于闭环特征方程是三阶以下的系统，对于三阶或三阶以上的高阶系统来说，求其闭环特征方程的极点就不那么容易了。18 世纪末，赫尔维茨(A. Hurwitz)和劳斯(E. J. Routh)对线性自动控制系统的稳定性做了大量研究，总结出了分析线性系统时域稳定性的劳斯-赫尔维茨(Routh-Hurwitz)判据。

1) 劳斯-赫尔维茨判据

(1) 系统稳定的必要条件。特征方程中所有项的系数均大于 0(同号);只要有 1 项等于或小于 0 ,则为不稳定系统。

(2) 系统稳定的充分条件。劳斯表第一列元素均大于 0(同号)。

(3) 系统不稳定的充分条件。劳斯表第一列若出现小于 0 的元素,则系统不稳定,且第一列元素符号改变的次数等于系统正实部根的个数。

2) 劳斯表的构成

【例 3-7】 设某系统的特征方程为 $a_5 s^5 + a_4 s^4 + a_3 s^3 + a_2 s^2 + a_1 s + a_0 = 0$,试判断该系统的稳定性。

解:系统的特征方程为 $a_5 s^5 + a_4 s^4 + a_3 s^3 + a_2 s^2 + a_1 s + a_0 = 0$,列劳斯表为

$$
\begin{array}{llll}
s^5 & a_5 & a_3 & a_1 \\
s^4 & a_4 & a_2 & a_0 \\
s^3 & b_1 = \dfrac{a_4 a_3 - a_5 a_2}{a_4} & b_2 = \dfrac{a_4 a_1 - a_5 a_0}{a_4} & 0 \\
s^2 & c_1 = \dfrac{b_1 a_2 - a_4 b_2}{b_1} & c_2 = \dfrac{b_1 a_0 - a_4 0}{b_1} = a_0 & \\
s^1 & d_1 = \dfrac{c_1 b_2 - b_1 c_2}{c_1} & 0 & \\
s^0 & a_0 & &
\end{array}
$$

根据劳斯-赫尔维茨判据可知,只要 a_5、a_4、b_1、c_1、d_1、a_0 等系数均大于 0 ,则该系统就是稳定的系统。

【例 3-8】 设某系统的特征方程为 $s^4 + 2s^3 + 3s^2 + 4s + 5 = 0$,试判断该系统的稳定性。

解:系统的特征方程为 $s^4 + 2s^3 + 3s^2 + 4s + 5 = 0$,列劳斯表有

$$
\begin{array}{llll}
s^4 & 1 & 3 & 5 \\
s^3 & 2 & 4 & \\
s^2 & 1 & 5 & \\
s^1 & -6 & 0 & \\
s^0 & 5 & &
\end{array}
$$

由劳斯表可知,该系统不稳定,且有两个正实部根(即有两个根在复数域的右半平面)。

3) 劳斯-赫尔维茨判据的应用

(1) 利用劳斯-赫尔维茨判据可以很方便地判断低阶系统的稳定性。

a. 对于一阶特征方程 $a_1 s + a_0 = 0$,若有 a_1、a_0 同号,则系统稳定。

b. 对于二阶特征方程 $a_2 s^2 + a_1 s + a_0 = 0$,若有 a_2、a_1、a_0 同号,则系统稳定。

c. 对于三阶特征方程 $a_3 s^3 + a_2 s^2 + a_1 s + a_0 = 0$,若有 a_3、a_2、a_1、a_0 均为正,且有 $a_2 a_1 > a_3 a_0$,则系统稳定;若 $a_2 a_1 = a_3 a_0$,则系统是临界稳定的,即此时三阶系统在虚轴上有一对虚根。

(2) 劳斯-赫尔维茨判据主要用于判断系统稳定与否和确定系统参数的允许范围,但不能给出系统的稳定程度(相对稳定性),亦不能提出改善系统相对稳定性的途径。

【例 3-9】 已知某焊接系统的系统框图如图 3-17 所示，试确定参数 K 和 a 的取值，以保证系统的稳定性。

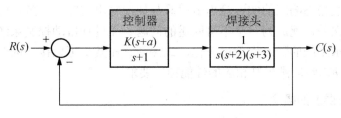

图 3-17　某焊接系统的系统框图

解: (1) 求出系统的特征方程。由系统框图可得到该焊接系统的特征方程为

$$1 + G(s) = 1 + \frac{K(s+a)}{s(s+1)(s+2)(s+3)} = 0$$

将特征方程进行整理，有特征方程为

$$1 + s^4 + 6s^3 + 11s^2 + (K+6)s + Ka = 0$$

(2) 对整理好的特征方程列劳斯表，有

$$
\begin{array}{cccc}
s^4 & 1 & 11 & Ka \\
s^3 & 6 & K+6 & \\
s^2 & \dfrac{60-K}{6} & Ka & \\
s^1 & K+6-\left(\dfrac{36Ka}{60-K}\right) & 0 & \\
s^0 & Ka & &
\end{array}
$$

(3) 由劳斯表，确定满足系统稳定要求的参数为

$$K < 60 \qquad a < \frac{(K+6)(60-K)}{36K}$$

若取 $K = 40 < 60$，则可得到 $a \leqslant 0.639$。

最后需要说明的是，劳斯-赫尔维茨判据一般适用于低阶系统，其原因有两个：①该判据需要求取系统的闭环传递函数；②它用于高阶系统时，其计算量非常大。正是由于这两个原因，在工程上很少采用劳斯-赫尔维茨判据来判断系统的稳定性。

(六)自动控制系统的时域稳态特性分析

正如相关知识引导中所述，自动控制系统对输入信号的响应(输出)一般都包含两个分量，一个是暂态分量，另一个是稳态分量。对于一个稳定的系统，随着时间的推移，暂态分量将逐步减小并最终消失为零，它的变化过程反映了自动控制系统的动态响应特性；而稳态分量则是在整个暂态分量消失之后余下的部分，被称为稳态响应。稳态响应之所以重要，是因为它表明了当输入信号发生变化时，自动控制系统经过一段时间的自动调整之后，最终停在了什么地方，产生了什么样的稳定输出，并且这个输出是否能满足人们期望的结果。因此，自动控制系统的稳态响应反映了自动控制系统跟踪输入量的精确程度，以及抑制外部扰动的能力。

稳态响应性能的优劣，一般是以稳态误差的大小来进行度量的。而稳态误差是指对自动控制系统所期望的输出与它实际输出之间的差别。现实中，由于摩擦力和其他因素的存在，自动控制系统稳态响应的实际输出值很难与期望输出值完全一致。因此，如何控制系统中存在的稳态误差，就成为一个不可回避的问题。在进行自动控制系统的调试时，其中一个目标就是要求系统的稳态误差最小化，或保证它在某个可以接受的范围之内，同时也保证控制系统的动态响应满足其相应的性能指标要求。

1. 系统稳态误差的概念

1) 系统误差 $e(t)$

现以图 3-18 所示的典型系统框图来说明系统误差的含义。

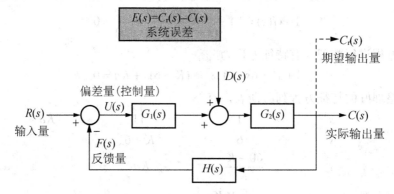

图 3-18 典型系统框图

与稳态误差类似，系统误差 $e(t)$ 的一般定义是指：对自动控制系统的期望输出值 $c_r(t)$ 与其实际输出值 $c(t)$ 之间的差值。即系统误差为

$$e(t) = c_r(t) - c(t)$$

对系统误差取拉普拉斯变换，则有

$$E(s) = C_r(s) - C(s) \tag{3-31}$$

接下来的问题就是如何描述控制系统输出的期望值。关于这一问题，可以通过反馈系统的控制原理来加以描述。就反馈系统的控制机理而言，其控制过程被执行与否，是以输入量与反馈量之间是否存在偏差信号来进行的。当系统中存在偏差时，说明此时系统的实际输出与期望输出不一致，所以需要系统对此偏差进行调节，以使系统尽可能与期望输出一致；而当系统中不存在偏差时，则说明此时系统的实际输出与期望输出是一致的。因此，当系统的实际输出就是期望输出时，必有式(3-32)存在。即

$$U(s) = R(s) - H(s)C(s) = R(s) - H(s)C_r(s) = 0 \tag{3-32}$$

由式(3-32)可得 $C_r(s) = \dfrac{R(s)}{H(s)}$，将它代入式(3-31)中，可得到控制的系统误差是

$$E(s) = C_r(s) - C(s) = \frac{R(s)}{H(s)} - C(s) \tag{3-33}$$

对于图 3-18 所示的典型系统而言，其实际的输出量是(参见【例 2-12】中的式(2-38))

$$C(s) = \frac{G_1(s)G_2(s)}{1 + G_1(s)G_2(s)H(s)}R(s) + \frac{G_2(s)}{1 + G_1(s)G_2(s)H(s)}D(s) \tag{3-34}$$
$$= C_r(s) + C_d(s)$$

于是将上式代入式(3-33)中，可得

$$E(s) = C_r(s) - C(s) = \frac{R(s)}{H(s)} - C(s)$$

$$= \frac{R(s)}{H(s)} - \left[\frac{G_1(s)G_2(s)}{1 + G_1(s)G_2(s)H(s)}R(s) + \frac{G_2(s)}{1 + G_1(s)G_2(s)H(s)}D(s) \right] \tag{3-35}$$

$$= \frac{1}{[1 + G_1(s)G_2(s)H(s)]H(s)}R(s) - \frac{G_2(s)}{1 + G_1(s)G_2(s)H(s)}D(s)$$

$$= E_r(s) - E_d(s)$$

式中：$E_r(s)$——自动控制系统的跟随误差，且有

$$E_r(s) = \frac{1}{[1 + G_1(s)G_2(s)H(s)]H(s)}R(s) \tag{3-36}$$

$E_d(s)$——自动控制系统的扰动误差，且有

$$E_d(s) = \frac{G_2(s)}{1 + G_1(s)G_2(s)H(s)}D(s) \tag{3-37}$$

将式(3-37)与式(3-34)中扰动量所产生的输出进行比较，不难发现，扰动量 $D(s)$ 引起的系统输出本身就是扰动误差。

2)　稳态误差 e_{ss}

利用拉普拉斯变换的终值定理，可以直接由式(3-35)得到自动控制系统的稳态误差。即

$$e_{ss} = \lim_{t \to \infty} e(t) = \lim_{s \to 0}[s \times E(s)] \tag{3-38}$$

又由式(3-36)得到自动控制系统的跟随稳态误差是

$$e_{ssr} = \lim_{s \to 0} sE_r(s) = \lim_{s \to 0} \frac{s}{[1 + G_1(s)G_2(s)H(s)]H(s)}R(s) \tag{3-39}$$

又由式(3-37)得到自动控制系统的扰动稳态误差是

$$e_{ssd} = \lim_{s \to 0} sE_d(s) = \lim_{s \to 0} \frac{s}{1 + G_1(s)G_2(s)H(s)}D(s) \tag{3-40}$$

于是自动控制系统的稳态误差为

$$e_{ss} = e_{ssr} + e_{ssd} \tag{3-41}$$

由此，可得出以下结论。

(1)　自动控制系统的稳态误差由跟随稳态误差和扰动稳态误差两部分组成。它们不仅和系统的结构、参数有关，而且还和作用量的大小、变化和作用点有关。

(2)　在任何情况下，扰动输入所产生的系统输出本身就是控制系统的扰动误差。

【例 3-10】 汽车的速度反馈系统如图 3-19 所示。$D(s) = \Delta d / s$ 为负载干扰，Δd 为负载强度，且以负载占汽车质量的比例来表示，K_e 是汽车发动机增益，对于不同型号的汽车，其值通常都为 $10 \sim 1000$，故一般总有 $K_1 K_e \gg 1$。

(1)　分析负载干扰对汽车速度设定的影响。

(2)　当汽车所受干扰恒定不变时，求在输入 $R(s) = r / s$，汽车失速($V(s) = 0$)时的干扰

强度。

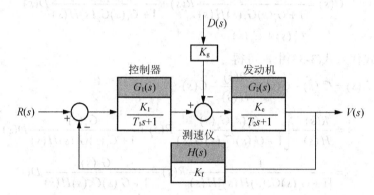

图 3-19 汽车速度控制

解：(1) 汽车在没有负载干扰时，由图 3-19 可知设定速度为

$$V(s) = \frac{G_1(s)G_2(s)}{1 + G_1(s)G_2(s)H(s)} \times R(s) = \frac{K_1 K_e}{(T_1 s + 1)(T_2 s + 1) + K_1 K_e K_f} \times R(s)$$

若假定输入为单位阶跃信号 $R(s) = 1/s$，考虑到 $K_1 K \gg 1$，则汽车稳定运行时的理想车速为

$$v(t) = \lim_{s \to 0} s\left[\frac{K_1 K_e}{(T_1 s + 1)(T_2 s + 1) + K_1 K_e K_f} \times \frac{1}{s}\right] = \frac{K_1 K_e}{1 + K_1 K_e K_f} \approx \frac{1}{K_f}$$

当汽车受到负载干扰作用时，由式(2-38)可知其速度为

$$V'(s) = \frac{G_1(s)G_2(s)}{1 + G_1(s)G_2(s)H(s)} \times R(s) - \frac{G_2(s)}{1 + G_1(s)G_2(s)H(s)} \times K_g \times D(s)$$

$$= \frac{K_1 K_e}{(T_1 s + 1)(T_2 s + 1) + K_1 K_e K_f} \times R(s) - \frac{K_e(T_1 s + 1)}{(T_1 s + 1)(T_2 s + 1) + K_1 K_e K_f} \times K_g D(s)$$

同样假定输入为单位阶跃信号，则在干扰 $D(s) = \Delta d / s$ 的持续作用下，有

$$v'(t) = \lim_{s \to 0} s\left[\frac{K_1 K_e}{(T_1 s + 1)(T_2 s + 1) + K_1 K_e K_f} \times R(s) - \frac{K_e(T_1 s + 1)}{(T_1 s + 1)(T_2 s + 1) + K_1 K_e K_f} \times K_g D(s)\right]$$

$$= \frac{K_1 K_e}{1 + K_1 K_e K_f} - \frac{K_e K_g}{1 + K_1 K_e K_f} \times \Delta d$$

$$\approx \frac{1}{K_f} - \frac{K_g}{K_1 K_f} \times \Delta d$$

由此可见，当 $K_1 K_e \gg 1$ 时，汽车的实际行驶速度要比设定速度恒小 $\frac{K_g}{K_1 K_f} \times \Delta d$，且与汽车发动机的增益无关；汽车的负载越重(负载强度 Δd)，实际行驶速度比设定速度越慢。

(2) 当输入为 $R(s) = r/s$ 时，由上式可知，此时汽车的实际速度为

$$v'(t) = \frac{K_1 K_e}{1 + K_1 K_e K_f} \times r - \frac{K_e K_g}{1 + K_1 K_e K_f} \times \Delta d \approx \frac{r}{K_f} - \frac{K_g}{K_1 K_f} \times \Delta d$$

若汽车失速，则有 $v'(t) = 0$，则此时负载强度应为

$$v'(t) \approx \frac{r}{K_f} - \frac{K_g}{K_1 K_f} \times \Delta d = 0 \quad \Rightarrow \quad \Delta d = \frac{K_1}{K_g} \times r$$

【例 3-11】 机器人用反馈原理来控制每个关节的运动方向。当机械臂抓持负载时，由于原平衡状态改变，机器人系统的重心会产生偏差。图 3-20 所示是机器人关节指向的控制系统框图，其中负载力矩 $D(s) = D/s$。

(1) 试分析当 $R(s) = 0$ 时，负载力矩对关节角产生的稳态输出及扰动误差。

(2) 计算输入 $R(s) = 1/s$，$T_L(s) = 0$ 时系统的稳态误差。

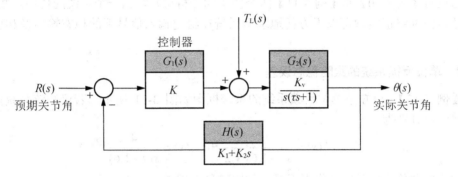

图 3-20　机器人关节指向的控制系统框图

解： (1) 当 $R(s) = 0$ 时，关节角的输出值为

$$\theta(s) = \frac{G_2(s)}{1 + G_1(s)G_2(s)H(s)} \times T_L(s) = \frac{\dfrac{K_v}{s(\tau s + 1)}}{1 + K \times \dfrac{K_v}{s(\tau s + 1)} \times (K_1 + K_2 s)} \times T_L(s)$$

当 $T_L(s) = D/s$ 时，关节角的稳态输出是

$$\theta_d = \lim_{s \to 0} s \times \frac{G_2(s)}{1 + G_1(s)G_2(s)H(s)} \times T_L(s) = \lim_{s \to 0} s \times \frac{K_v}{\tau s^2 + (1 + KK_v K_2)s + KK_v K_1} \times \frac{D}{s}$$

$$= \frac{D}{KK_1}$$

由于扰动所产生的稳态输出本身就是系统的扰动误差，所以有

$$\theta_{ssd} = \theta_d = \frac{D}{KK_1}$$

由此可见，增加控制器增益 K 的值，可以有效地降低系统的扰动误差，提高系统的抗干扰能力。

(2) 当 $R(s) = 1/s$，$T_L(s) = 0$ 时，由式(3-39)可得系统误差

$$E_r(s) = \frac{1}{[1 + G_1(s)G_2(s)H(s)]H(s)} \times R(s)$$

$$= \frac{1}{\left[1 + K \times \dfrac{K_v}{s(\tau s + 1)} \times (K_1 + K_2 s)\right](K_1 + K_2 s)} \times R(s)$$

$$= \frac{s(\tau s+1)}{[s(\tau s+1)+KK_v(K_1+K_2 s)](K_1+K_2 s)} \times R(s)$$

所以，系统的稳态误差是

$$E_{\text{ssr}} = \lim_{s\to 0} s \times \frac{1}{[1+G_1(s)G_2(s)H(s)]H(s)} \times R(s)$$

$$= \lim_{s\to 0} s \times \frac{s(\tau s+1)}{[s(\tau s+1)+KK_v(K_1+K_2 s)](K_1+K_2 s)} \times \frac{1}{s} = 0$$

通过对【例 3-10】和【例 3-11】两个例子的分析可知，当一个系统的传递函数已知时，应用拉普拉斯终值定理可以很方便地求出系统在给定输入信号下的稳态输出及相应的稳态误差。

2. 单位反馈系统的跟随稳态误差

【例 3-12】 已知某单位反馈系统的系统框图如图 3-21 所示，若已知该系统前向通道的传递函数分别为

$$G_1(s) = \frac{2}{s^2+1.6s+2} \text{ 和 } G_2(s) = \frac{4}{s(s+1.6)}$$

试分析在单位阶跃信号作用下系统的跟随稳态误差。

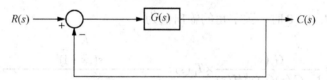

图 3-21　某单位反馈系统的系统框图

解：由于反馈通道的传递函数是 $H(s)=1$，所以由图 3-21 可进行以下求解。

(1) 当 $G_1(s) = \dfrac{2}{s^2+1.6s+2}$ 时，系统的闭环传递函数为

$$\Phi_1(s) = \frac{G_1(s)}{1+G_1(s)} = \frac{\dfrac{2}{s^2+1.6s+2}}{1+\dfrac{2}{s^2+1.6s+2}} = \frac{2}{s^2+1.6s+4}$$

由式(3-36)可得，该单位反馈系统的跟随误差是

$$E_{\text{r1}}(s) = \frac{1}{[1+G_1(s)H(s)]H(s)} = \frac{1}{1+\dfrac{2}{s^2+1.6s+2}} = \frac{s^2+1.6s+2}{s^2+1.6s+4}$$

当输入信号为单位阶跃函数时，有 $R(s)=1/s$。在单位阶跃信号作用下，系统的跟随稳态误差是

$$e_{\text{ssr}} = \lim_{s\to 0} sE_{\text{r1}}(s) = \lim_{s\to 0} \frac{s}{1+G_1(s)} R(s) = \lim_{s\to 0} \frac{s(s^2+1.6s+2)}{s^2+1.6s+4} \times \frac{1}{s} = 0.5$$

(2) 当 $G_2(s) = \dfrac{4}{s(s+1.6)}$ 时，系统的闭环传递函数为

$$\Phi_2(s) = \frac{G_2(s)}{1+G_2(s)} = \frac{\dfrac{4}{s(s+1.6)}}{1+4/s(s+1.6)} = \frac{4}{s^2+1.6s+4}$$

由式(3-35)可得，该单位反馈系统的跟随误差是

$$E_{r2}(s) = \frac{1}{[1+G_2(s)H(s)]H(s)} = \frac{1}{1+\dfrac{4}{s(s+1.6)}} = \frac{s(s+1.6)}{s^2+1.6s+4}$$

当输入信号为单位阶跃函数时，有 $R(s)=1/s$。在单位阶跃信号作用下，系统的跟随稳态误差是

$$e_{ssr} = \lim_{s\to 0} sE_r(s) = \lim_{s\to 0} \frac{s}{1+G(s)} R(s) = \lim_{s\to 0} \frac{s^2(s+1.6)}{s^2+1.6s+8} \times \frac{1}{s} = 0$$

由【例 3-12】可见，由两个不同环节 $G_1(s)$ 和 $G_2(s)$ 构成的二阶系统的闭环特征方程是一样的，它们都是 $1+G(s)=s^2+1.6s+4=0$。但在稳态时，两个系统跟踪输入信号的结果不一样。比较这两个系统的开环传递函数，可发现以下两点。

(1) $G_1(s)$ 的特征方程有两个复数极点（$s_{1,2}=-0.8\pm j2.7$），而没有 $s=0$ 的零极点。所以当输入是单位阶跃信号时，系统为有差系统，稳态误差是 0.5。

(2) $G_2(s)$ 的特征方程也有两个极点，但其中有一个是 $s=0$ 的极点（$s_1=0$、$s_2=-1.6$），所以当输入信号仍为单位阶跃信号时，系统却为无差系统，稳态误差为 0。

显然，当自动控制系统具有单位反馈 $H(s)=1$ 时，自动控制系统的跟随稳态误差 e_{ssr} 不仅与系统开环传递函数的参数与结构有关，同时还与前向通道中 $s=0$ 的极点个数有关。

若将前向通道中 $s=0$ 的极点个数定义为自动控制系统的型别，则有如下讨论。

1) 自动控制系统的型别

当自动控制系统具有单位反馈 $H(s)=1$ 时，其跟随稳态误差为

$$e_{ssr} = \lim_{s\to 0} sE_r(s) = \lim_{s\to 0} \frac{s}{1+G_1(s)G_2(s)} R(s) = \lim_{s\to 0} \frac{s}{1+G(s)} R(s) \tag{3-42}$$

式中，$G(s)$ 为系统前向通道的传递函数。

若 $G(s)$ 能分解成如下形式

$$G(s) = \frac{K}{s^v} \times \frac{\displaystyle\prod_{i=1}^{m}(T_{i1}s+1)(s^2+a_{i1}s+a_{i0})}{\displaystyle\prod_{k=1}^{n}(T_{k1}s+1)(s^2+a_{k1}s+a_{k0})} \tag{3-43}$$

则其中所含零极点（$s=0$）的最高阶次 v 就是其闭环系统的型别。显然，由式(3-43)可知，所谓零极点（$s=0$）的最高阶次 v 也就是系统前向通道中所含积分环节的个数。

即有：

(1) 若 $v=0$，则称闭环控制系统为 0 型系统（又称为零阶无静差）。

(2) 若 $v=1$，则称闭环控制系统为 I 型系统（又称为一阶无静差）。

(3) 若 $v=2$，则称闭环控制系统为 II 型系统（又称为二阶无静差）。

一般来说，自动控制系统的最高型别不超过 II 型，这是因为含有两个积分环节的系统

不易稳定，所以很少采用Ⅱ型以上的系统。

由【例 3-12】不难得出结论：跟随稳态误差 e_{ssr} 与前向通道中积分环节的个数(系统型别)v 有关。前向通道中所含积分环节的个数越多，控制系统的跟随稳态精度也越高。

2) 跟随稳态误差与输入信号之间的关系

在自动控制系统典型测试信号一节中，讨论了自动控制系统时域分析法中的三种典型测试信号。当自动控制系统具有单位反馈时，其跟随稳态误差与这三种典型输入信号之间有一种简单的对应关系，现分别讨论如下。

由式(3-42)可知，当自动控制系统的反馈为单位反馈，即 $H(s)=1$ 时，其跟随稳态误差为

$$e_{\mathrm{ssr}} = \lim_{s\to 0} sE_{\mathrm{r}}(s) = \lim_{s\to 0} \frac{s}{1+G(s)} R(s)$$

因此有以下三种情况。

(1) 输入信号为阶跃信号。当输入信号为阶跃信号时，即 $R(s)=A_{\mathrm{p}}/s$ 时(A_{p} 为阶跃信号的幅值)，代入式(3-42)，则有

$$e_{\mathrm{ssr}} = \lim_{s\to 0} sE_{\mathrm{r}}(s) = \lim_{s\to 0} \frac{s}{1+G(s)} R(s) = \frac{s}{1+\lim\limits_{s\to 0} G(s)} \times \frac{A_{\mathrm{p}}}{s} = \frac{A_{\mathrm{p}}}{1+K_{\mathrm{p}}} \tag{3-44}$$

式中：K_{p}——位置误差系数，$K_{\mathrm{p}} = \lim\limits_{s\to 0} G(s)$。

(2) 输入信号为斜坡信号。当输入信号为斜坡信号时，即 $R(s)=A_{\mathrm{v}}/s^2$ 时(A_{v} 为斜坡信号的斜率)，代入式(3-41)，则有

$$e_{\mathrm{ssr}} = \lim_{s\to 0} sE_{\mathrm{r}}(s) = \lim_{s\to 0} \frac{s}{1+G(s)} R(s) = \lim_{s\to 0} \frac{s}{1+G(s)} \times \frac{A_{\mathrm{v}}}{s^2} = \frac{A_{\mathrm{v}}}{\lim\limits_{s\to 0}[s+sG(s)]}$$

$$= \frac{A_{\mathrm{v}}}{\lim\limits_{s\to 0} sG(s)} = \frac{A_{\mathrm{v}}}{K_{\mathrm{v}}} \tag{3-45}$$

式中：K_{v}——速度误差系数，$K_{\mathrm{v}} = \lim\limits_{s\to 0} sG(s)$。

(3) 输入信号为抛物线信号。当输入信号为抛物线信号时，即 $R(s)=A_{\mathrm{a}}/s^3$ 时(A_{a} 为抛物线信号的曲率)，代入式(3-42)，则有

$$e_{\mathrm{ssr}} = \lim_{s\to 0} sE_{\mathrm{r}}(s) = \lim_{s\to 0} \frac{s}{1+G(s)} R(s) = \lim_{s\to 0} \frac{s}{1+G(s)} \times \frac{A_{\mathrm{a}}}{s^2} = \frac{A_{\mathrm{a}}}{\lim\limits_{s\to 0}[s^2+s^2 G(s)]}$$

$$= \frac{A_{\mathrm{a}}}{\lim\limits_{s\to 0} s^2 G(s)} = \frac{A_{\mathrm{a}}}{K_{\mathrm{a}}} \tag{3-46}$$

式中：K_{a}——加速度误差系数，$K_{\mathrm{a}} = \lim\limits_{s\to 0} s^2 G(s)$。

结合系统型别，单位反馈系统的跟随稳态误差与输入信号、系统型别之间的关系如表 3-4 所示。

表 3-4　系统稳态误差与系统型别及输入信号之间的关系

给定输入信号		系统稳态误差		
信 号 名	表 达 式	0 型系统	I 型系统	II 型系统
阶跃信号	$R(s) = \dfrac{A_p}{s}$	$\dfrac{A_p}{1+K_p}$	0	0
斜坡信号	$R(s) = \dfrac{A_v}{s^2}$	∞	$\dfrac{A_p}{K_v}$	0
抛物线信号	$R(s) = \dfrac{A_a}{s^3}$	∞	∞	$\dfrac{A_p}{K_a}$

【例 3-13】　已知单位反馈系统的开环传递函数为

$$G(s)H(s) = \frac{5}{s(s+1)}$$

(1)　当输入为 $r(t) = 1 + 0.1t$ 时，求在该输入信号作用下，系统的跟随稳态误差。

(2)　当输入为 $r(t) = 1 + 0.1t + 0.01t^2$ 时，求在该输入信号作用下，系统的跟随稳态误差。

解： 由于是单位反馈，因此有 $H(s) = 1$，由式(3-44)、式(3-45)和式(3-46)可得

$$K_p = \lim_{s \to 0} G(s) = \lim_{s \to 0} \frac{5}{s(s+1)} = \infty$$

$$K_v = \lim_{s \to 0} sG(s) = \lim_{s \to 0} \frac{5s}{s(s+1)} = 5$$

$$K_a = \lim_{s \to 0} s^2 G(s) = \lim_{s \to 0} \frac{5s^2}{s(s+1)} = 0$$

(1)　当输入信号为 $r(t) = 1 + 0.1t$ 时，系统的跟随稳态误差为

$$e_{ssr} = \frac{A_p}{1+K_p} + \frac{A_v}{K_v} = \frac{1}{1+\infty} + \frac{0.1}{5} = 0.02$$

(2)　当输入信号为 $r(t) = 1 + 0.1t + 0.01t^2$ 时，系统的跟随稳态误差为

$$e_{ssr} = \frac{A_p}{1+K_p} + \frac{A_v}{K_v} + \frac{A_a}{K_p} = \frac{1}{1+\infty} + \frac{0.1}{5} + 0.01 \times \frac{1}{0} = \infty$$

在运用误差系数分析系统的跟随稳态误差时，要注意以下三点。

(1)　只有当输入信号是阶跃、斜坡或抛物线函数时，相应阶跃、斜坡、抛物线的误差系数在误差分析中才有意义。

(2)　当系统输入的信号是三种基本输入信号的线性组合时(如【例 3-13】)，相应的稳态误差是各误差分量的叠加。

(3)　这种误差分析方法只能用于单位反馈系统中。

任务 单闭环直流调速系统的性能分析与时域性能指标

任务引导

项目 2 已经建立了单闭环直流调速系统的系统框图。在这一基础上,开始对单闭环直流调速系统的性能进行时域分析,通过分析找出单闭环直流调速系统所存在的问题,并就这些问题进行分析。

为了分析方便,将直流调速系统的系统框图重录于此,如图 3-22 所示。

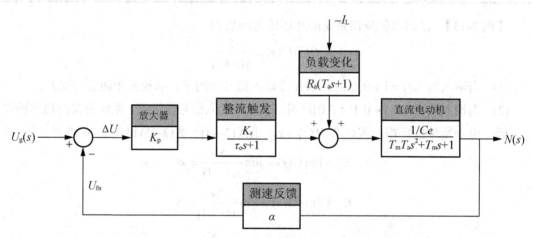

图 3-22 单闭环直流调速系统的系统框图

如果要求该调速系统的性能指标为:最大百分比超调 $\sigma\% \leqslant 10\%$,调速范围 $D=15$,静差率 $s \leqslant 5\%$,则分析该单闭环直流调速系统是否能满足要求。

任务相关知识

1. 调速系统对转速的控制要求与系统性能指标之间的关系

有大量的生产机械对电力拖动系统提出了不同的转速控制要求,归纳起来有以下三个方面。

(1) 调速。在一定的最高转速和最低转速的范围内分挡(有级)或平滑(无级)地调节电动机转速。

(2) 稳速。以一定的精度稳定在所需要的转速上,尽量不受负载变化、电网电压变化等外部因素的干扰。

(3) 加速与减速控制。频繁启动、制动的生产机械要求尽量缩短启动与制动时间,以提高生产效率,不宜经受剧烈速度变化的生产机械则要求启动、制动的过程越平稳越好。

以上三个方面,除调速反映了调速系统的调速控制方法之外,其余两个方面分别反映了调速系统对系统稳态性能及动态性能的要求。在实际生产过程中，调速控制要求并不都是必须具备的，有时可能只要求其中的一项或两项能够满足。

2. 调速指标与系统性能指标之间的关系

1）调速范围

生产机械要求电动机能提供的最高转速 n_{max} 和最低转速 n_{min} 之比叫作调速范围，通常用字母 D 表示，即有

$$D = \frac{n_{max}}{n_{min}} \tag{3-47}$$

其中，最高转速 n_{max} 和最低转速 n_{min} 一般指额定负载时的转速，对于少数负载很轻的机械设备来说也可以用实际负载时的转速。

2）静差率

电动机在某一转速下运行时，负载由理想空载转速变到满载时所产生的转速降落 Δn 与理想空载转速 n_0 之比，称为静差率 s，常用百分数表示，即有

$$s = \frac{\Delta n}{n_0} \times 100\% \tag{3-48}$$

显然，静差率与电动机的机械特性的硬度有关，特性越硬，静差率越小，则稳速精度越高。然而静差率和机械特性硬度又有区别。如图 3-23 所示，特性①与特性②相互平行，硬度一样，两者之间在额定转矩下的转速降落相等，$\Delta n_1 = \Delta n_2$，但它们的静差率不一样。这是因为图 3-23 中两条机械特性的理想空载转速不同，即有 $n_{01} > n_{02}$。所以由静差率的定义公式可知

$$s_1 = \Delta n_1 / n_{01} < s_2 = \Delta n_2 / n_{02}$$

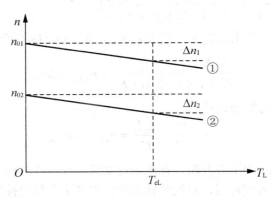

图 3-23　不同转速下的静差率

因此，调速范围和静差率这两项指标不是互相孤立的，必须同时提出才有意义。对于一个调速系统所提的静差率要求，主要是对最低速时的静差率要求，即

$$s = \frac{\Delta n}{n_{0min}} \times 100\%$$

如果最低速时的静差率能够通过，那么高速时就不会有任何问题了。静差率与调速范围之间存在以下关系

$$D = \frac{n_N \times s}{\Delta n(1-s)} \tag{3-49}$$

由此可见，调速范围与静差率都是调速系统的静态指标。换言之，这两个指标都反映了调速系统对稳态性能的要求。这两个指标对确定调速系统的控制方案非常重要。但是，如果要具体确定调速控制方案的类型与参数，还必须考虑系统的动态指标，关于这些问题将在项目 4 中进一步讨论。

3）　时域分析的一般方法

时域分析的最基本特征：所有分析全部是建立在控制系统闭环传递函数基础上的。为此，首先要找到单闭环直流调速系统的闭环传递函数。由单闭环直流调速系统的系统框图(图 3-22)可得

$$N(s) = \frac{\dfrac{K_p K_s / C_e}{(\tau_0 s+1)(T_m T_a s^2+T_m s+1)}}{1+\dfrac{K_p K_s \alpha / C_e}{(\tau_0 s+1)(T_m T_a s^2+T_m s+1)}} U_g(s) - \frac{\dfrac{R_a(T_a s+1)/C_e}{(T_m T_a s^2+T_m s+1)}}{1+\dfrac{K_p K_s \alpha / C_e}{(\tau_0 s+1)(T_m T_a s^2+T_m s+1)}} I_a(s) \tag{3-50}$$

从给定的调速系统的性能指标来看，单闭环直流调速系统给出的性能指标是稳态指标。因此，可以首先对给定系统进行稳态特性方面的分析。

利用拉普拉斯变换的终值定理，并设 $U_g(s)=U_g/s$、$I_a(s)=I_a/s$，则有

$$n = \lim_{s \to 0} s \left[\frac{\dfrac{K_p K_s / C_e}{(\tau_0 s+1)(T_m T_a s^2+T_m s+1)}}{1+\dfrac{K_p K_s \alpha / C_e}{(\tau_0 s+1)(T_m T_a s^2+T_m s+1)}} \times \frac{U_g}{s} - \frac{\dfrac{R_a(T_a s+1)/C_e}{(T_m T_a s^2+T_m s+1)}}{1+\dfrac{K_p K_s \alpha / C_e}{(\tau_0 s+1)(T_m T_a s^2+T_m s+1)}} \times \frac{I_a}{s} \right]$$

$$= \frac{K_p K_s / C_e}{1+K_p K_s \alpha / C_e} \times U_g - \frac{R_a / C_e}{1+K_p K_s R_a \alpha / C_e} \times I_a \tag{3-51}$$

若令该闭环系统的开环增益为 $K=K_p K_s \alpha / C_e$，则式(3-51)可整理成

$$n = \frac{K_p K_s U_g}{C_e(1+K)} - \frac{R_a I_a}{C_e(1+K)} = n_{0close} - \Delta n_{close} \tag{3-52}$$

由于电动机的机械特性公式是

$$n = \frac{U_a}{C_e} - \frac{R_a I_a}{C_e} = n_{0open} - \Delta n_{open} \tag{3-53}$$

比较式(3-52)和式(3-53)不难发现，直流调速系统在开环时的稳态特性与闭环时的稳态特性是相类似的。但引入闭环后，系统的转速降落得到了有效的抑制，即闭环时系统的转速降落为开环时的 $1/(1+K)$。单闭环直流调速系统稳态时的系统框图如图 3-24 所示。

这样，当已知调速系统各部分电路参数时，就可以很方便地判断给定系统是否满足给定要求，并知道通过何种方法来使之满足要求了。

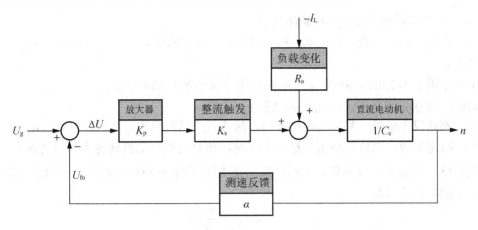

图 3-24　单闭环直流调速系统的稳态系统框图

任务实施

(一)任务目标

在建立的自动控制系统数学模型的基础上，学习如何评价该自动控制系统的性能。将本章所学理论知识应用于对实际问题的分析中，并通过分析学习发现问题的方法。

(二)任务内容

(1)　根据单闭环直流调速系统各部分技术参数，计算系统参数及开环增益。

(2)　单闭环直流调速系统的稳定性分析：根据单闭环直流调速系统的闭环特征方程，计算劳斯表，初步分析系统的稳定性；调节系统的开环增益使系统成为稳定系统。

(3)　单闭环直流调速系统的动态特性及稳态特性的分析。

a. 改变系统的开环增益，讨论系统随开环增益变化时所表现出来的动态响应特性及相对稳定性。

b. 结合单闭环直流调速系统的系统型别，讨论系统的稳态特性。

(三)知识点

(1)　自动控制系统的响应过程与性能指标之间的关系。

(2)　自动控制系统的稳定性及相对稳定性与特征根之间的关系。

(3)　自动控制系统的动态特性与特征根之间的关系。

(4)　自动控制系统型别与稳态特性之间的关系。

(四)任务实施步骤

1. 给定单闭环直流调速系统各部件参数及开环增益的计算

现假设给定的单闭环直流调速系统各部件参数如下。

(1)　三相桥式晶闸管触发整流装置参数。三相桥式晶闸管触发整流装置的放大系数是

$K_s = 44$；平均失控时间是 $\tau_0 = 0.00167\,\mathrm{s}$。

(2) 直流电动机参数。直流电动机的参数：$P_N = 2.2\mathrm{kW}$，$n_N = 1500\mathrm{rad/s}$，$U_N = 220\mathrm{V}$，$I_N = 12.5\mathrm{A}$。

电枢电阻 $R_a = 2.9\Omega$，M-V 系统电枢回路的总电感 $L = 16.73\mathrm{mH}$。

系统运动部分的飞轮转矩 $GD^2 = 1.5\mathrm{N\cdot m^2}$。

(3) 测速发电动机。测速发电机采用永磁式，反馈系数为 $\alpha = 0.0065(\mathrm{V/(rad\cdot s)})$。

(4) 给定参数。当给定电压为 $U_g = 10\mathrm{V}$ 时，所对应的电动机转速为额定转速。

通过以上给定的系统参数，可以计算出在电动机电流连续情况下，开环时，系统在额定负载下的转速降落是

$$\Delta n_{\mathrm{open}} = \frac{I_N R_a}{C_e}$$

其中因为 $C_e = \dfrac{U_N - I_N R_a}{n_N} = \dfrac{220 - 12.5 \times 2.9}{1500} = 0.123(\mathrm{V\cdot min/rad})$，所以可以求得调速系统在开环时的额定转速降落为 $\Delta n_{\mathrm{open}} \approx 295\mathrm{rad/s}$。

由式(3-48)，可求得此时系统在额定转速下的静差率是

$$s = \frac{\Delta n_{\mathrm{open}}}{n_N} \times 100\% = \frac{295}{1500} \times 100\% \approx 19.7\%$$

这个值已经大大超出了静差率 $s \leqslant 5\%$ 的要求，更远远超出了调到最低转速或考虑电流断续的情况了。那么，如果采用闭环控制，则问题就是怎样来选择闭环系统的开环增益，以使系统在稳定运行的情况下，能够满足静差率 $s \leqslant 5\%$ 的要求。

下面，通过计算来找到满足要求的闭环系统的开环增益。

当引入闭环后，要满足调速指标的转速降落可由式(3-49)计算得到，即

$$D = \frac{n_N \times s}{\Delta n (1-s)} \Rightarrow \Delta n_{\mathrm{close}} = \frac{n_N \times s}{D(1-s)} = \frac{1500 \times 0.05}{15 \times (1-0.05)} \approx 5.26(\mathrm{rad/s})$$

则闭环系统的开环增益应为 $K = \dfrac{\Delta n_e - \Delta n_{\mathrm{close}}}{\Delta n_{\mathrm{close}}} = \dfrac{263 - 5.26}{5.26} = 49$

当给定调速系统参数为 $C_e = 0.123(\mathrm{V\cdot min/rad})$，$K_s = 44$，$\alpha = 0.0065(\mathrm{V/rad\cdot s})$ 时，则有

$$K = K_p K_s \alpha / C_e \Rightarrow K_p = \frac{C_e K}{K_s \alpha} = \frac{0.123 \times 49}{44 \times 0.0065} \approx 23.7$$

即只要设置电压放大倍数大于 23.7 的放大器，就可以使单闭环直流调速系统满足所提出的调速指标要求。但事实上系统的情况并没有这样简单。通过前面对自动控制系统性能指标的讨论可知，增加系统的开环增益会使系统的稳定性有所下降，所以在准备调整系统的开环增益时，首先应该检查系统的稳定性如何。

2. 单闭环直流调速系统的稳定性分析

由式(3-50)可知，单闭环调速系统的特征方程为

$$1 + \frac{K}{(\tau_0 s + 1)(T_m T_a s^2 + T_m s + 1)} = 0$$

整理，可得

$$T_m T_a \tau_0 s^3 + (T_m \tau_0 + T_m T_a) s^2 + (T_m + \tau_0) s + (1+K) = 0$$

又由于 $C_m = \dfrac{30}{\pi} C_e$，故有

$$T_m = \frac{CD^2 R_a}{375 C_e C_m} = \frac{1.5 \times 2.9 \times \pi}{375 \times 0.138^2 \times 30} = 0.0802(\mathrm{s})$$

$$T_a = \frac{L}{R_a} \approx \frac{16.73 \times 10^{-3}}{2.9} = 0.00577(\mathrm{s})$$

将以上参数代入特征方程后，有 $7.7 \times 10^{-7} s^3 + 6 \times 10^{-4} s^2 + 8.2 \times 10^{-2} s + 24.1 = 0$ 成立，列劳斯表，可得

s^3	7.7×10^{-7}	0.082
s^2	6×10^{-4}	24.1
s^1	$\dfrac{4.92 \times 10^{-6} - 18.56 \times 10^{-6}}{0.6 \times 10^{-3}} = -0.227$	0
s^0	24.1	

由劳斯稳定判据，可知系统不稳定。

如果系统是不稳定的，那么，讨论单闭环直流调速系统的稳态性及动态性就没有了实际意义。因此，首先应该想办法让单闭环直流调速系统稳定。

从单闭环直流调速系统的系统框图(见图 2-38)中各环节的组成结构来看，方便调节参数的物理器件只有进行比较的运算放大器 $K_p = R_1/R_0$ (见图 2-38)；而造成劳斯表 s^1 行第一列元素为负值的原因也在于特征方程中 $(1+K)$ 项太大。因此，利用已经学过的知识，可以通过调整运算放大器的比例系数来使系统稳定。

首先利用劳斯表确定运算放大器 K 的取值范围。

重新设单闭环直流调速系统的特征方程为

$$7.7 \times 10^{-7} s^3 + 6 \times 10^{-4} s^2 + 0.082 s + (1 + K_p \times 44 \times 0.0065/0.123) = 0$$

再列劳斯表，有

s^3	7.7×10^{-7}	0.082
s^2	6×10^{-4}	$1 + 2.33 K_p$
s^1	$\dfrac{4.92 \times 10^{-6} - 0.77 \times 10^{-6}(1 + 2.33 K_p)}{0.6 \times 10^{-3}}$	0
s^0	$1 + 2.33 K$	

由劳斯稳定判据，可知如要控制系统稳定，则需要 $\dfrac{49.2 \times 10^{-6} - 0.77 \times 10^{-6} \times (1 + 2.33 K_p)}{6 \times 10^{-3}} > 0$，由此可解得 $K_p < 2.3$。

由此可见，在保证给定单闭环直流调速系统稳定时，通过调节系统开环增益的方法很难满足系统所提出的指标要求。

3. 单闭环直流调速系统的动态特性及稳态特性分析(设 $T_L = 0$)

当 $T_L = 0$ 时，系统的闭环传递函数可简化为

$$\Phi(s)=\frac{N(s)}{U_g(s)}=\frac{\dfrac{K_pK_s/C_e}{(\tau_0s+1)(T_mT_as^2+T_ms+1)}}{1+\dfrac{K_pK_s\alpha/C_e}{(\tau_0s+1)(T_mT_as^2+T_ms+1)}}$$

$$=\frac{K_pK_s/C_e}{T_mT_a\tau_0s^3+(T_m\tau_s+T_mT_a)s^2+(T_m+\tau_0)s+(1+K)}$$

若取 $K_p=2$，则此时单闭环直流调速系统的闭环传递函数为

$$\Phi(s)=\frac{K_pK_s/C_e}{T_mT_a\tau_0s^3+(T_m\tau_s+T_mT_a)s^2+(T_m+\tau_0)s+(1+K)} \tag{3-54}$$

$$=\frac{7154}{7.7\times10^{-7}s^3+6\times10^{-4}s^2+8.2\times10^{-2}s+47.5}$$

解此闭环传递函数的特征方程，可以得到三个极点，它们分别是

$$s_{1,2}=-0.16\pm j2.87 \qquad s_3=-744.39 \tag{3-55}$$

由此，可将式(3-54)化成如下形式：

$$\Phi(s)=\frac{7154}{7.7\times10^{-7}s^3+6\times10^{-4}s^2+8.2\times10^{-2}s+47.5}$$

$$=\frac{7154}{(s+744.39)(s+0.16-j2.87)(s+0.16+j2.87)}$$

然后利用待定系数法并查拉普拉斯变换表，就可以求出单闭环直流调速系统在给定电压 $U_g=10V$ 时的阶跃响应(由于这个求解过程超出了本课程的课程要求，所以在此就不再详细讲述，只要大家明白它的求解方法就可以了)。其阶跃响应曲线如图 3-25 所示。

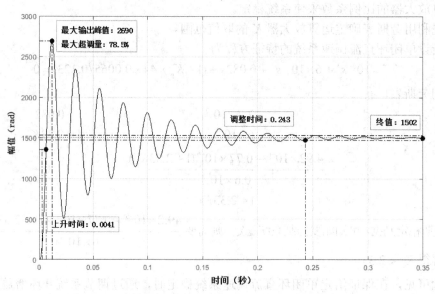

图 3-25　单闭环直流调速系统的阶跃响应(MATLAB 仿真曲线)

(1) 动态性能。由响应曲线(见图 3-25)不难发现，当 $K_p=20$ 时，虽然单闭环直流调速系统绝对稳定，但其相对稳定性很差，最大超调 $\sigma=78.2\%$，振荡剧烈，很难满足控制系统

要求的 $\sigma \leqslant 10\%$；从系统的快速性来看，当 $K_p = 2.0$ 时，单闭环直流调速系统的响应跟踪性能较好，$t_r = 0.0041\text{s}$，而调整时间 t_s 因为振荡剧烈而需为 0.233s。

(2) 稳态性能。由图 3-22 可见，单闭环直流调速系统的前向通道没有积分环节，为 0 型系统。显然，该调整系统在输入阶跃信号时，一定存在稳态误差。

由式(3-54)，可得

$$N(s) = \Phi(s)U_g(s) = \frac{7154}{7.7 \times 10^{-7} s^3 + 6 \times 10^{-4} s^2 + 8.2 \times 10^{-2} s + 47.5} \times U_g(s) \quad (3\text{-}56)$$

由于给定 $U_g = 10\text{V}$ 代表了单闭环直流调速系统运行转速为期望的 1500rad/s，所以取拉普拉斯变换后有 $U_g(s) = 10\text{V}/s$。代入式(3-56)，则有

$$N(s) = \Phi(s)U_g(s) = \frac{7154}{7.7 \times 10^{-7} s^3 + 6 \times 10^{-4} s^2 + 8.2 \times 10^{-2} s + 47.5} \times \frac{10}{s}$$

对式(3-56)用拉普拉斯变换的终值定理，则有

$$n = \lim_{s \to 0} sN(s) = \lim_{s \to 0} s \times \frac{7154}{7.7 \times 10^{-7} s^3 + 6 \times 10^{-4} s^2 + 8.2 \times 10^{-2} s + 47.5} \times \frac{10}{s} \approx 1502(\text{rad/s})$$

由图 3-25 可见，虽然此时单闭环直流调速系统的动态响应(相对稳定性)较差，但其稳态响应比较好。当输入 $U_g = 10\text{V}$ 的阶跃信号时，其稳态转速为 1502rad/s，即单闭环直流调速系统此时的稳态误差 $e_{ss} = n_N - n = 1500 - 1502 = -2(\text{rad/s})$。

(3) 系统参数调整。如前所述，单闭环直流调速系统在设计参数下，其性能指标是无法满足要求的。而在其所组成的环节中，只有实现输入信号与反馈信号进行比较的运算放大器参数是可调的。因此，在满足系统稳定的前提下，可以通过调整运算放大器的比例系数，来试验它能不能使系统的性能指标满足要求。

若减小比例系数，使 $K_p = 10$，则此时单闭环直流调速系统的闭环传递函数为

$$\Phi(s) = \frac{K_p K_s / C_e}{T_m T_a \tau_0 s^3 + (T_m \tau_s + T_m T_a) s^2 + (T_m + \tau_0) s + (1 + K)} \quad (3\text{-}57)$$

$$= \frac{3577}{7.7 \times 10^{-7} s^3 + 6 \times 10^{-4} s^2 + 8.2 \times 10^{-2} s + 24.3}$$

解此闭环传递函数的特征方程，可以得到三个极点，它们分别是

$$s_{1,2} = -0.44 \pm \text{j}2.09 \qquad s_3 = -688.1 \quad (3\text{-}58)$$

同时用 $U_g = 10\text{V}$ 的阶跃信号代表调速系统工作在 1500rad/s 的期望值，则在此信号作用下，单闭环直流调速系统的阶跃响应曲线如图 3-26 所示。由响应曲线可知，当运算放大器的比例系数减小到 $K_p = 10$ 时，系统的闭环增益也由原来的 7154 降至 3577。系统的相对稳定性好于 $K_p = 20$ 时，但系统超调量仍然很大，$\sigma = 49.1\%$，不能满足系统的性能指标。同时，由于开环增益减小，单闭环直流调速系统的响应时间减少，为 $t_r = 0.0061\text{s}$，而调整时间因为振荡减弱而有了明显改善：$t_s = 0.0814\text{s}$。

同样由式(3-56)并利用拉普拉斯变换的终值定理，可得此时单闭环直流调速系统的稳态转速为

$$n = \lim_{s \to 0} sN(s) = \lim_{s \to 0} s \times \frac{3577}{7.7 \times 10^{-7} s^3 + 6 \times 10^{-4} s^2 + 8.2 \times 10^{-2} s + 24.3} \times \frac{10}{s}$$

$$\approx 1480(\text{rad/s})$$

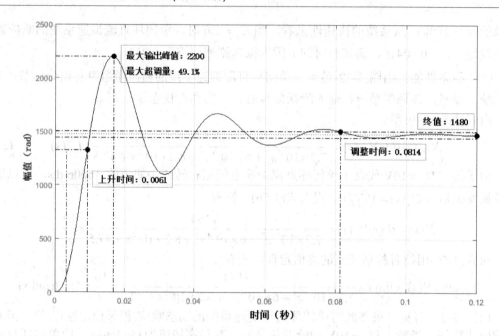

图 3-26　单闭环直流调速系统的阶跃响应(MATLAB 仿真曲线)

由此可见，降低系统的开环增益 K，虽然可以提高单闭环直流调速系统的相对稳定性，但降低了控制系统的稳态特性，即有

$$e_{ss} = n_N - n = 1500 - 1480 = 20(\text{rad/s})$$

如果再进一步降低开环增益(使运算放大器的比例系数 $K_p = 2.5$)，则此时单闭环直流调速系统的闭环传递函数为

$$\Phi(s) = \frac{K_p K_s / C_e}{T_m T_a \tau_0 s^3 + (T_m \tau_s + T_m T_a)s^2 + (T_m + \tau_0)s + (1+K)} \quad (3\text{-}59)$$

$$= \frac{894.3}{7.7 \times 10^{-7} s^3 + 6 \times 10^{-4} s^2 + 8.2 \times 10^{-2} s + 6.81}$$

解此闭环传递函数的特征方程，可以得到三个极点，它们分别是

$$s_{1,2} = -0.73 \pm j0.93 \qquad s_3 = -629 \quad (3\text{-}60)$$

同样用 $U_g = 10\text{V}$ 的阶跃信号代表调速系统工作在 1500rad/s 的期望值，则在此信号作用下，单闭环直流调速系统的阶跃响应曲线如图 3-27 所示。由响应曲线可知，当 $K_p = 2.5$ 时，系统的相对稳定性比较理想，系统超调量 $\sigma = 8.24\%$，满足系统提出的性能指标。但系统的稳态误差进一步扩大，有

$$n = \lim_{s \to 0} s N(s) = \lim_{s \to 0} s \times \frac{894.3}{7.7 \times 10^{-7} s^3 + 6 \times 10^{-4} s^2 + 8.2 \times 10^{-2} s + 6.81} \times \frac{10}{s}$$

$$\approx 1310(\text{rad/s})$$

稳态误差为

$$e_{ss} = n_N - n = 1500 - 1310 = 190(\text{rad/s})$$

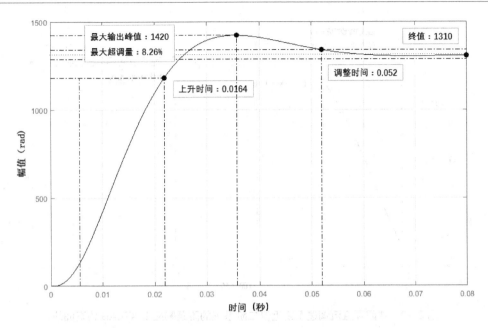

图 3-27　单闭环直流调速系统的阶跃响应(MATLAB 仿真曲线)

(五)任务完成结论

从本次任务中可得到如下结论。

(1)　自动控制系统闭环特征方程的根(极点)决定了控制系统输出响应的动态及稳态响应结果。对于一个稳定的控制系统来说,如果存在复数形式的特征根(极点),则该特征根越靠近复数平面的虚数轴,则响应所产生的振荡就越激烈。(对比实例中的式(3-54)、式(3-57)和式(3-59),以及它们的响应曲线,就可得出相应的结论)

(2)　控制系统中的实极点不会产生振荡。观察本任务三种情况下的极点分布,不难发现,随着开环增益的变化,单闭环直流调速系统的两个复数极点的位置发生了比较大的移动,但系统的实极点变化并不大。对照系统的动态响应,可以说这个实极点对单闭环直流调速系统动态响应所产生的实际影响不大。因此,在控制理论中,一般把靠近虚数轴的极点称为主导极点。通常,一个实际的自动控制系统总是可以通过忽略远离虚数轴的极点来达到降低系统阶数的目的。在本例中,如将远离虚数轴的实极点忽略,其时域响应基本与原来一致,但系统的阶数由原来的三阶系统降为二阶系统。

在图 3-27 中,未忽略离轴较远的极点时,系统的闭环传递函数为

$$\Phi(s) = \frac{894.3}{(s+629)(s+0.73+j0.93)(s+0.73-j0.93)}$$

如果将 $s_3 = -629$ 略去,按二阶系统重新配置整个系统的闭环增益,则系统的闭环传递函数为

$$\Phi(s) \approx \frac{209}{(s+0.73+j0.93)(s+0.73-j0.93)}$$

此时,系统的阶跃响应 ($u_g = 10V$) 如图 3-28 所示。

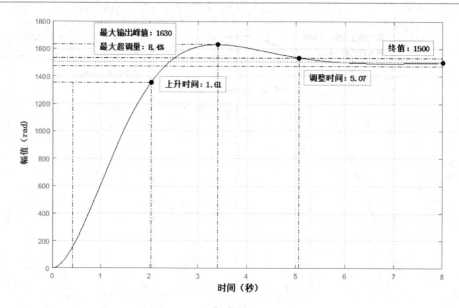

图 3-28 单闭环直流调速系统近似二阶系统的阶跃响应(MATLAB 仿真曲线)

从图 3-28 与图 3-25 比较可见,降阶后,单闭环直流调速系统的动态特性、稳态响应与降阶前基本一致。但简化后,系统性能指标就可以通过二阶系统性能指标的公式计算得到,而不必再借助计算机仿真了。这种方法在工程调试中的应用较为广泛。

需要注意的是,以上介绍的近似方法虽然实用,但并不严谨。一方面,由于严谨的降阶方法超出了本课程的教学要求,所以,在此不再做讨论。另一方面,降阶后,原来三阶的单闭环直流调速系统变为二阶系统,由于二阶系统总是稳定的,所以进行降阶处理后,单闭环直流调速系统的稳定性也就无从谈起了。在实际调试过程中,首先调整系统的闭环增益,使系统绝对稳定是对系统进行调试的先决条件。

(3) 通过对本例的分析,还可以知道,自动控制系统的稳定性、动态特性与稳态特性是相互矛盾的。提高自动控制系统的动态特性,会对系统的稳定性产生不利影响。对于一个自动控制系统而言,综合考虑系统的动态与稳态特性是非常重要的。

(4) 提高系统的开环增益可提高控制系统的快速响应能力和稳态精度,但会降低系统的稳定性。

小　结

(1) 自动控制系统的时域分析法是在一定的输入条件下,使用拉普拉斯变换直接求解自动控制系统的"时域解",从而得到控制系统直观而精确的时域输出响应曲线和性能指标的一种方法。

(2) 系统稳定与否用系统的绝对稳定性来衡量。本项目介绍了劳斯-赫尔维茨(Routh-Hurwitz)稳定性判据。反馈控制系统稳定的充要条件是:控制系统闭环传递函数的极点均处于复数平面的左半平面。同时通过一些相应的实例分析还可以知道,反馈控制系统的相对稳定性也与系统闭环传递函数极点在复数平面上的位置有关。

(3) 自动控制系统的性能指标包括稳态指标和动态指标。自动控制系统输入量与扰动量的作用点不同，系统相应的闭环传递函数也不同，但两种指标的求取方法是一样的。

(4) 控制系统的跟随误差与前向通道中的积分环节的个数，以及开环增益有关。

习　　题

一、思考题

1. 分析一个自动控制系统时，主要应从哪些方面进行分析？

2. 对一阶系统而言，如果想提高系统对斜坡信号的跟踪精度，应该如何调整系统参数？

3. 典型二阶系统中，自然振荡频率的物理含义是什么？

4. 导致反馈系统不稳定的原因是什么？

5. 系统的稳态性能与哪些因素有关？

6. 系统的相对稳定性与系统特征方程的根有什么关系？

7. 在调试钢板轧制系统时，发现轧制出来的钢板严重厚薄不匀，请分析该反馈系统的问题出在哪里，应该怎样去调整？

8. 什么是自动控制系统的主导极点？

二、综合分析题

1. 某自动控制系统的系统框图如图 3-29 所示，试求：

(1) 系统传递函数的时域表达式。

(2) 绘制该系统的时域响应曲线。

(3) 计算当 $c(t) = 0.95$ 时的调整时间。

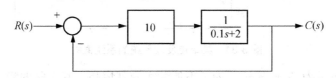

图 3-29　某系统的系统框图

2. 已知某反馈控制系统的单位阶跃响应是

$$c(t) = 1 + 0.2e^{-2t} - 1.2e^{-t} \quad (t \geqslant 0)$$

试求系统的闭环传递函数。

3. 单位反馈系统的开环传递函数为 $G(s)H(s) = \dfrac{K}{s(s + \sqrt{2})}$。试确定：

(1) 系统单位阶跃响应的超调量和调整时间(2%)。

(2) 当调节时间小于 1s 时，增益 K 的取值范围。

4. 二阶系统的闭环传递函数为 $\Phi(s) = C(s)/R(s)$，系统单位阶跃响应的设计要求为：
(1) 超调量 $\leqslant 5\%$；(2) 调节时间 $t_s = 4\,\text{s}(2\%$ 的误差带)；(3) 峰值时间 $t_p < 11\text{s}$。试设计该二阶系统的结构。

5. 已知闭环系统的特征方程如下，试判断这些系统的闭环稳定性。

(1) $s^4 + 20s^3 + 5s^2 + 10s + 15 = 0$

(2) $s^4 - 6s^3 - s^2 - 17s - 6 = 0$

(3) $s^5 + s^4 + 3s^3 + 2s^2 + 3s + 5 = 0$

6. 某飞机航向控制系统的系统框图如图 3-30 所示，试确定能使系统保持稳定的最大增益 K 的值。

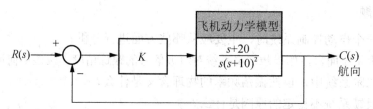

图 3-30　飞机航向控制系统的系统框图

7. 某单位反馈系统的开环传递函数是

$$G(s)H(s) = \frac{10(s+4)}{s(s+1)(s+2)(s+5)}$$

试确定该系统在单位阶跃信号作用下的稳态误差。

8. 某反馈系统的系统框图如图 3-31 所示。

(1) 试确定当 $K=1$，$G_p(s)=1$ 时，系统在单位阶跃信号作用下的稳态误差。

(2) 选择 $G_p(s)$ 合适的值，使该系统单位阶跃响应的误差等于零。

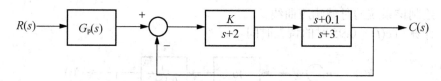

图 3-31　某单位反馈系统的系统框图

9. 图 3-32 所示为 Ferri 转轮，为了不使游客受到惊吓，其实际的稳态运行速度控制在期望速度的 5%以内。

(1) 试确定增益 K 的取值，以便满足系统稳态运行时的速度。

(2) 利用所确定的 K 值，求出由于干扰 $D(s)=1/s$ 引起的 $e(t)$，并分析速度变化是否超过了 5%。

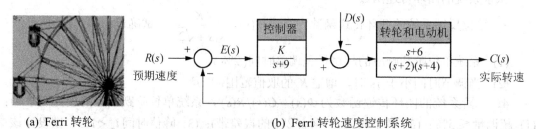

(a) Ferri 转轮　　　　　　　　　　　(b) Ferri 转轮速度控制系统

图 3-32　Ferri 转轮(1893 年)及其系统传递函数

项目 4　单闭环直流调速系统的工程调试

- 能绘制单闭环直流调速系统的开环对数频率特性曲线。
- 能利用单闭环直流调速系统的开环对数频率特性曲线，分析该系统的稳定特性、动态特性和稳态特性。
- 能根据单闭环直流调速系统的开环对数频率特性曲线，找出该系统所存在的问题。
- 能综合利用串联控制方案，改善单闭环直流调速系统的工作性能。
- 能设置单闭环直流调速系统的控制参数，并通过调试，使系统按期望的性能指标正常运行。

拓展能力

- 能理解频率特性的物理意义。
- 能理解对数频率特性的定义、概念，以及渐近线、分贝的物理含义。
- 掌握典型环节对数频率特性的特点。
- 掌握最小相位系统对数幅频特性曲线的绘制方法。
- 了解串联、局部反馈及顺馈等控制方案的应用特点，能综合利用串联控制方案的选择思路进行自动控制系统的参数设置及调试。
- 能根据实际系统的性能指标要求选择控制方案，并能够设计和选择调节器的参数元件。
- 通过学习，初步掌握一般自动控制技术的理论基础及工程应用，并初步形成理论指导实践、实践验证理论的科学工作方法。

工作任务

- 结合项目 3 中给定的单闭环直流调速系统的系统框图，绘制该系统的开环对数幅频特性曲线。
- 利用给定单闭环直流调速系统的对数频率特性曲线，学习利用频率特性法对系统的稳定特性、动态特性及稳态特性进行分析。
- 在对给定单闭环直流调速系统进行的性能分析的基础上，结合调速系统的性能指标，选择适当的串联调节装置，估算调节器参数，并进行参数的设置与调试。

　　在时域分析中，普遍使用阶跃信号和斜坡信号作为自动控制系统的测试信号。而频率分析研究的是自动控制系统对正弦输入信号的稳态响应。可以证明，当输入是正弦信号时，线性定常系统的稳态输出也是正弦信号。比较输入和输出的正弦信号，可以发现，它们都是同频率的正弦信号，其区别仅在于输入、输出信号的幅值与相位角的不同。频域分析方法正是利用这个特点对自动控制系统进行分析的。

从另一方面来看，频域分析方法是一种图解分析方法。这种分析方法的最大优点是便于工程应用，便于在工程应用中发现问题，并找出改善自动控制系统性能的有效途径。

相关知识引导

自动控制系统除了可以应用时域分析方法来进行系统分析以外，还可以从频域的角度对系统进行分析。频域分析方法是借助线性系统对正弦信号的稳态响应结果来分析系统性能的，因此这种方法也称为频率特性法。频率特性法是经典控制理论的核心，也是工程应用最为广泛的一种方法，它可以不用直接求解自动控制系统闭环传递函数的特征根，而是间接运用自动控制系统的开环传递函数来分析系统闭环特性的一种方法，同时它也是一种图解方法。

一般来说，线性定常系统对给定信号的响应总是包括动态响应和稳态响应。当输入信号为正弦信号时，线性定常系统的响应同样也包含动态响应部分与稳态响应部分。与其他典型输入信号的输出响应相比，线性定常系统对正弦输入信号的动态响应不是正弦波，而其稳态响应则是与所输入正弦信号同频率的正弦波形。但其响应的幅值与相位都与输入的正弦波有所不同。

在此可首先定义：线性自动控制系统对正弦信号的稳态响应特性就是系统的频率响应特性。

为了对这种概念有一个明确的认识，下面举例说明。

【例 4-1】 图 4-1 所示为汽车减震系统。$f(t)$ 是路面影响对车体产生的输入信号；$x(t)$ 是汽车车体受路面影响所产生上下颠簸运动的位移响应(位移变化)。试分析当汽车在某颠簸路面($f(t) = F\sin\omega t$)上行驶时，车体受颠簸路面影响而产生上下颠簸运动时，其位移变化的规律。其中，假定已知汽车减震系统的传递函数为

$$G(s) = \frac{X(s)}{F(s)} = \frac{1/k}{Ts+1}$$

且有 $T = c/k$ 为系统的时间常数。其中，c 为汽车减震系统中阻尼器的阻尼系数，k 为其弹簧机构的弹性系数。

(a) 汽车减震器模型

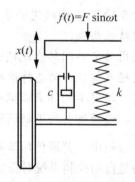

(b) 汽车减震器原理图

图 4-1 汽车减震系统

解：由于已知减震系统的传递函数为

$$G(s) = \frac{X(s)}{F(s)} = \frac{1/k}{Ts+1} \qquad 且\ T = c/k$$

所以，由表 2-1 可查得路面影响对车体产生的输入信号的拉普拉斯变换为

$$F(s) = L[F\sin(\omega t)] = F \times \frac{\omega}{s^2 + \omega^2}$$

因此，车体受路面影响产生上下颠簸运动的位移响应(拉普拉斯变换式)为

$$X(s) = G(s) \times F(s) = \frac{1/k}{Ts+1} \times \frac{F \times \omega}{s^2 + \omega^2} = \frac{a}{Ts+1} + \frac{bs+d}{s^2 + \omega^2}$$

式中，a、b 和 d 是待定系数。

利用待定系数法及拉普拉斯变换对照表 2-1，可求得

$$x(t) = \frac{\frac{\omega T}{k} \times F}{1 + (\omega T)^2} e^{-\frac{t}{T}} + \frac{1/k}{\sqrt{1 + (\omega T)^2}} F\sin(\omega t - \arctan \omega T) \tag{4-1}$$

由式(4-1)可知，车体受路面影响产生上下颠簸运动的位移响应包含了两个分量。式(4-1)右边的第一项是暂态分量，这是因为，当时间 $t \to \infty$ 时，该分量趋近零；式(4-1)右边第二项是稳态分量，这是因为这个分量不会随时间的增加而消失。

由式(4-1)，可求得车体受路面影响产生上下颠簸运动时，其位移的稳态响应为

$$\begin{aligned}
x_{ss}(t) &= \lim_{t \to \infty} \left[\frac{\omega T \times F/k}{1 + (\omega T)^2} e^{-\frac{t}{T}} + \frac{1/k}{\sqrt{1 + (\omega T)^2}} F\sin(\omega t - \arctan \omega T) \right] \\
&= \frac{1/k}{\sqrt{1 + (\omega T)^2}} F\sin(\omega t - \arctan \omega T) \\
&= A(\omega)\sin[\omega t - \varphi(\omega)]
\end{aligned} \tag{4-2}$$

式中，$A(\omega) = \dfrac{1/k \times F}{\sqrt{1 + (\omega T)^2}}$；$\varphi(\omega) = -\arctan \omega T$。

当取 $c = k = 1\mathrm{N/m}$(实验仿真参数)，并设路面影响对车体产生的输入信号为

$$f(t) = F\sin \omega t = \sin t$$

则车体在减震系统作用下，受路面影响产生上下颠簸运动时，其位移响应曲线如图 4-2 所示。

图 4-2 所示验证了上述分析的正确性，并可得出以下结论。

(1) 车体平稳运行(稳态响应)时，上下颠簸运动的位移变化与路面对车体产生的正弦输入信号变化的频率一样，它们是同频率的正弦波(见图 4-2)。

(2) 与路面凸凹不平的程度 F 相比，由于减震装置的作用，车体做上下颠簸运动的程度(位移输出幅值)只有路面凸凹不平程度(输入幅值)的 $1/k\sqrt{1 + (\omega T)^2}$ 倍。

(3) 由于减震系统的作用，车体对路面影响所产生的反应时间比车轮碾压路面的时间晚，即车体产生的位移输出与路面输入之间存在着时间上的延迟，该时延的大小可用 $\varphi_c(\omega)$ 表示。

现在，仍假定颠簸路面凸凹不平的程度(车体输入信号的幅值)$F = 1$，而分别取路面颠

簸变化的频率为 $\omega = 0.5\text{rad/s}$ 和 $\omega = 1.5\text{rad/s}$ 。在不改变减震器系统参数的情况下 $(c = k = 1\text{N/m})$ ，车体对路面颠簸输入信号与车体所产生的位移输出响应之间的关系如图4-3所示。

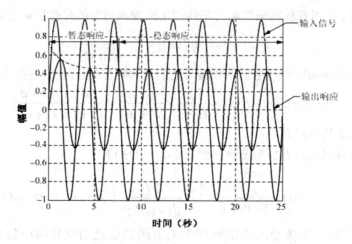

图4-2　减震系统的正弦响应曲线(MATLAB仿真曲线)

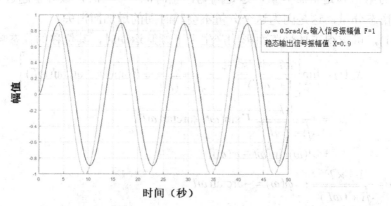

(a) 输入信号频率 $\omega = 0.5\text{rad/s}$ (MATLAB仿真曲线)

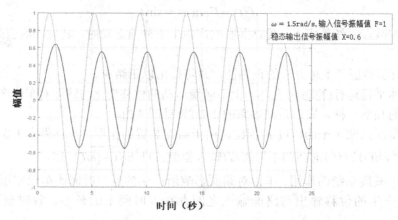

(b) 输入信号频率 $\omega = 1.5\text{rad/s}$ (MATLAB仿真曲线)

图4-3　输入信号频率对系统响应的影响

比较图 4-3 中(a)和(b)的输出波形，可以了解到以下两点。

(1)　车体上下颠簸运动所产生的位移变化程度(输出响应幅值 $A(\omega) = F/k\sqrt{1+(\omega T)^2}$)并不单纯地与颠簸路面凸凹不平的程度(输入信号幅值 F)有关，它还与颠簸路面变化的频率 ω 有关。当 F 不变时，如果颠簸路面变化的频率 ω 增加，则车体做上下颠簸运动时所产生的位移变化程度 $A(\omega)$ 将减小。即受减震系统减震作用的影响，车体所产生的颠簸运动程度会有所下降；反之，如果颠簸路面变化的频率 ω 减小，则车体所产生的位移变化程度 $A(\omega)$ 将有所增加，即随着颠簸路面变化的频率 ω 的减小，汽车减震系统的减震作用会有所减弱。

(2)　颠簸路面变化的频率 ω 还会影响汽车减震系统对颠簸路面变化的反应时间($\varphi(\omega) = -\arctan\omega t$)。当颠簸路面变化的频率 ω 增加时，减震系统对颠簸路面的反应时间 $|\varphi(\omega)|$ 就会增加，即减震系统对输入变化的跟踪响应速度变慢；相反，当颠簸路面变化的频率 ω 减小时，减震系统对颠簸路面的反应时间 $|\varphi(\omega)|$ 将会减少。(注意： $\varphi(\omega) = -\arctan\omega T$ 中的符号"-"表示了减震系统的反应滞后于车轮碾压路面的时间；而绝对值 $|\varphi(\omega)|$ 表示了滞后时间的大小。)

综上所述，当自动控制系统的输入信号为正弦信号时，系统输出的稳态响应是与输入信号同频率的正弦信号。与输入信号的幅值(大小)相比，系统输出量的大小(幅值)会发生变化，而且这种大小上的变化与输入信号的频率 ω 有关；与输入信号的作用时间相比，系统输出量的响应时间(相位)也会发生变化，而且这种变化也与输入信号的频率 ω 有关。因此，频率响应本质上是时域响应的一种特例。它反映了自动控制系统在信号传递过程中，信号能量与信号变化频率之间的对应关系，即信号变化频率越高，在传递过程中被系统消耗掉的能量也就越多，系统输出端获得的能量也就越少，传递时间也就越长。

相 关 知 识

(一)频率特性的概念

1. 频率特性的定义

频率特性就是指线性系统或环节在正弦函数信号作用下，其稳态输出(拉普拉斯变换式)与输入(拉普拉斯变换式)的比值随频率变化的关系特性。由于之前曾经定义输出(拉普拉斯变换式)与输入(拉普拉斯变换式)之比为系统的传递函数。因此，频率特性也称为正弦传递函数，它是传递函数在正弦信号作用下的一个特例。另一方面，由于传递函数是复数域的函数。因此，频率特性也是复数。即频率特性也可以用幅值(大小)和相位角(方向)分别表示。

根据这个定义，将输入正弦信号的一般表达式 $r(t) = A_r\sin(\omega t + \varphi_r)$ 改写成复数的相量形式，有

$$\dot{R} = A_r \angle \varphi_r$$

由于线性系统的稳态输出响应是与输入同频率的正弦信号。因此，也可以用正弦信号的一般表达式来表示线性系统的稳态输出响应。假定线性系统在正弦信号输入下，其输出为

$$c(t) = A_c\sin(\omega t + \varphi_c)$$

同样，将上式改写成复数的相量形式，则有

$$\dot{C} = A_c \angle \varphi_c$$

按传递函数的定义，可得到在某一个给定频率下，其频率特性的相量表达式为

$$\dot{G} = \frac{\dot{C}}{\dot{R}} = \frac{A_c \angle \varphi_c}{A_r \angle \varphi_r} = \frac{A_c}{A_r} \angle \varphi_c - \varphi_r = M \angle \varphi$$

同理，若设输入信号的频率是从 $\omega = 0 \to \infty$ 变化的自变量时，则以 ω 为自变量的频率特性的函数表达式(相量形式)可表示为

$$\dot{G}(\omega) = \frac{A_c(\omega) \angle \varphi_c(\omega)}{A_r(\omega) \angle \varphi_r(\omega)} = \frac{A_c(\omega)}{A_r(\omega)} \angle \varphi_c(\omega) - \varphi_r(\omega) = M(\omega) \angle \varphi(\omega)$$

若用 $G(j\omega)$ 表示随输入频率变化的复数相量 $\dot{G}(\omega)$，则频率特性的相量函数表达最终可写为

$$G(j\omega) = \frac{A_c(\omega) \angle \varphi_c(\omega)}{A_r(\omega) \angle \varphi_r(\omega)} = \frac{A_c(\omega)}{A_r(\omega)} \angle \varphi_c(\omega) - \varphi_r(\omega) = M(\omega) \angle \varphi(\omega) \tag{4-3}$$

式中，$M(\omega)$ 称为幅频特性，它表示了自动控制系统输出响应的幅值与输入信号幅值之比随频率变化而变化的函数特性；$\varphi(\omega)$ 称为相频特性，它表示了自动控制系统输出响应与输入信号之间的相位差随频率变化而变化的函数特性。

2. 频率特性的求取

频率特性一般可以通过以下三种方法得到。

(1) 根据已知系统的微分方程或传递函数，把输入的正弦信号代入，在利用拉普拉斯反变换求出时域解后，取其稳态分量。用稳态输出的幅值除以输入信号的幅值即可得到该系统的幅频特性；将稳态输出的相位减去输入信号的相位可得到该系统的相频特性(见【例 4-3】)。

(2) 由传递函数直接求取。

(3) 通过实验方法测得。

一般经常使用的是后两种方法。在这里只简单讨论第二种方法，以期建立传递函数与频率特性之间的关系。

【例 4-2】 图 4-4 所示的是一阶 RC 电路，试求该电路的频率特性。

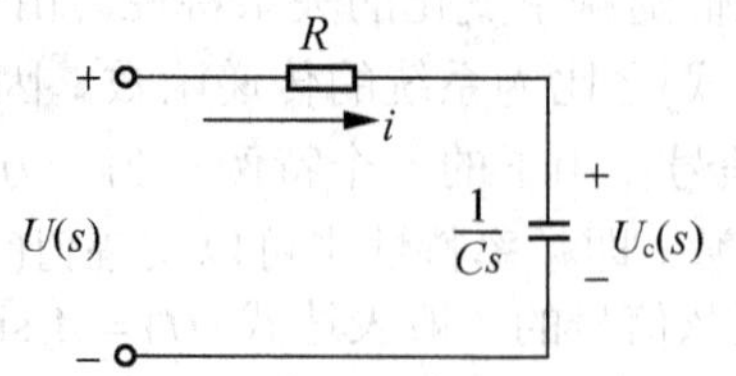

图 4-4　一阶 RC 电路(复数阻抗)

解：(1) 由图 4-4 所示，利用分压定理可得该电路的传递函数为

$$G(s) = \frac{U_c(s)}{U(s)} = \frac{1/Cs}{R + 1/Cs} = \frac{1}{RCs + 1}$$

(2) 令 $s = j\omega$ (即令拉普拉斯算子 $s = \sigma + j\omega$ 的实部 $\sigma = 0$)，并代入传递函数表达式，

则有

$$G(j\omega) = \frac{U_c(j\omega)}{U(j\omega)} = \frac{1}{RCj\omega + 1}$$

对上式进行分母有理化，则有

$$G(j\omega) = \frac{1}{RCj\omega + 1} = \frac{1 - j\omega RC}{(1 + j\omega RC)(1 - j\omega RC)} = \frac{1 - j\omega RC}{1 + (\omega RC)^2}$$

$$= \frac{1}{1 + (\omega RC)^2} - j\frac{\omega RC}{1 + (\omega RC)^2}$$

其中，该一阶 RC 电路的幅频特性为

$$|G(j\omega)| = M(\omega) = \sqrt{\left(\frac{1}{1 + (\omega RC)^2}\right)^2 + \left(\frac{\omega RC}{1 + (\omega RC)^2}\right)^2} = \frac{1}{\sqrt{1 + (\omega RC)^2}}$$

相频特性为

$$\angle|G(j\omega)| = \varphi(\omega) = \arctan\frac{\dfrac{\omega RC}{1 + (\omega RC)^2}}{\dfrac{1}{1 + (\omega RC)^2}} = \arctan(\omega RC)$$

由本例可见，频率特性实际上是拉普拉斯算子 $s = \sigma + j\omega$ 在其实部 $\sigma = 0$ 时，一种特殊的传递函数。这种利用 $j\omega$ 代替 s 而得到系统频率特性的方法，在线性定常系统中普遍适用。这也是式(4-3)中频率特性一般的表达方式。

与传递函数一样，系统的频率特性也可以用来表示自动控制系统的性能。传递函数中的公式与性质，对频率特性一样适用。只是由于频率特性关注的是输出响应的幅值与相位随输入信号频率变化的规律。因此，与时域分析中利用闭环传递函数求取系统特征方程根不同，频率特性讨论的重点在于如何应用复数理论求取频率特性的大小(模)与相位角(幅角)。

由于频率特性 $G(j\omega)$ 是一个复数函数，故它可以在复数平面上，用有向线段进行表示，如图 4-5 所示。由复数理论可知，复数平面上的有向线段一般可以进行实部与虚部的分解，因此有

$$G(j\omega) = U(\omega) + jV(\omega) \tag{4-4}$$

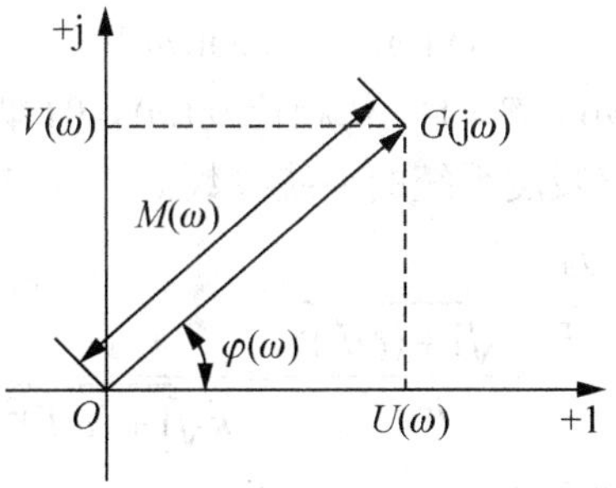

图 4-5　复数平面上的频率特性

在式(4-4)中，$U(\omega)$ 是频率特性 $G(j\omega)$ 的实部；$V(\omega)$ 是它的虚部。其有向线段的长度 $M(\omega)$ 是频率特性的模(大小)，即幅频特性；该有向线段与正实数轴之间的夹角 $\varphi(\omega)$ 是频

率特性的幅角(方向)，也就是相频特性。

实部、虚部、模和幅角之间有如下的换算关系

$$M(\omega) = \sqrt{[U(\omega)]^2 + [V(\omega)]^2} \tag{4-5}$$

$$\varphi(\omega) = \angle G(\mathrm{j}\omega) = \arctan \frac{V(\omega)}{U(\omega)} \tag{4-6}$$

如果已知系统频率特性中的幅频特性及相频特性，则频率特性还可以表示为

$$G(\mathrm{j}\omega) = M(\omega) \angle \varphi(\omega) \text{(相量表示法)} \tag{4-7}$$

$$= M(\omega)\mathrm{e}^{\mathrm{j}\varphi(\omega)} \text{(极坐标表示法)} \tag{4-8}$$

另外，频率特性还可以用函数图形的方式表示。在【例4-1】中，如果选择足够多的输入测试信号的频率，并通过计算得到与输入信号频率相对应的减震系统稳态输出响应的输出幅值与输入信号幅值之比、输出相位与输入信号相位之差，就可以通过描点的方式，用函数图形表示出该减震系统的幅值比和相位差随频率变化而变化的关系函数曲线，并由该函数曲线对减震系统的性能进行分析。用来描述减震系统幅值比与相位差随频率变化而变化的曲线就是所谓的频率特性曲线。

【例4-3】 在【例4-1】中，若已知减震系统的系统参数 $k=c=1\mathrm{N/m}$，路面影响对车体产生的输入信号是 $F=1$ 的单位正弦信号(即 $f(t)=\sin\omega t$)。试分析：当路面影响对车体产生的输入信号频率由 $\omega=0\to\infty$ 时，减震系统的频率特性。

解： (1) 求出该系统的频率特性。

由【例4-1】可知，减震系统的对正弦信号的稳态响应为

$$x_{ss}(t) = \lim_{t\to\infty}\left[\frac{\omega T \times F/k}{1+(\omega T)^2}\mathrm{e}^{-\frac{t}{T}} + \frac{1/k}{\sqrt{1+(\omega T)^2}}F\sin(\omega t - \arctan\omega T)\right]$$

$$= \frac{1/k}{\sqrt{1+(\omega T)^2}}F\sin(\omega t - \arctan\omega T)$$

由此可知，减震系统对正弦输入信号所产生的稳态响应幅值为

$$A_c(\omega) = F\big/k\sqrt{1+(\omega T)^2}$$

对正弦信号响应的初相位为

$$\varphi_c(\omega) = -\arctan\omega T$$

由于输入信号的幅值 $A_r(\omega)=F=1$，初相位 $\varphi_r(\omega)=0$(即路面影响对车体产生的输入信号是 $f(t)=\sin(\omega t)$)。在已知该减震系统的系统参数 $k=c=1\mathrm{N/m}$ 时，有 $T=c/k=1$。所以，可求得该减震系统的频率特性为

幅频特性 $M(\omega)=\dfrac{A_c(\omega)}{A_r(\omega)}=\dfrac{F\big/k\sqrt{1+(\omega T)^2}}{F}=\dfrac{1}{k\sqrt{1+(\omega T)^2}}=\dfrac{1}{\sqrt{1+\omega^2}}$

相频特性 $\varphi(\omega)=\varphi_c(\omega)-\varphi_r(\omega)=-\arctan\omega T-0=-\arctan\omega$

(2) 取绘制频率特性的函数点(见表4-1)，将各函数点用光滑的曲线连接起来，所构成的频率特性曲线如图4-6所示。

表 4-1　汽车减震系统频率响应曲线的频率值与响应值

自变量(频率)ω	0.5	1.0	1.5	2	2.5	4.0
幅频特性 $M(\omega)$	0.895	0.707	0.554	0.448	0.372	0.244
相频特性 $\varphi(\omega)$	$-26.5°$	$-45°$	$-56.4°$	$-63.3°$	$-68.1°$	$-75.9°$

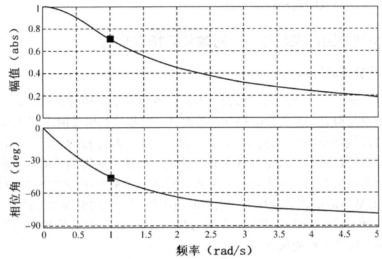

图 4-6　汽车减震系统的频率响应曲线($k=c=1\text{N/m}$，MATLAB 仿真曲线)

由本例可见，频率响应曲线按频率特性的定义也分为两个图形，分别是幅频特性响应曲线及相频特性响应曲线。用图形表示系统的频率特性具有直观和方便的优点，在自动控制系统分析中应用十分广泛。

3．频率特性 $G(\text{j}\omega)$ 的物理意义和数学本质

1）频率特性 $G(\text{j}\omega)$ 的物理意义

(1) 由【例 4-1】和【例 4-3】所讨论的汽车减震系统的频率特性来看，系统对正弦输入信号的响应幅值 $A_c(\text{j}\omega)$ 随着频率的升高而衰减。换言之，频率特性表示了系统"复现"或"跟踪"不同频率正弦信号的能力。当频率较低时，系统基本上能够将输入系统的信号在输出端"复现"出来，只是在时间上存在一定的滞后；而当频率较高时，输入系统的信号基本上就被系统"抑制"而不能传递出去。对于实际的自动控制系统，虽然系统本身的构成形式各有不同，但基本上都有这样的"低通"滤波及相位滞后的特性。

(2) 频率特性随频率而变化，是因为系统中含有储能元件。实际系统中存在的弹簧、阻尼器、电容及电感等储能元件。它们在进行能量交换时，对不同频率的信号会让系统显示出不同的特性。因此与项目 2 所讨论的系统的传递函数一样，系统的频率特性也取决于系统本身的结构与参数，与外界因素无关。当一个系统内在的结构与参数确定以后，其频率特性就完全被确定了。

2）频率特性 $G(\text{j}\omega)$ 的数学本质

频率特性的数学本质仍然是表达系统运动关系的数学模型。系统可以用微分方程进行描述，写成随时间 t 变化的函数形式；也可将微分用复数变量 $s = \sigma + j\omega$ (拉普拉斯算子)进行替换，得到系统传递函数的表示形式；还可以将拉普拉斯算子中的实部定义为 $\sigma = 0$ 或者说是用 $j\omega$ 来替换拉普拉斯算子，这样就得到了频率特性的表示方式。对于自动控制系统来说，用不同形式的数学手段描述系统运动规律，从内在本质上看并没有什么不同，所不同的是用哪一种方法可以更容易地揭示出自动控制系统内在的运动规律，并更容易分析和设计出满足人们期望与要求的自动控制系统。

(二)频率特性的图形表示法——对数频率特性曲线

1. 对数频率特性的概念

【例 4-3】讨论了频率特性的图形表示方式，也明确了频率特性图形表示方式对系统分析的直观与方便。但对大多数自动控制系统而言，要想绘制出【例 4-3】中如图 4-6 所示的系统频率特性曲线并不容易。这其中主要的问题在于计算过程的烦琐，而且当自动控制系统参数发生变化时，只有通过重新计算系统的频率特性才能得到新的响应曲线。为了解决这个问题，频率响应有另一种图形表示方式，它就是对数频率特性曲线。对数频率特性曲线是由伯德(H. W. Bode)在研究反馈放大器时所用到的，因此也称为伯德(Bode)图。对数频率特性曲线简化了系统频率响应的图解分析过程。因此在工程上得到了广泛的应用。

1) 对数频率特性曲线的概念

如前所述，当系统的幅频特性及相频特性已知时，系统的频率特性可以用极坐标方式表示。为了方便起见，现将式(4-8)重录于此，即

$$G(j\omega) = M(\omega)e^{-j\varphi(\omega)} \tag{4-9}$$

对式(4-9)取自然对数，得

$$\ln G(j\omega) = \ln[M(\omega)e^{j\varphi(\omega)}] = \ln[M(\omega)] + \ln e^{j\varphi(\omega)}$$
$$= \ln[M(\omega)] + j\varphi(\omega) \tag{4-10}$$

由式(4-10)可见，取自然对数以后，原来幅频特性与相频特性相乘的关系被简化成了相加关系。不仅如此，相频特性不仅不再是指数，而且也与对数没关系。这极大地方便了对数频率特性中，对相频特性的计算。另外，由于人们更习惯使用以 10 为底的常用对数，所以通过对数换底公式，将式(4-9)中与自然对数有关的幅频特性进行变换，即有

$$\ln M(\omega) = \frac{\lg M(\omega)}{\lg e} = 2.3\lg M(\omega) \approx 2\lg M(\omega)$$

当引入声学单位"分贝(dB)"后，又有

$$\ln M(\omega) = L(\omega) = 2\lg M(\omega) = 20\lg M(\omega) \,(dB) \tag{4-11}$$

由此可见，对数频率特性曲线也是由两张图来表示的。一张是对数幅频特性曲线，它是由式(4-11)构成，记为 $L(\omega)$ ，且有 $L(\omega) = 20\lg M(\omega)$ ；另一张是对数相频特性曲线，它由式(4-10)中的相频特性(去掉虚单位 j)构成，记为 $\varphi(\omega)$ 。

这样，对数频率特性就可以表示为

$$\lg G(j\omega) = \begin{cases} L(\omega) = 20\lg M(\omega) \\ \varphi(\omega) \end{cases} \tag{4-12}$$

2) 分贝的物理意义

由式(4-11)可知，对数幅频特性 $L(\omega)$ 的单位是分贝(dB)。由于有

$$20\lg M(\omega) = 20\lg \frac{A_c(\omega)}{A_r(\omega)} = 20\lg \frac{\text{输出响应信号的幅值}}{\text{输入信号的幅值}}$$

所以用分贝表示的幅频特性实际上就表示了系统对输入信号幅值是放大还是衰减的一种定量关系。

【例 4-4】 已知几个放大器的增益分别为 20、0dB 和-20dB，试分析说明这几个放大器的放大倍数各为多少？

解：(1) 当放大器增益为 20dB 时，由式(4-11)可知

$$L(\omega) = 20\lg M(\omega) = 20\lg \frac{A_c(\omega)}{A_r(\omega)} = 20\text{dB}$$

因此有

$$20\lg \frac{A_c(\omega)}{A_r(\omega)} = 20 \quad \Rightarrow \quad \frac{A_c(\omega)}{A_r(\omega)} = 10^1 = 10 \quad \Rightarrow \quad A_c(\omega) = 10A_r(\omega)$$

即该放大器将输入信号的幅值放大了10倍。

(2) 当放大器增益为 0 dB 时，同理有

$$L(\omega) = 20\lg M(\omega) = 20\lg \frac{A_c(\omega)}{A_r(\omega)} = 0\text{dB}$$

因此有

$$20\lg \frac{A_c(\omega)}{A_r(\omega)} = 0 \quad \Rightarrow \quad \frac{A_c(\omega)}{A_r(\omega)} = 10^0 = 1 \quad \Rightarrow \quad A_c(\omega) = A_r(\omega)$$

即该放大器将输入信号的幅值放大了1倍。

(3) 当放大器增益为-20dB 时，同理有

$$L(\omega) = 20\lg M(\omega) = 20\lg \frac{A_c(\omega)}{A_r(\omega)} = -20\text{dB}$$

因此有

$$20\lg \frac{A_c(\omega)}{A_r(\omega)} = -20 \quad \Rightarrow \quad \frac{A_c(\omega)}{A_r(\omega)} = 10^{-1} = 0.1 \quad \Rightarrow \quad A_c(\omega) = 0.1A_r(\omega)$$

即该放大器将输入信号的幅值放大了0.1倍，也即该放大器将输入信号的幅值衰减了10倍。

3) 半对数坐标纸

所谓半对数坐标纸是指横轴以常用对数作由疏到密的非线性分度，纵轴以分贝或度作线性分度的一种坐标纸，如图4-7所示。

以后的分析将表明，对数幅频特性 $L(\omega)$ 或它的渐近线与$\lg\omega$(ω的常用对数)成线性关系。因此，一方面，若以 $L(\omega)$ 纵轴，$\lg\omega$ 为横轴，则对数幅频特性曲线将为直线，这可以使对数频率特性的计算和绘制过程大为简化。另一方面，若以$\lg\omega$为横轴，则$\lg\omega$每变化一个单位，ω 将变化10倍。故称这个变化为一个"十倍频程"，用 dec(decade)表示。

在使用半对数坐标时，要注意以下几点。

(1) 半对数坐标的横轴是由疏到密周期变化的非线性分度构成。因此不能像等分的线性分度那样任意取值、任意移动。在横轴上，坐标的取值与移动是按"级"(10 倍频程)为

单位的，每级之间的长度呈线性关系。

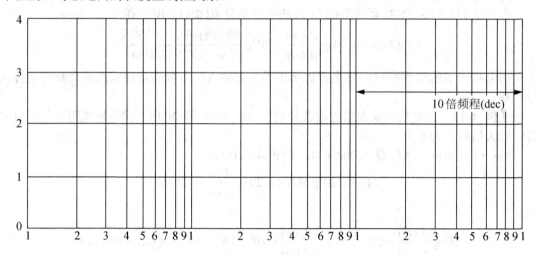

图 4-7　半对数坐标纸

（2）由于 $\omega = 0$ 时，$\lg \omega \to \infty$，所以半对数坐标上的横轴没有 0 点。在取值时，可以取 10 的倍数，如 0.01(10 的-2 倍)甚至更小，或者是 100(10 的+2 倍)甚至更大。这样每级间的非线性分格将作相应的改变。

（3）由于对数幅频特性是绘制在半对数坐标纸上的直线，因此纵轴可以用线性分度来表示 $L(\omega)$。但要注意它的单位是分贝(dB)，即 $20\lg M(\omega)$。

（4）由于对数幅频特性是绘制在半对数坐标纸上的，所以为了便于对照，它的相频特性 $\varphi(\omega)$ 也画在与 $L(\omega)$ 完全相同的半对数坐标纸上，其横轴取值也与 $L(\omega)$ 相同，但纵轴以"°"为单位。

以上这些都是在使用半对数坐标纸时要特别注意的，否则很容易出错，甚至混淆纵、横坐标。

2．典型环节的对数频率特性

自动控制系统一般可以抽象成各种典型环节，然后通过一定的连接方式组合而成。熟悉典型环节的频率特性，对采用频域分析法分析系统具有重要的意义。因此，与时域分析不同，对数频率特性只有在搞清楚每一个典型环节的对数频率特性之后，才能熟练地利用对数频率特性曲线来分析自动控制系统的闭环特性。

1）比例环节

由表 2-3 可知，比例环节的传递函数为

$$G(s) = K$$

令 $s = j\omega$，可求出其频率特性为

$$G(j\omega) = K = K + j0$$

因此可得到其对数幅频特性和对数相频特性如下。

（1）幅频特性 $M(\omega) = \sqrt{K^2 + 0^2} = K$，由此得到其对数幅频特性为

$$L(\omega) = 20\lg M(\omega) = 20\lg K \ (dB)$$

即比例环节的对数幅频特性曲线是一条与频率无关的水平直线，其高度为 $20\lg K$，且有以下三种情况。

a. 若 $K > 1 \Rightarrow L(\omega) > 0$，水平直线在横轴的上方。

b. 若 $0 < K < 1 \Rightarrow L(\omega) < 0$，水平直线在横轴的下方。

c. 若 $K = 1 \Rightarrow L(\omega) = 0$，水平直线与横轴重合，所以半对数坐标纸上的横轴又称为零分贝线(0 dB 线)。

(2)　对数相频特性为

$$\varphi(\omega) = \arctan\frac{0}{K} = 0^\circ$$

即比例环节的对数相频特性曲线也为一条与频率无关，且与横轴重合的水平直线。

比例环节的对数频率特性曲线(Bode 图)如图 4-8 所示。

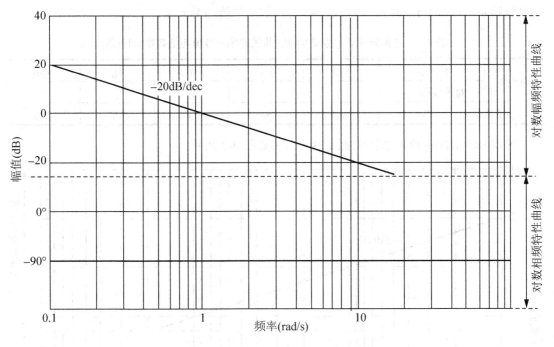

图 4-8　比例环节的对数频率特性曲线

2)　积分环节

积分环节包括纯积分环节与比例积分环节两种，下面分别进行介绍。

(1)　纯积分环节的频率特性。首先分析纯积分环节。由表 2-3 可知，纯积分环节的传递函数是

$$G(s) = 1/s$$

令 $s = j\omega$，可求得纯积分环节的频率特性是

$$G(j\omega) = \frac{1}{j\omega} = \frac{j\omega}{-\omega^2} = 0 - j\frac{1}{\omega}$$

因此可得到其对数幅频特性和对数相频特性如下。

a. 对数幅频特性 $M(\omega) = \sqrt{0^2 + (1/\omega)^2} = 1/\omega$，由此得到其对数幅频特性为

$$L(\omega) = 20\lg M(\omega) = 20\lg 1/\omega = -20\lg \omega \,(\text{dB}) \tag{4-13}$$

b. 对数相频特性为

$$\varphi(\omega) = \arctan\frac{-(1/\omega)}{0} \to -90°$$

即纯积分环节的对数相频特性曲线可视为一条角度为-90°的渐近直线。

由于纯积分环节的对数相频特性为一条直线，故现在只讨论纯积分环节的幅频特性曲线。

由式(4-13)可知，纯积分环节的对数幅频特性曲线 $L(\omega)$ 是与 $\lg\omega$ 成正比关系的。换言之，即如果 $\lg\omega$ 是线性的，那么 $L(\omega)$ 就是线性的。在介绍半对数坐标纸时，曾介绍过 $\lg\omega$ 从 $1 \to 10$ 是由疏到密周期排列的非线性分度，但如果按"级"，也就是按 10 倍频程来进行分度，则它就是线性的。为了简化纯积分环节对数频率特性的绘制难度，通常用的 10 倍频程为对数频率特性的变化单位，即有表 4-2 所示的频率值与响应值。

表 4-2　纯积分环节对数幅频特性曲线的频率取值与函数值(响应值)

自变量	频率 ω	0.01	0.1	1	10	100
	对数频率 $\lg\omega$	−2	−1	0	1	2
函数值 $L(\omega)$ (dB)		40	20	0	−20	−40

纯积分环节的对数频率特性曲线(Bode 图)如图 4-9 所示。

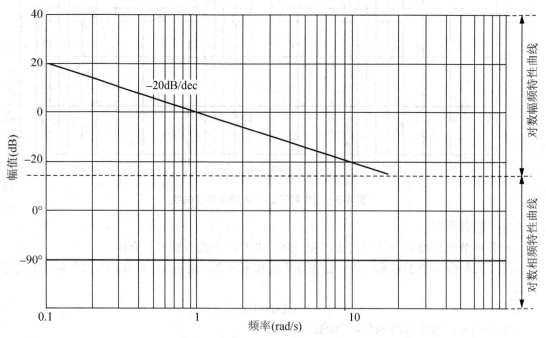

图 4-9　纯积分环节的对数频率特性曲线

由图 4-9 可见，纯积分环节是一条每变化 10 倍频程，其幅值就衰减 20dB 的斜直线。因此，可记其斜率为-20dB/dec。且当 $\omega = 1$ 时，纯积分环节的对数幅频特性曲线穿越 0dB 线。

(2) 比例积分环节的对数频率特性。

【例 4-5】绘制分析比例积分环节 $G(s) = K/s$ 的对数频率特性曲线。

解: (1) 先求比例积分环节的对数频率特性。

由表 2-3 可知比例积分环节的传递函数是 $G(s) = 1/Ts = K/s$，其中 $K = 1/T$。因此，根据传递函数框图运算中的串联定理，该比例积分环节可视为由比例环节和纯积分环节串联而成，即

$$G(s) = K/s = K \times \frac{1}{s} = G_P(s) \times G_I(s)$$

令 $s = j\omega$，则有 $G(j\omega) = G_P(j\omega) \times G_I(j\omega)$，由式(4-10)可得该串联环节的对数频率特性是

$$\ln G(j\omega) = \ln[G_P(j\omega) \times G_I(j\omega)] = \ln G_P(j\omega) + \ln G_I(j\omega)$$
$$= [\ln M_P(\omega) + j\varphi_P(\omega)] + [\ln M_I(\omega) + j\varphi_I(\omega)]$$
$$= [\ln M_P(\omega) + \ln M_I(\omega)] + j[\varphi_P(\omega) + \varphi_I(\omega)]$$

由式(4-11)及比例环节、纯积分环节的对数幅频特性可求得该串联环节的幅频特性是

$$L(\omega) = L_P(\omega) + L_I(\omega) = 20\lg K + 20\lg 1/\omega$$
$$= 20\lg K - 20\lg \omega \qquad (4\text{-}14)$$

由比例环节、纯积分环节的对数相频特性可求得该串联环节的相频特性是

$$\varphi(\omega) = \varphi_P(\omega) + \varphi_I(\omega) = 0 + (-90°)$$
$$= -90°$$

由此可见，比例积分环节的对数相频特性是一条与频率无关的直线，其角度为-90°。在此，只给出比例积分环节对数幅频特性曲线的绘制方法。

(2) 绘制比例积分环节的对数幅频特性曲线。以 10 倍频程选取频率变化，则有如表 4-3 所示的频率取值与响应值。

表 4-3　比例积分环节对数频率幅频特性曲线的频率取值与函数值(响应值)

频率 ω	0.1	1	10
比例环节 $L_P(\omega)$	$20\lg K$		
纯积分环节 $L_I(\omega)$	20	0	-20
比例积分环节 $L(\omega) = L_P(\omega) + L_I(\omega)$	$20\lg K + 20$	$20\lg K + 0$	$20\lg K - 20$

则绘制出的比例积分环节的对数幅频特性曲线如图 4-10 所示。

(3) 比例积分环节穿越 0dB 线时的频率。由式(4-14)可知，比例积分环节的对数幅频特性是

$$L(\omega) = L_P(\omega) + L_I(\omega) = 20\lg K - 20\lg \omega$$

所以，当比例积分环节穿越 0dB 线时，应有

$$20\lg K - 20\lg \omega = 0 \quad \Rightarrow \quad \omega = K = 1/T$$

由比例积分环节对数频率特性曲线的绘制过程可知，当自动控制系统由各个典型环节串联而成时，系统对数幅频特性为各个典型环节对数幅频特性的代数和；系统对数相频特性为各个典型环节对数相频特性的代数和。这就是对数频率特性的叠加特性。利用这一特

性可极大地简化自动控制系统频率特性曲线的绘制过程、降低对自动控制系统进行频率分析的难度。

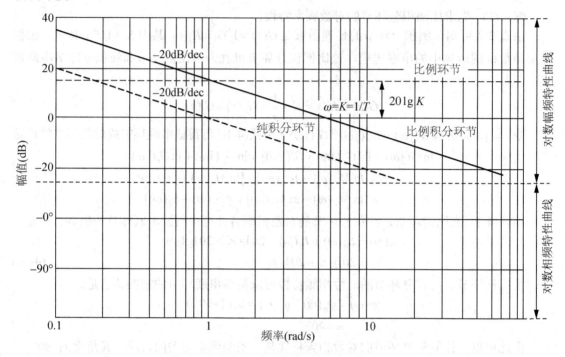

图 4-10 比例积分环节的对数频率特性曲线

3) 惯性环节

由表 2-3 可知，惯性环节的传递函数为

$$G(s) = 1/Ts + 1$$

令 $s = \mathrm{j}\omega$，可求得惯性环节的频率特性是

$$G(\mathrm{j}\omega) = \frac{1}{1 + \mathrm{j}T\omega} = \frac{1 - \mathrm{j}T\omega}{(1 + \mathrm{j}T\omega)(1 - \mathrm{j}T\omega)} = \frac{1}{1 + (T\omega)^2} - \mathrm{j}\frac{T\omega}{1 + (T\omega)^2}$$

因此，可得到其对数幅频特性和对数相频特性。

(1) 对数幅频特性 $M(\omega) = \sqrt{(1/1 + (T\omega)^2)^2 + (T\omega/1 + (T\omega)^2)^2} = 1/\sqrt{1 + (T\omega)^2}$，由此得到该环节的对数幅频特性(dB)为

$$L(\omega) = 20\lg M(\omega) = 20\lg \frac{1}{\sqrt{1 + (T\omega)^2}} = -20\lg \sqrt{1 + (T\omega)^2} \qquad (4\text{-}15)$$

(2) 对数相频特性为

$$\varphi(\omega) = \arctan \frac{-T\omega/1 + (T\omega)^2}{1/1 + (T\omega)^2} = -\arctan T\omega \qquad (4\text{-}16)$$

由式(4-15)和式(4-16)可知，惯性环节的对数幅频特性和对数相频特性都不是线性的，若采用逐点描绘法进行对数频率特性的绘制，则其过程将会很烦琐。

一般在工程上，常常采用分段直线逼近和加最大误差修正的方法来绘制惯性环节的对数频率特性。即首先绘制出惯性环节对数幅频特性 $L(\omega)$ 和对数相频特性的渐近线，然后根

据特殊点(如 $\omega = 1/T$)的数值，在最大误差处进行修正。这样便可以方便而又精确地得到惯性环节的对数频率特性曲线。下面讨论惯性环节渐近线的具体做法。

由式(4-15)和式(4-16)可见，当 $\omega = 1/T$ 时，可得

对数幅频特性 $L(\omega) = 20\lg M(\omega) = -20\lg\sqrt{1+(T\omega)^2} = -20\lg\sqrt{2} \approx -3\,(\text{dB})$

对数相频特性 $\varphi(\omega) = -\arctan T\omega = -\arctan 1 = -45°$

因此，若以 $\omega = 1/T$ 为特殊点(转折频率)，则可以此为界点，分段做如下近似。

(1) 当 $\omega \ll 1/T$ 时，则有 $\omega T \ll 1$。故此时惯性环节的低频渐近线特性如下。

对数幅频特性为 $L(\omega) = 20\lg M(\omega) = -20\lg\sqrt{1+(T\omega)^2} \approx -20\lg 1 = 0\,(\text{dB})$

对数相频特性为 $\varphi(\omega) = -\arctan T\omega \approx -\arctan 0 = 0°$

(2) 当 $\omega \gg 1/T$ 时，则有 $\omega T \gg 1$。故此时惯性环节的高频渐近线特性如下。

对数幅频特性为 $L(\omega) = 20\lg M(\omega) = -20\lg\sqrt{(T\omega)^2} \approx -20\lg T\omega\,(\text{dB})$

对数相频特性为 $\varphi(\omega) = -\arctan T\omega \to -90°$

不难发现，惯性环节高频部分的对数幅频渐近线具有与比例积分环节类似的对数幅频特性表达式。且由【例 4-5】，已知比例积分环节是一条斜率为-20dB/dec 的斜直线。

因此，综合以上分析，惯性环节的对数频率特性如图 4-11 所示。

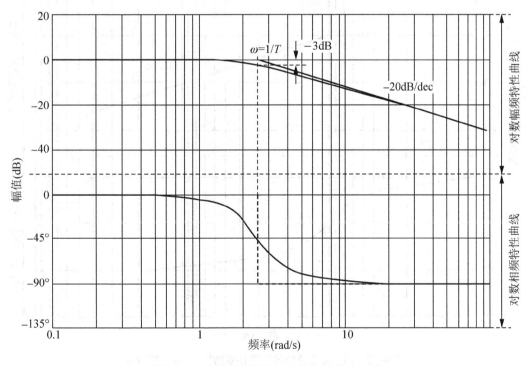

图 4-11　比例积分环节的对数频率特性曲线

由图 4-11 可见，惯性环节的对数幅频特性渐近线是一条以 $\omega = 1/T$ 为转折点的折线。即转折频率之前，惯性环节的对数幅频特性渐近线是一条幅值为 0dB 水平直线；而转折频率之后，惯性环节的对数幅频特性渐近线是一条斜率为-20dB/dec 的斜直线。

同理，惯性环节的对数相频特性渐近线也是以转折频率为界的。输入信号频率越小，

惯性环节输出响应的相位滞后也越小，且有当 $\omega \ll 1/T$ 时，其输出滞后相位 $\varphi(\omega) \to 0°$；输入信号的频率越大，惯性环节输出响应的相位滞后也越大，且有当 $\omega \gg 1/T$，其输出滞后相位 $\varphi(\omega) \to -90°$。

【例 4-6】 绘制【例 4-3】汽车减震系统的对数频率特性曲线，并分析当系统参数为 $k = c = 10\,\text{N/m}$ 时的减震特性。

解： (1) 由于减震系统的传递函数为

$$G(s) = \frac{X(s)}{F(s)} = \frac{1/k}{Ts+1}$$

因此，当【例 4-3】中的系统参数为 $k = c = 1\text{N/m}$ 时，有传递函数为

$$\frac{X(s)}{F(s)} = \frac{1/k}{Ts+1} = \frac{1}{s+1}$$

此时，汽车减震系统为一个惯性环节，且有惯性时间常数 $T = c/k = 1$。由此可确定减震系统的转折频率是 $\omega = 1/T = 1$，再由惯性环节的频率特性，可作出该减震系统的对数频率特性曲线，如图 4-12 所示。

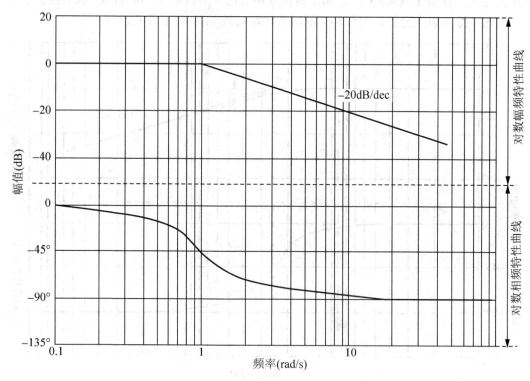

图 4-12 汽车减震系统的对数频率特性 $(k = c = 1\text{N/m})$

由图 4-12 可见，当路面颠簸变化的频率 $\omega \ll 1$ 时，减震系统基本不会对路面影响所产生上下颠簸运动的位移(车体上下颠簸幅度)起到抑制作用；而当路面颠簸变化的频率 $\omega \gg 1$ 时，减震系统才会对车体的上下颠簸幅度起到恒定的抑制作用，即对路面颠簸变化的程度起到恒定的-20dB 的衰减(车体上下颠簸幅度为路面颠簸幅度的 0.1 倍)。

(2) 当系统参数为 $k = c = 10\mathrm{N/m}$ 时，减震系统的传递函数为

$$G(s) = \frac{1/k}{Ts+1} = \frac{0.1}{s+1}$$

由此可将汽车减震系统视为一个由比例环节与惯性环节串联构成的系统，即有

$$G(s) = G_{\mathrm{P}}(s)G_{\mathrm{I}}(s) = 0.1 \times \frac{1}{s+1}$$

由【例 4-6】可知，此时减震系统的对数频率特性为比例环节与惯性环节对数频率特性的代数和。又因为，比例环节中有 $L_{\mathrm{P}}(\omega) = 20\lg 0.1 = -20\mathrm{dB}$，$\varphi_{\mathrm{P}}(\omega) = 0°$。惯性环节仍如【解】(1)。所以做两个环节的线性叠加，有其对数频率特性如图 4-13 中的①+②所示。

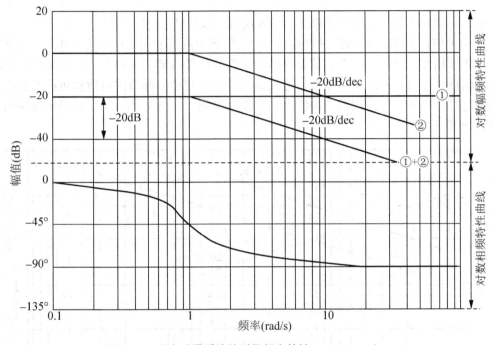

图 4-13　汽车减震系统的对数频率特性 $(k = c = 10\mathrm{N/m})$

由图 4-13 可见，由于系统参数变化，减震器相当于增加了一个比例环节。因此，当路面颠簸变化的频率 $\omega \ll 1$ 时，减震系统对车体上下颠簸幅度具有恒定-20dB 的衰减作用；而当路面颠簸变化的频率 $\omega \gg 1$ 时，减震系统对车体上下颠簸幅度具有恒定-40dB 的抑制作用(比例环节的衰减+惯性环节的衰减，使得车体上下颠簸幅度为路面幅度的 0.01 倍)。

由于比例环节对减震系统的相位没有影响，故减震系统相位变化与图 4-12 一致。

4)　微分环节

微分环节包括比例微分环节与一阶微分环节两种，下面分别进行介绍。

(1) 比例微分环节的对数频率特性。由表 2-3 可知，比例微分环节的传递函数是

$$G(s) = \tau s$$

令 $s = \mathrm{j}\omega$，可求得微分环节的频率特性是

$$G(\mathrm{j}\omega) = \mathrm{j}\tau\omega$$

因此可得到其对数幅频特性和对数相频特性如下。

a. 对数幅频特性 $M(\omega) = \sqrt{0^2 + (\tau\omega)^2} = \tau\omega$，由此得到其对数幅频特性为

$$L(\omega) = 20\lg M(\omega) = 20\lg \tau\omega \text{ (dB)}$$

与比例积分环节类似，比例微分也可视为分别有比例环节与纯微分环节串联而成，故有

$$G(s) = \tau s = \tau \times s = G_{\mathrm{P}}(s) \times G_{\mathrm{D}}(s)$$

利用对数频率特性的叠加性质，可得到比例微分环节的对数频率特性是

$$L(\omega) = L_{\mathrm{P}}(\omega) + L_1(\omega) = 20\lg \tau + 20\lg \omega \tag{4-17}$$

b. 对数相频特性为

$$\varphi(\omega) = \arctan \frac{\tau\omega}{0} \to 90°$$

即比例微分环节的对数相频特性曲线可视为一条角度为+90°的水平直线。

将式(4-17)中纯微分环节的对数幅频特性与纯积分环节的对数幅频特性相比，不难发现它们之间只相差一个"负号"。这就意味着纯微分环节与纯积分环节的对数幅频特性曲线是关于横轴对称的。利用这一特性，可以很容易作出纯微分环节的对数幅频特性曲线。然后再利用对数频率特性曲线的叠加特点，方便地得到比例微分环节的对数频率特性曲线，如图 4-14 所示。

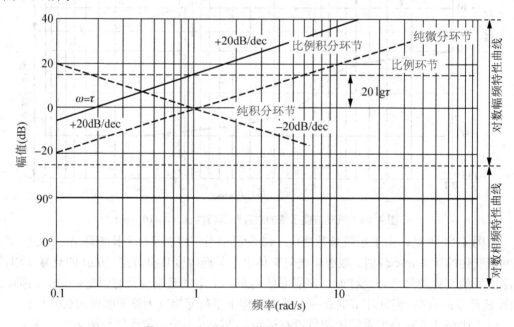

图 4-14 比例微分环节的对数频率特性曲线

由图 4-14 可见，比例微分环节的对数幅频特性也是一条斜直线。与比例积分环节相比，其斜率为+20dB/dec，并在为 $\omega = \tau$ 处穿越 0dB 线。

同理，由于比例环节对纯微分环节的相位没有影响。因此，比例微分的对数相频特性曲线仍是一条角度为+90°的水平直线。

(2) 一阶微分环节的对数频率特性。由表 2-3 可知，一阶微分环节的传递函数是 $G(s) = \tau s + 1$。令 $s = \mathrm{j}\omega$，可求得微分环节的频率特性是

$$G(\mathrm{j}\omega) = \mathrm{j}\tau\omega + 1 = 1 + \mathrm{j}\tau\omega$$

因此可得到其对数幅频特性和对数相频特性。

a. 对数幅频特性 $M(\omega) = \sqrt{1^2 + (\tau\omega)^2} = \sqrt{1 + (\tau\omega)^2}$ ，由此得到其对数幅频特性为

$$L(\omega) = 20\lg M(\omega) = 20\lg\sqrt{1 + (\tau\omega)^2}\ (\mathrm{dB}) \tag{4-18}$$

b. 对数相频特性

$$\varphi(\omega) = \arctan\frac{\tau\omega}{1} = \arctan\tau\omega \tag{4-19}$$

将式(4-18)与式(4-15)、式(4-19)与式(4-16)对比可知，一阶微分环节的对数频率特性与惯性环节的对数频率特性之间也相差一个"－"号。因此，这两个环节的对数频率特性曲线也是关于横轴对称的。这样利用图形的对称关系，所得到一阶微分环节的对数频率特性曲线如图 4-15 所示。

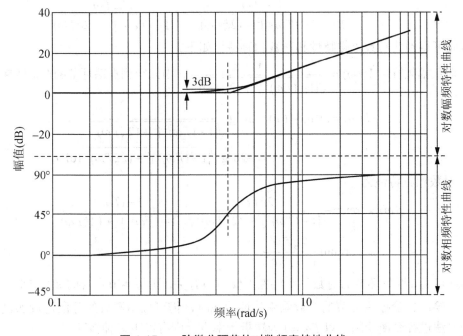

图 4-15　一阶微分环节的对数频率特性曲线

由图 4-15 可见，一阶微分环节的对数幅频特性渐近线也是一条折线，且以 $\omega = 1/\tau$ 为转折频率。在转折频率之前，一阶微分的对数幅频特性渐近线是一条幅值为 0dB 的水平直线；而转折频率之后，一阶微分环节的对数幅频特性渐近线是一条斜率为+20dB/dec 的斜直线。

一阶微分环节的对数相频特性渐近线也是以转折频率为界的。输入信号频率越小，一阶微分环节输出响应的相位超前也越小，且当 $\omega \ll 1/\tau$ 时，其输出超前相位 $\varphi(\omega) \to 0°$；输入信号的频率越大，一阶微分环节输出响应的相位超前也越大，且当 $\omega \gg 1/\tau$，其输出超前相位 $\varphi(\omega) \to +90°$。

5)　二阶振荡环节

由表 2-3 可知，振荡环节的传递函数是

$$G(s) = \frac{\omega_n^2}{s^2 + 2\xi\omega_n s + \omega_n^2}$$

令 $s = j\omega$ ，可求得振荡环节的频率特性是

$$G(j\omega) = \frac{\omega_n^2}{(j\omega)^2 + j2\xi\omega_n\omega + \omega_n^2} = \frac{\omega_n^2}{\omega_n^2 - \omega^2 + j2\xi\omega_n\omega} = \frac{1}{1 - \left(\dfrac{\omega}{\omega_n}\right)^2 + j2\xi\dfrac{1}{\omega_n}\omega}$$

令 $T = 1/\omega_n$ ，则上式可改写为

$$G(j\omega) = \frac{\omega_n^2}{(j\omega)^2 + j2\xi\omega_n\omega + \omega_n^2} = \frac{1}{1 - (T\omega)^2 + j2\xi T\omega}$$

$$= \frac{1}{1 - (T\omega)^2 + j2\xi T\omega} \times \frac{1 - (T\omega)^2 - j2\xi T\omega}{1 - (T\omega)^2 - j2\xi T\omega}$$

$$= \frac{1 - (T\omega)^2}{[1 - (T\omega)^2]^2 + (2\xi T\omega)^2} - j\frac{2\xi T\omega}{[1 - (T\omega)^2]^2 + (2\xi T\omega)^2}$$

因此可得到其对数幅频特性和对数相频特性如下。

a. 对数幅频特性 $M(\omega) = \dfrac{1}{\sqrt{[1 - (T\omega)^2]^2 + (2\xi T\omega)^2}}$ ，由此得到振荡环节的对数幅频特性为

$$L(\omega) = 20\lg M(\omega) = 20\lg \frac{1}{\sqrt{[1 - (T\omega)^2]^2 + (2\xi T\omega)^2}}$$

$$= -20\lg \sqrt{[1 - (T\omega)^2]^2 + (2\xi T\omega)^2} \ (\text{dB})$$

b. 对数相频特性为

$$\varphi(\omega) = \arctan -\frac{2\xi T\omega}{[1 - (T\omega)^2]^2 + (2\xi T\omega)^2} \Big/ \frac{1 - (T\omega)^2}{[1 - (T\omega)^2]^2 + (2\xi T\omega)^2}$$

$$= -\arctan \frac{2\xi T\omega}{1 - (T\omega)^2}$$

由此可见，振荡环节的对数频率特性不仅与 ω 有关，还与环节本身的参数 ξ 和 ω_n 有关。因此，在绘制二阶振荡环节的对数频率特性曲线时，仍可采用渐近线分段逼近加最大误差修正的方法进行简便绘制。以 $T\omega = 1$ 为转折频率点，则有以下三种情况。

(1) 当 $\omega \ll 1/T$ 时， $1 - (T\omega)^2 \approx 1$ 。于是振荡环节对数频率特性的低频渐近线特性如下。

a. 对数幅频特性

$$L(\omega) = 20\lg M(\omega) = -20\lg \sqrt{[1 - (T\omega)^2]^2 + (2\xi T\omega)^2} \approx 0 \ (\text{dB})$$

b. 对数相频特性

$$\varphi(\omega) = -\arctan \frac{2\xi T\omega}{1 - (T\omega)^2} \to 0°$$

由此可见，二阶振荡环节的低频(转折频率之前)对数幅频特性渐近线是一条幅值为0dB的水平直线；而对数相频特性渐近线是一条相位为 $\varphi(\omega) \to 0°$ 的直线。

(2) 当 $\omega \gg 1/T$ 时，有 $1 - (T\omega)^2 \approx -(T\omega)^2$ 。于是振荡环节对数频率特性的高频渐近线特性如下。

a. 对数幅频特性

$$L(\omega) = 20\lg M(\omega) = -20\lg\sqrt{[1-(T\omega)^2]^2 + (2\xi T\omega)^2} \approx -20\lg\sqrt{(T\omega)^2[(T\omega)^2 + (2\xi)^2]}$$

由于 $\omega T \gg 1$，若 $0 < \xi < 1$，显然有 $(T\omega)^2 \gg (2\xi)^2$，因此

$$L(\omega) = -20\lg\sqrt{(T\omega)^2[(T\omega)^2 + (2\xi)^2]} \approx -20\lg\sqrt{(T\omega)^4} = -40\lg T\omega(\mathrm{dB})$$

b. 对数相频特性

$$\varphi(\omega) = -\arctan\frac{2\xi T\omega}{1-(T\omega)^2} \to 180°$$

由此可见，二阶振荡环节的高频(转折频率之后)对数幅频特性渐近线是一条斜率为 $-40\mathrm{dB}$ 的斜直线；而对数相频特性渐近线是一条相位为 $\varphi(\omega) \to 180°$ 的直线。

(3) 当 $\omega = 1/T$ 时(在转折频率处)，由于 $\omega T = 1$，于是有如下对数频率特性。

a. 对数幅频特性

$$L(\omega) = 20\lg M(\omega) = -20\lg\sqrt{[1-(T\omega)^2]^2 + (2\xi T\omega)^2} = -20\lg 2\xi \qquad (4\text{-}20)$$

由此可见，在转折频率处，二阶振荡环节的对数幅频特性只与系统参数 ξ 有关。因此，当环节的阻尼比 ξ 不同时，需要根据二阶振荡环节在此处所产生的最大误差进行修正，其修正量见表 4-4。

表 4-4　二阶振荡环节对数幅频特性最大误差修正表

ξ	0.1	0.15	0.2	0.25	0.3	0.4	0.5
最大误差/dB	+14.0	+10.4	+8	+6	+4.4	+2.0	0
ξ	0.6	0.7	0.8	1.0			
最大误差/dB	-1.6	-3.0	-4.0	-6.0			

由表 4-4 可知，当 $0.4 < \xi < 0.7$ 时，转折频率处的误差 $< 3\mathrm{dB}$，这时可以允许不对渐近线进行修正；当 $\xi < 0.4$ 或 $\xi > 0.7$ 时，二阶振荡环节所产生的误差都超过了 $3\mathrm{dB}$，因此必须对渐近线进行修正。

修正后，二阶振荡环节的对数幅频特性如图 4-16(a)所示($\omega_n = 1\mathrm{rad/s}$)。

b. 对数相频特性。同理，当 $\omega = 1/T$ 时，二阶振荡环节的对数相频特性为

$$\varphi(\omega) = -\arctan\frac{2\xi T\omega}{1-(T\omega)^2} = -90°$$

修正后的相频特性曲线如图 4-16(b)所示($\omega_n = 1\mathrm{rad/s}$)。

总结以上频率特性的绘制过程，可得到振荡环节频率特性的特点如下。

(1) 从图 4-16 可以看到，当 $\omega = \omega_n$ 时，对数幅频特性渐近线的误差最大。在自动控制系统时域分析中，曾讨论过 ω_n 的物理意义，即它是自动控制系统的固有频率。利用谐振理论可知，当外界输入信号频率等于系统固有频率时，系统将会出现谐振现象。二阶振荡环节在 $\omega = \omega_n$ 处的对数频率特性则正好说明了这点。因此，可将二阶振荡环节出现最大误差时所对应的频率称为谐振频率 ω_r，该频率所对应的最大误差称为谐振峰值 M_r，且当谐振频率 $\omega_r = \omega_n$ 时，谐振峰值 M_r 达到最大，图 4-16(a)给出了二阶系统所对应的无阻尼自然振荡

频率和谐振峰值。

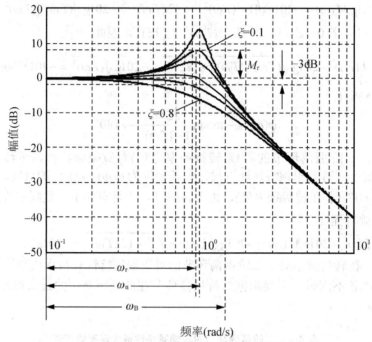

(a) 二阶振荡环节的对数幅频特性

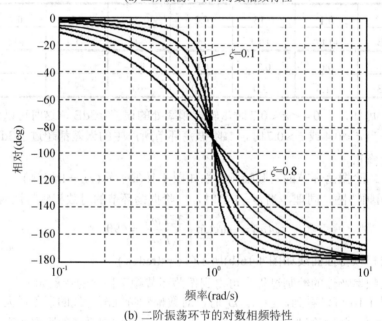

(b) 二阶振荡环节的对数相频特性

图 4-16　二阶振荡环节的对数频率特性曲线(MATLAB 仿真曲线)

(2)　二阶振荡环节的对数幅频特性渐近线的误差大小与其阻尼比 ξ 有关。引入谐振概念后，也可以说二阶振荡环节的谐振幅值与其阻尼比 ξ 有关。因此，在实际应用中，适当增加系统的阻尼比，可以抑制二阶系统发生谐振时所产生的振荡幅度。由于二阶振荡环节

发生振荡的条件是 $\xi \leqslant \sqrt{2}/2 = 0.707$。因此，一般在工程情况下，有 $\omega_r \approx \omega_n$。

(3) 系统带宽 ω_B 是二阶系统的闭环频域性能指标，但由于二阶系统的闭环传递函数与二阶振荡环节的传递函数相同。故这个概念可从二阶振荡环节的对数幅频特性中引出。其定义是：对数幅频增益从低频值下降到-3dB 时所对应的频率(见图 4-16(a))。这是一个非常重要的频域性能指标，它反映了系统不失真传输正弦信号的最大频率，或者说是它衡量了系统"复现"输入信号的能力。

总的来说：谐振频率 ω_r 和 -3 dB 带宽 ω_B 与系统动态特性的响应速度有直接关系。当带宽 ω_B 增加时，系统的上升时间 t_r 将随之减小；系统的超调量则只与谐振峰值 M_r 有关。而超调量又与系统的阻尼比 ξ 有关，所以谐振峰值 M_r 与系统阻尼比 ξ 也有着间接的关系。

【例 4-7】 已知某系统的频率响应曲线如图 4-17 所示，求该系统的传递函数。

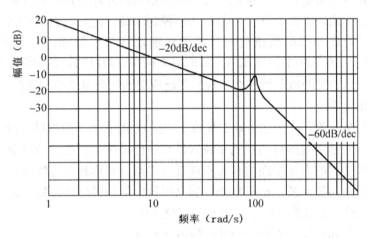

图 4-17　某系统的频率响应曲线

解： (1) 能从低频到高频都是一条斜线的环节只有积分与比例微分环节。由于图 4-17 中的斜直线的斜率是 $-20\text{dB}/\text{dec}$，所以该系统中应该有一个纯积分环节。

因为该纯积分环节过 0dB 线时的频率 $\omega \neq 1$，故此还应存在一个比例环节。当 $\omega = 1$ 时，有 $20\lg K = 20\text{dB}$，所以可得 $K = 10$。所以综合起来即为比例积分环节。其传递函数为

$$G_1(s) = \frac{10}{s}$$

(2) 该系统还应该包含一个二阶振荡环节。判断思路是如下。

由图 4-17 可知转折频率后，系统对数频率特性渐近线的斜率-60dB/dec，能在转折频率后产生-40dB/dec 衰减的环节只有二阶振荡环节。(由于二阶振荡环节低频段(转折频率之前)的对数幅频特性渐近线是斜率为 0dB 的水平直线，所以利用对数频率曲线的叠加性质，可知它不会对低频各环节造成影响；而二阶振荡环节高频段(转折频率之后)的对数幅频特性渐近线是一条斜率为-40dB/dec 斜直线，因此加上此前积分环节的斜率-20dB/dec，正为图中标出的斜率-60dB/dec。从另一方面来看，能够产生谐振幅值(图 4-17 中凸起的部分)的环节也只有二阶振荡环节。综上分析，可得二阶振荡环节的传递函数是

$$G_2(s) = \frac{\omega_n^2}{s^2 + 2\xi\omega_n s + \omega_n^2}$$

现在确定二阶振荡环节的系统参数。由于发生谐振时的频率 $\omega_r = 100$，当取 $\omega_r \approx \omega_n$ 时，其谐振幅值是 $M_r = 10\text{dB}$，故由式(4-19)可得

$$-20\lg 2\xi = 10 \quad \Rightarrow \quad \xi = \frac{1}{2} \times 10^{-0.5} \approx 0.16$$

即 $G_2(s) = \dfrac{\omega_n^2}{s^2 + 2\xi\omega_n s + \omega_n^2} = \dfrac{10\,000}{s^2 + 32s + 10\,000}$。故最终可得到该系统的传递函数为

$$G(s) = G_1(s)G_2(s) = \frac{10}{s} \times \frac{10\,000}{s^2 + 32s + 10000} = \frac{100\,000}{s(s^2 + 32s + 10000)}$$

3. 自动控制系统开环频率特性的绘制

如前所述，频域分析法是间接运用自动控制系统的开环传递函数分析系统的闭环特性的一种方法。由于自动控制系统一般都是闭环控制系统，因此，自动控制系统的开环传递由式(2-35)定义为自动控制系统前向通道的传递函数与反馈通道传递函数的乘积，即 $G(s)H(s)$。因此，对数频率特性化乘为加的运算特性也为自动控制系的分析提供了一种方便的分析手段。这也是频域分析法在工程上广泛应用的一个重要原因所在。

1) 最小相位系统

若自动控制系统的开环传递函数在复数平面(s 域)的右半平面内既无极点也无零点，则称具有这样开环传递函数的自动控制系统为最小相位系统；反之，若自动控制系统的开环传递函数在复数平面的右半平面内有极点或者有零点，则称具有这样开环传递函数的自动控制系统为非最小相位系统。根据自动控制系统稳定的边界条件可知，最小相位系统是开环绝对稳定的系统，且其频率特性具最小的相位变化。

【例 4-8】 已知自动控制系统的开环传递函数为

$$G_1(j\omega) = \frac{1 + Ts}{1 + T_1 s}, \quad G_2(j\omega) = \frac{1 - Ts}{1 + T_1 s}, \quad 且有 \ 0 < T = 0.1 < T_1 = 100$$

试分析它们的对数频率特性。

解： (1) 这两个系统具有相同的极点，而且开环稳定。所不同之处在于，它们的零点不同，前者没有复数域右半平面的零点；后者有一个复数域右半平面的零点。它们在复数平面上的零极点分布如图 4-18 所示。

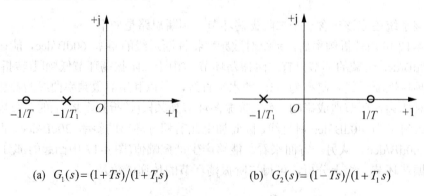

(a) $G_1(s) = (1 + Ts)/(1 + T_1 s)$ (b) $G_2(s) = (1 - Ts)/(1 + T_1 s)$

图 4-18 已知自动控制系统的零极点分布图

(2)　当取 $0 < T = 0.1 < T_1 = 100$ 时，其对数频率特性曲线如图 4-19 所示。

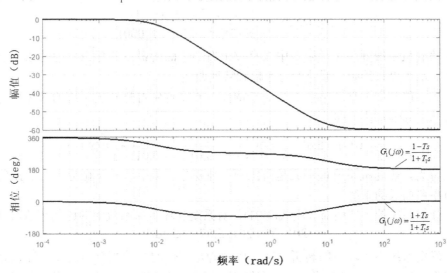

图 4-19　已知自动控制系统的对数频率特性

由图 4-19 可见，在具有相同幅频特性的自动控制系统中，最小相位系统的相位角变化范围在所有这类系统中是最小的。任何非最小相位传递函数的相角范围，都大于最小相位传递函数的相角范围。

最小相位系统的特点是：它的对数相频特性曲线与对数幅频特性曲线之间存在着唯一确定的对应关系。即一条对数幅频特性曲线 $L(\omega)$，只能有一条对数相频特性曲线 $\varphi(\omega)$ 与之对应。因此，利用对数频率特性曲线对自动控制系统进行分析时，对最小相位系统往往只需要画出它的对数幅频特性曲线就够了。换言之，即对于最小相位系统，只要根据其对数幅频特性就能知道该系统的开环传递函数。在本书中，如果不做特别说明，则讨论的系统都是最小相位系统。在实际应用中，大部分系统也都具有最小相位系统的特点。

2)　自动控制系统开环对数频率的简便绘制

一般来说，自动控制系统都可以看成是由各种典型环节通过一定方式连接而成。因此，利用典型环节对数频率特性的叠加性质，可以很容易绘制出最小相位系统的开环对数幅频特性曲线。下面通过实例来学习对数幅频特性曲线的简便绘制方法。

【例 4-9】　某热轧机控制系统的系统框图如图 4-20 所示。试绘制该系统的对数频率特性曲线。

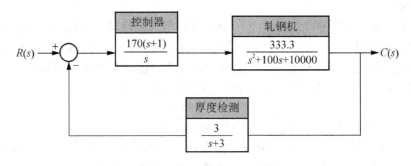

图 4-20　热轧机控制系统的系统框图

解：由图 4-20 可知，该热轧系统的开环传递函数为

$$G(s)H(s) = \frac{170 \times 3 \times 333.3 \times (s+1)}{s(s+3)(s^2 + 100s + 10000)}$$

由于热轧机系统开环传递函数中没有位于右半平面的极点和零点，因此该系统为最小相位系统。故可以只绘制该系统的对数幅频特性曲线。

(1) 为了能利用典型环节的对数频率特性，所以首先将热轧机系统的开环传递函数化成典型环节的标准形式。即

$$G(s) = 5.67 \times \frac{1}{s} \times \frac{1}{0.3s+1} \times \frac{1}{0.01^2 s^2 + 0.01s + 1} \times (s+1) \tag{4-21}$$

由此可见，热轧机系统可看成是由比例、纯积分、惯性、一阶微分和二阶振荡环节等五个环节串联而成的系统。

(2) 计算系统的开环增益。由式(4-21)，对系统开环传递函数中的比例环节取对数，有

$$20\lg K = 20\lg 5.67 = 15.1\text{dB}$$

(3) 确定系统中各环节的转折频率，以便确定它们的对数幅频渐近线。纯积分环节是一条斜率为-20dB/dec 的斜直线，不存在转折。因而此处仅考虑具有转折频率的各个环节，并按由小到大的顺序排列。

一阶微分环节　$T\omega_d = 1$　　$\Rightarrow$　　$\omega_d = 1\text{rad}/\text{s}$

惯性环节　　　$T\omega_i = 1$　　$\Rightarrow$　　$\omega_i = 1/0.3 = 3\text{rad}/\text{s}$

二阶振荡环节　$T\omega_o = 1$　　$\Rightarrow$　　$\omega_o = 1/0.01 = 100\text{rad}/\text{s}$

(4) 选定坐标尺，由低频向高频作系统的对数幅频特性渐近线，并按下列原则依次改变其对数幅频特性渐近线的斜率。

低频段对数幅频特性渐近线的形状主要由比例环节与纯积分环节决定。当系统中不存在纯积分环节时，系统对数幅频特性的渐近线是一条大小为 $20\lg K$ 的水平直线；当系统中存在积分环节时，系统低频段由比例积分环节构成，是一条斜率为 $v \times -20 \text{dB}/\text{dec}$ 的斜线，即该斜线的斜率由系统中所含纯积分环节的个数 v 决定。

当遇到惯性环节的转折点(转折频率)时，转折点后渐近线的斜率＝转折点前渐近线的斜率＋(-20dB/dec)。

当遇到一阶微分环节的转折点时，转折点后渐近线的斜率＝转折点前渐近线的斜率＋(+20dB/dec)。

当遇到二阶振荡环节的转折点时，转折点后渐近线的斜率＝转折点前渐近线的斜率＋(-40dB/dec)。

(5) 对数幅频渐近线的修正。由于一阶微分环节与惯性环节的误差最大值为±3 dB，所以当遇到这类典型环节时，其对数幅频渐近线可以不做修正；但二阶振荡环节的最大误差与阻尼比有关，因此，做不做修正要根据表 4-1 及系统的阻尼比来加以确定。

在本例，由于热轧机系统中二阶振荡环节的传递函数是

$$G(s) = \frac{333.3}{s^2 + 100s + 10000}$$

因此有 $2\xi\omega_n = 100$。当 $\omega_n = 100$ 时，可得该二阶振荡环节的阻尼比 $\xi = 0.5$。由表 4-1 可知，该二阶环节在转折频率处的最大误差是 0dB，所以无须修正。

综合以上步骤，热轧机系统的开环对数幅频特性曲线如图 4-21 所示。

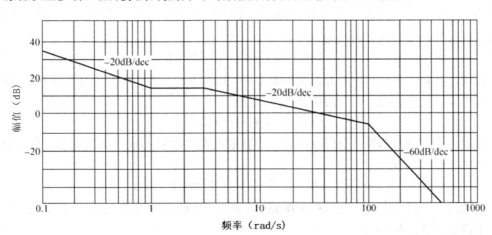

图 4-21   热轧控制系统的开环传递函数

【例 4-10】已知某控制器的对数幅频特性曲线如图 4-22 所示，试求出该控制器的传递函数。

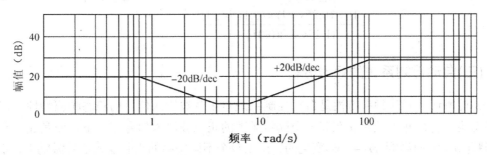

图 4-22   某控制器的对数幅频特性曲线

解：利用频率响应曲线获得系统的传递函数，是绘制对数频率特性曲线的逆运算。其步骤如下。

(1) 首先确定系统对数频率响应曲线中的各转折频率。由图 4-22 可以看出，该控制器有四个转折频率，它们分别是

$$\omega_1 = 0.8 \quad \Rightarrow \quad T_1 = 1/\omega_1 = 1.25$$
$$\omega_2 = 4 \quad \Rightarrow \quad T_2 = 1/\omega_2 = 0.25$$
$$\omega_3 = 8 \quad \Rightarrow \quad T_3 = 1/\omega_3 = 0.125$$
$$\omega_4 = 100 \quad \Rightarrow \quad T_4 = 1/\omega_4 = 0.01$$

(2) 根据典型环节的对数幅频特性曲线的形状，推知构成系统的各个典型环节。由于系统对数幅频特性响应曲线的低频段是一条水平直线，因此，可推知该系统中没有积分环节。即在其余典型环节起作用之前的这段频率范围内，只有比例环节表现出了它的频率特性。故由图 4-21 可知，该比例环节增益是

$$20\lg K = 20 \quad \Rightarrow \quad K = 10$$

当出现第一个转折频率时，前段水平直线的斜率改变为-20dB/dec，说明此处应有一个惯性环节。由于其 $\omega_1 = 0.8$，因此，由惯性环节的传递函数、转折频率所对应的时间计算，可知该环节的传递函数表达式为

$$G_1(s) = 1/T_1 s + 1 = 1/1.25s + 1$$

同理，在第二个转折频率处，前段斜率为-20dB/dec 的斜直线改变为斜率 0dB/dec，因此，可推知此处应该有一个一阶微分环节，且有

$$G_2(s) = T_2 s + 1 = 0.25s + 1$$

在第三个转折频率处，前段 0dB/dec 的斜率改变为+20dB/dec，因此说明此处还有一个一阶微分环节，且有

$$G_3(s) = T_3 s + 1 = 0.125s + 1$$

在第四个转折频率处，前段+20dB/dec 的斜率再次改变为 0dB/dec，因此说明此处应该有一个惯性环节，且有

$$G_4(s) = 1/T_4 s + 1 = 1/0.01s + 1$$

综合以上分析，可知该控制器的开环传递函数为

$$G_1(s) = 10 \times \frac{1}{1.25s + 1} \times (0.25s + 1) \times (0.125s + 1) \times \frac{1}{0.01s + 1}$$

$$= \frac{10 \times (0.25s + 1) \times (0.125s + 1)}{(1.25s + 1)(0.01s + 1)}$$

(三)自动控制系统的频域分析

如前所述，开环频率特性是自动控制系统对正弦波输入信号的稳态响应特性。但是这种稳态响应特性并不是建立在某一个固定频率的正弦波输入信号作用下，而是建立在频率由低频($\omega \approx 0$)向高频($\omega \to +\infty$)变化的、在无数个不同频率的正弦输入信号激励下，系统所表现出来的与输入相对应的无数个输出稳态响应的集合。因此，在对实际自动控制系统进行性能分析时，往往可以将 $\omega \approx 0$ 到 $\omega \to \infty$ 的整个频率范围，按自动控制稳态响应的不同表现形式划分为低频段、中频段和高频段，如图 4-23 所示。

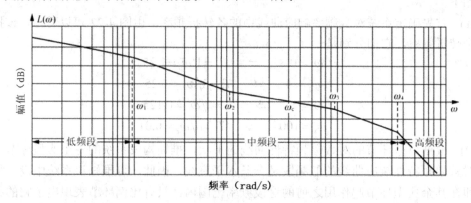

图 4-23　曲线系统的开环对数幅频特性曲线的频段划分

(1) 低频段。自动控制系统对数幅频特性曲线出现第一个转折频率之前的频段。随后

的分析将表明，这个频段的形状与自动控制系统的稳态特性有关。

(2) 中频段。自动控制系统对数幅频特性曲线穿越 0dB 时，其左、右各几个频程的范围。其特征是系统开环对数幅频特性曲线穿越 0dB 线时的穿越频率 ω_c，以及其所对应的相位角 γ (相位稳定裕量)。随后的分析将表明，穿越频率 ω_c 和其所对应的相位角 γ 不仅与系统闭环时的绝对稳定性与相对稳定性有关，还与系统的闭环动态特性有关。

(3) 高频段。中频段最后一个转折频率出现以后所对应的频段。这个频段的斜率关系到自动控制系统抗干扰能力的强弱。一般而言，这个频段的负斜率越大越好，这是因为：若自动控制系统开环对数幅频特性曲线在高频段的负斜率越大，则系统对高频正弦信号输入幅值的衰减也越大。如果系统能对高频输入信号幅值的衰减达到 0.01 ～ 0.001(-40～-60dB)的话，那么，系统的高频输入信号基本上就不会对输出产生什么影响。实际情况证明，自动控制系统的绝大多数干扰信号都是高频信号。

1. 自动控制系统的频域稳定特性分析

自动控制系统的频率响应特性描述了系统在正弦输入信号激励下的稳态响应，它所包含的信息足以确定系统的稳定性。用不同频率的正弦信号激励系统，可以方便地得到系统的频率响应。因此，频率响应分析方法是一种基于实验的系统分析方法，适用于分析含有未知参数系统的稳定性，这是频域分析法的一个突出优点。此外，根据频域稳定性判据，还能方便地调整系统参数，从而提高系统的相对稳定性。

1) 自动控制系统稳定性的对数频率判据

(1) 临界稳定条件。图 4-24 表示了一个典型自动控制系统的系统结构。由式(2-35)可知，该系统的闭环传递函数为

$$\Phi(s) = \frac{C(s)}{R(s)} = \frac{G(s)}{1 + G(s)H(s)}$$

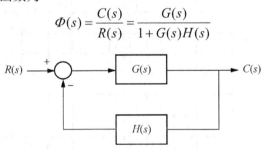

图 4-24　典型系统的框图

令 $s = j\omega$，可得到该闭环系统的闭环频率特性，即

$$\Phi(j\omega) = \frac{C(j\omega)}{R(j\omega)} = \frac{G(j\omega)}{1 + G(j\omega)H(j\omega)}$$

由此可求得该典型自动控制系统的输出(频率特性)，是

$$C(j\omega) = \Phi(j\omega)R(j\omega) = \frac{G(j\omega)}{1 + G(j\omega)H(j\omega)} \times R(j\omega) \tag{4-22}$$

式中，$G(j\omega)H(j\omega)$ 为该闭环系统的开环频率特性(参考开环传递函数的定义)。

显然，在 ω 从 $\omega \approx 0$ 向 $\omega \to +\infty$ 变化的无数个输入激励中，如果有某一频率 ω_0 的正弦输入信号使该系统的开环频率特性 $G(j\omega_0)H(j\omega_0) = -1$，则在该频率正弦信号的激励下，自动

控制系统所产生的稳态输出响应将是

$$C(j\omega_0) = \Phi(j\omega_0)R(j\omega_0) = \frac{G(j\omega_0)}{1+(-1)} \times R(j\omega_0) \to \infty$$

即在该有界正弦信号 $R(j\omega_0)$ 的激励下，自动控制系统产生了无界的输出响应（$C(j\omega_0) \to \infty$）。由自动控制系统稳定性的边界条件可知，在此信号激励下的系统是不稳定的系统。

(2) $G(j\omega_0)H(j\omega_0) = -1$ 的物理意义。由频率特性的定义可知，$G(j\omega_0)H(j\omega_0) = -1$ 表示以下物理含义

$$\begin{cases} \left| G(j\omega_0)H(j\omega_0) \right| = M(\omega_0) = 1 \\ \angle G(j\omega_0)H(j\omega_0) = \varphi(\omega_0) = -180° \end{cases}$$

即在频率为 ω_0 的正弦信号激励下，系统产生的稳态输出响应的幅值与输入信号的幅值相等；但稳态输出响应的相位与输入信号的相差了 180°（反相）。由于自动控制系统本身引入的是负反馈，所以当这个稳态输出响应信号返回到输入端时，所构成的反馈就变成了事实上的正反馈。而正反馈导致了自动控制系统的不稳定。因此，开环频率特性中的幅频特性 $M(\omega) = 1$ 和相频特性 $\varphi(\omega) = -180°$ 称为自动控制系统频域稳定性分析的临界稳定条件。

(3) 临界稳定条件与对数频率特性曲线之间的对应关系。

a. 由于临界稳定条件的幅频特性是 $M(\omega) = 1$，因此，在对其取对数后，有

$$20\lg M(\omega) = 20\lg 1 \Rightarrow 20\lg M(\omega) = 0\text{dB}$$

即临界稳定条件的幅频特性对应着对数幅频特性曲线的 0dB 线，如图 4-25 所示。

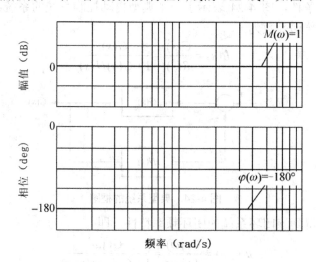

图 4-25　临界稳定条件与对数频率特性曲线之间的对应关系

b. 由于临界稳定条件的相频特性 $\varphi(\omega) = -180°$ 与对数相频特性曲线相等，因此对数相频特性的临界稳定条件也是 $\varphi(\omega) = -180°$。即临界稳定条件的相频特性对应着对数相频特性曲线 $-180°$ 的相角，如图 4-25(b)所示。

总结以上两点，可得到自动控制系统闭环稳定的对数频率判据。

若自动控制系统是最小相位（或是开环稳定的）系统，则系统闭环稳定的充要条件是：当自动控制系统的开环对数幅频特性曲线 $L(\omega)$ 穿越 0dB 线时，它的对数相频特性 $\varphi(\omega)$ 必须

在 $-180°$ 线的上方，如图 4-26(a)所示。

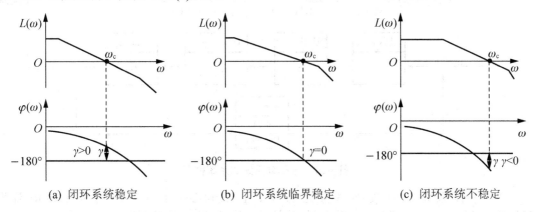

(a) 闭环系统稳定　　　　　(b) 闭环系统临界稳定　　　　　(c) 闭环系统不稳定

图 4-26　闭环系统稳定的对数频率判据

图 4-26 所示对数幅频特性曲线与 0dB 线的交点 ω_c 称为穿越(剪切)频率；对应 ω_c 处的相位角 γ 称为相位稳定裕量。

由此可见，对数频率的稳定性判据也可描述成，当自动控制系统开环稳定时，其闭环稳定的充要条件是：当系统开环对数幅频特性曲线穿越 0dB 线时，其相位稳定裕量 $\gamma > 0$。

c. 穿越频率 ω_c 与相位稳定裕量 γ 之间的运算关系，如式(4-23)所示

$$\gamma = 180° - v \times 90° - \sum_{k=1}^{n} \arctan(T_k \omega_c) + \sum_{l=1}^{m} \arctan(T_l \omega_c) \tag{4-23}$$

式中：T_k ——惯性环节时间常数；

　　　T_l ——一阶微分环节的时间常数；

　　　v ——纯积分环节的个数。

显然，系统在前向通道中含有纯积分环节将使系统的稳定性严重变差；系统含有惯性环节也会使系统的稳定性变差，其惯性时间常数越大，这种影响越显著；而微分环节则可改善系统的稳定性。

d. 从另一方面来说，相位稳定裕量 γ 也表示出了系统的相对稳定性。将图 4-26(a)、(b) 进行比较可知，如果 γ 的正值越大，表示其幅频特性曲线在穿越 0dB 线时，其"距离"系统不稳定的边界越远，系统稳定性越好，工作越可靠。反之，则表示系统"距离"系统不稳定的边界已经很近，稍有外部干扰就可能造成系统的不稳定。对一般的闭环控制系统来说，通常希望 $\gamma = 30° \sim 45°$。

【**例 4-11**】 某随动系统的系统框图如图 4-27 所示，当系统中电压放大器的增益为 $K = 2$ 时，分析该随动系统是否稳定。如果将系统中电压放大器的增益 K 减至原来的 $1/4$，系统的稳定性将会有什么样的变化。

解：(1) 由图 4-27 所示，可得该随动系统的开环传递函数为

$$G(s)H(s) = \frac{25 \times 4 \times 0.1 \times 5.73 \times K}{s(0.2s+1)(0.01s+1)} = \frac{57.3K}{s(0.2s+1)(0.01s+1)}$$

当电压放大器的增益为 $K = 2$ 时，有

$$G(s)H(s) = \frac{57.3K}{s(0.2s+1)(0.01s+1)} = \frac{114.6}{s(0.2s+1)(0.01s+1)} \qquad (4\text{-}24)$$

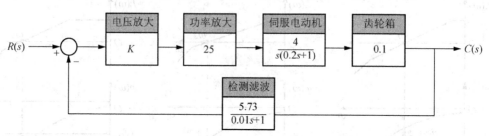

图 4-27 某随动系统的系统框图

(2) 作该系统的对数频率特性曲线。由式(4-24)可得，系统的开环增益为 $20\lg K = 20\lg 114.6 = 41.2\text{dB}$；两个转折频率(从小到大排序)为 $\omega_1 = 1/0.2 = 5\text{rad}/\text{s}$ 和 $\omega_2 = 1/0.01 = 100\text{rad}/\text{s}$。

由于该随动系统是最小相位系统。因此，可以只作出系统的对数幅频特性曲线，如图 4-28 所示。并由图 4-28 可求得当 $K = 2$ 时，系统的穿越频率 $\omega_c \approx 24\text{rad}/\text{s}$。

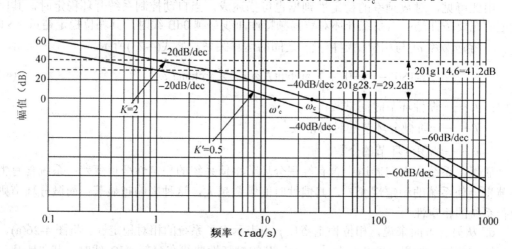

图 4-28 随动系统的幅频特性曲线 $K = 2$、$K' = 0.5$

将此穿越频率代入式(4-22)，可求得该随动系统的相位稳定裕量是

$$\gamma = 180° - 1 \times 90° - \arctan(0.2 \times \omega_c) - \arctan(0.01 \times \omega_c)$$
$$= 180° - 90° - \arctan(0.2 \times 24) - \arctan(0.01 \times 24) = -2° < 0$$

即当 $K = 2$ 时，随动系统不稳定。

(3) 如果将系统中电压放大器的增益 K 减至原来的 $1/4$，即 $K' = 2/4 = 0.5$。这时系统的开环传递函数为

$$G(s)H(s) = \frac{57.3K'}{s(0.2s+1)(0.01s+1)} = \frac{28.7}{s(0.2s+1)(0.01s+1)}$$

有

$$20\lg K = 20\lg 28.7 = 29.2\text{dB}$$

由此可见，除了系统的开环增益由原来的 41.2 dB 下降到了 29.2 dB 外，其开环传递函数中其余各个环节的参数并没有发生改变。因此，该系统的开环对数幅频特性的形状也不会发生改变，只会随着开环增益的减小而沿纵轴方向向下平移，如图 4-28 所示。由图 4-28 可求得当 $K'=0.5$ 时，系统的穿越频率 $\omega_c' \approx 12\mathrm{rad/s}$。

将此穿越频率代入式(4-23)，可求得该随动系统的相位稳定裕量是

$$\gamma = 180° - 90° - \arctan(0.2 \times \omega_c') - \arctan(0.01 \times \omega_c')$$
$$= 180° - 90° - \arctan(0.2 \times 12) - \arctan(0.01 \times 12) = 15.8° > 0$$

即当 $K'=0.5$ 时，随动系统稳定。

2) 延迟环节对系统稳定性的影响。

到目前为止，本书所讨论的定义、概念和结论都是建立在以线性集中参数为数学模型的自动控制系统的基础上。这类自动控制系统的特征是，输入系统的信号(或能量)能立即反映到系统的输出端(即信号或能量在系统中传输的时间可以忽略)。但事实上，如传送带或管道系统、切削加工中的加工与测量系统、远距离信号传递系统等控制系统，它们在信号或能量的传递过程中都会产生时间上的延迟。有关延迟环节的传递函数在项目 2 中已经作过介绍。下面通过一个实例来说明延迟环节对自动控制系统稳定性所产生的影响。

【例 4-12】 图 4-29 为一切削加工与测量系统的原理示意图。若不计延迟时间，由检测—比较放大—电动机—齿轮—加工刀具所组成的检测加工系统的开环传递函数为

$$G(s)H(s) = \frac{100}{s(s+4)}$$

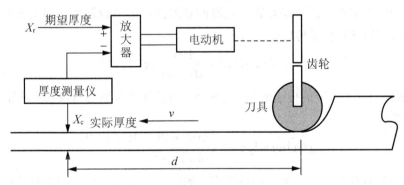

图 4-29 工件加工检测示意图

若工件以 $v=1\mathrm{m/s}$ 的恒定速度移动，则求不产生持续振荡的最大允许检测距离 d。

解： (1) 由于不计厚度检测与切削加工时的时间延迟，工件加工系统的开环传递函数为

$$G(s)H(s) = \frac{100}{s(s+4)} = \frac{25}{s(0.25s+1)}$$

因此，由系统的开环传递函数可得，工件加工系统的开环增益为 $20\lg K = 20\lg 25 = 28\mathrm{dB}$；有一个转折频率为 $\omega = 1/T = 1/0.25 = 4\mathrm{rad/s}$。又因为该系统是最小相位系统，所以可绘制出该加工与测量系统的开环对数幅频特性如图 4-30 所示。

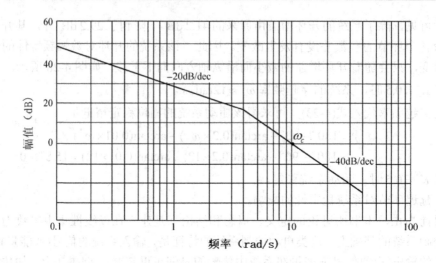

图 4-30   工件加工检测系统的对数幅频特性曲线

由图 4-30 可求得系统的穿越频率 $\omega_c \approx 10\text{rad}/\text{s}$。将其代入式(4-23)，求得在不计时间延迟时，系统的相位稳定裕量

$$\gamma = 180° - 90° - \arctan(0.25 \times \omega_c)$$
$$= 180° - 90° - \arctan(0.2 \times 10)$$
$$= 21.8° > 0$$

(2)   由以上分析可知，不计检测延迟时，该系统的相位稳定裕量只有 $21.8°$。而事实上，厚度检测较切削加工在时间上是存在一定时间延迟的。如果设这个时间上的延迟是 τ_0，则该工件加工系统的开环传递传递函数可表示为

$$G(s)H(s)' = \frac{100}{s(s+4)} \times \mathrm{e}^{-\tau_0 s}$$

其中，$\mathrm{e}^{-\tau_0 s}$ 是延迟环节的传递函数。将延迟环节的传递函数与对数频率特性表达式(4-12)进行比较，可得

$$\lg G(\mathrm{j}\omega) = \lg \mathrm{e}^{-\mathrm{j}\tau_0\omega} \begin{cases} L(\omega) = 20\lg M(\omega) = 0 \\ \varphi(\omega) = -\tau_0\omega \end{cases}$$

即延迟环节不对系统的对数幅频特性产生影响，而只对系统的相频特性产生一个角度为 $\varphi(\omega) = -\tau_0\omega$ 的滞后。因此，当考虑厚度检测与切削加工之间所存在的时间延迟时，工件加工与测量系统的实际相位稳定裕量 γ' 应为

$$\gamma' = \gamma - \tau_0\omega$$

(3)   如今要求系统不产生持续振荡，即要求工件加工与测量系统的实际相位稳定裕量 $\gamma' > 0$(系统稳定)，因此有

$$\gamma' = \gamma - \tau_0\omega > 0 \quad \Rightarrow \quad \tau_0 < \gamma/\omega$$

依题可知 $\tau_0 = d/v$，于是有

$$\tau_0 = \frac{d}{v} < \gamma/\omega \quad \Rightarrow \quad d < \frac{\gamma \times v}{\omega_c} = \frac{28.8 \times \pi}{180} \times \frac{1}{10} = 0.038\text{m} = 3.8\text{cm}$$

由以上计算可知，要求系统产生不持续振荡的允许检测距离最大不超过 3.8cm。而若想

在这样短的距离内安置厚度检测仪的探头都很困难。因此，要想完成此任务，就必须通过增加系统的相位稳定裕量来扩大检测距离 d。

由此例也可以知道延迟环节的特点，即延迟环节不对系统的输入信号产生作用，它只造成系统的输出信号滞后于输入信号。对同一系统来说，其滞后的时间(相位)随输入信号频率的增加而增加。

2．自动控制系统的频域稳态特性分析

在项目 3 中已经讨论过，自动控制系统的稳态误差随其开环传递函数增益与积分环节个数的增加而减小，而在绘制自动控制系统开环幅频特性曲线时也了解到，自动控制系统对数幅频特性曲线低频段的形状取决于系统开环传递函数中比例环节的幅值大小与积分环节的个数，由于开环传递函数中比例环节的比值大小决定了自动控制系统的开环增益。因此可推断，自动控制系统开环幅频特性渐近线 $L(\omega)$ 在低频段的曲线高度、曲线斜率与系统闭环时的稳态误差有关。开环时，对数幅频特性渐近线在低频段的高度越高、斜率越大，则系统闭环时的稳态误差就越小。

利用系统开环对数幅频特性的叠加特性，可知自动控制系统在低频段的幅频特性渐近线是

$$L(\omega) = 20\lg K - v \times 20\lg \omega \tag{4-25}$$

由式(4-25)可以看出，自动控制系统开环幅频特性渐近线低频段的斜率取决于积分环节的个数。因此，结合项目 3 中关于自动控制系统型别的概念，可得出以下结论。

(1) 若 $v=0$，则 $L(\omega)$ 的低频渐近线是一条斜率为 0dB/dec 的水平直线，它表示了系统的型别为 0 型，如图 4-31(a)所示。

(2) 若 $v=1$，则 $L(\omega)$ 的低频渐近线是一条斜率为-20dB/dec 的斜直线，它表示了系统的型别为 Ⅰ 型，如图 4-31(b)所示。

(3) 若 $v=2$，则 $L(\omega)$ 的低频渐近线是一条斜率为-40dB/dec 的斜直线，它表示了系统的型别为 Ⅱ 型，如图 4-31(c)所示。

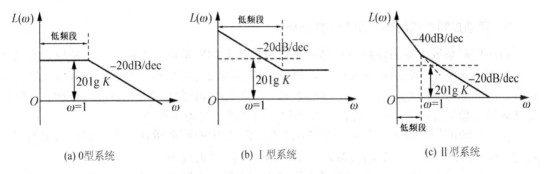

图 4-31　对数幅频渐近线低频段特性

由式(4-25)可知，当 $\omega=1$ 时，$L(\omega) = 20\lg K - v \times 20\lg \omega = 20\lg K$。也就是说，自动控制系统的开环增益可以从系统开环对数幅频特性曲线上直接读出，如图 4-31 所示。其大小为 $\omega=1$ 时，所对应的幅频特性渐近线的幅值。因此，当自动控制系统为单位反馈时，可以利用式(3-42)～式(3-44)求出自动控制系统的稳态误差。

【例 4-13】 某单位反馈系统的对数幅频特性曲线如图 4-32 所示，求该系统的速度误差系数 K_v，并讨论该系统对输入信号的跟踪能力。

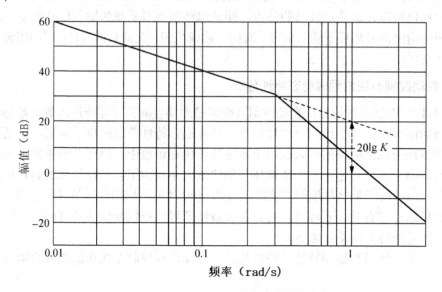

图 4-32　某单位反馈系统的对数幅频特性渐近线

解: (1)　由图 4-32 可读出，系统在低频段的斜率是-20dB/dec，所以可知该系统是Ⅰ型系统。其低频段渐近线的延长线交 $\omega=1\text{rad}/\text{s}$ 时的幅值为 20dB(见图 4-32)，故有

$$20\lg K = 20 \quad \Rightarrow \quad K = K_v = 10$$

(2)　由系统型别与对输入信号的跟踪关系可知，该系统能无差地跟踪阶跃输入信号，也可以跟踪速度信号。但跟踪速度信号时，该系统存在一个恒定的稳态误差。若设输入速率信号的大小为 A_r，则其稳态误差大小为

$$e_{ssr} = \frac{A_r}{K_v} = \frac{A_r}{10} = 0.1A_r$$

3. 自动控制系统的频域动态特性分析

自动控制系统的动态性能指标是建立在时域暂态响应基础之上的。由于频域分析是建立在系统对正弦频率稳态响应基础上，所以想要在频域动态分析和时域动态分析之间建立直接、准确的对应关系十分困难。尽管如此，人们仍然可以找到一些系统时域动态性能与其开环对数频率特性之间所存在的一些间接对应关系，见以下两点。

(1)　系统的相位稳定裕量 γ 与系统动态性能指标中的超调量 σ 有关。相位稳定裕量 γ 越大，则系统动态响应时的超调量 σ 越小，振荡次数 N 也越少。

(2)　系统的穿越频率 ω_c 与系统动态性能指标中的上升时间 t_r 有关。穿越频率 ω_c 越大，则系统动态响应所需的上升时间 t_r 越短。

综合以上两点，自动控制系统频域动态特性分析一般反映在系统开环对数幅频特性的中频段。由于中频段的主要参数是相位稳定裕量 γ 和穿越频率 ω_c。因此，也可以说自动控制系统开环对数幅频特性的中频段表征着系统闭环时的动态性能。这恰好与对数幅频特性曲线 $L(\omega)$ 的低频段表征着系统的稳态特性相互映衬。

(四)自动控制系统的性能改善

从前面几个知识点可知，频域分析方法在对自动控制系统性能指标的物理描述上并不如时域分析方法那样清晰、直观，而且其性能指标的计算也不如时域分析方法那样精确。但就工程应用而言，频率分析方法可以直接而迅速地发现自动控制系统存在的问题，并提供改善自动控制系统性能的直观方法。因此，频率分析方法在工程应用与系统调试中有着极为广泛的应用。

所谓改善自动控制系统的性能，就是在系统中调整某些系统参数，或者加入某些可以根据需要改变系统参数和结构的控制元件或控制装置，以便使系统的参数或整体结构发生变化，从而使之满足人们给定的各项性能指标，成为能自动按照人们意愿而正常工作的系统。这个过程也就是通常所说的自动控制系统的校正或调试。要完成这个任务，需要首先制定改善自动控制系统性能的控制方案，即制定控制规律；然后通过设计实现这些控制规律的装置(校正装置或调节装置)，来达到改善原有系统的性能，使之满足自动控制系统所要求的所有性能指标的目的。

一般而言，能够全面满足自动控制系统性能指标的控制方案与实现这些控制方案的校正装置或调节装置并不是唯一的。当有多种控制方案都能满足系统的性能指标时，工艺性、经济性和可操作性就成为恒量自动控制系统综合性能指标的另一个重要因素。一个最佳的控制方案往往不是一种控制规律实施的结果，而是控制规律与多种工程因素结合起来的综合判断。

从另一方面来看，自动控制系统的校正与调试也是一个理论与实践相结合的实际应用过程。在这个实践应用过程中，既要有理论指导，也要重视实践经验的积累，同时还要配合许多局部和整体的考虑，进行不断的尝试。只有这样，才能使自动控制系统得到一个最佳的应用性能。

1. 自动控制系统的串联控制规律

长期以来，随着自动控制理论以及产生实践的发展，自动控制系统中的反馈控制已经形成了非常成熟的经典控制方式，它们就是经典的比例-积分-微分控制(PID)方式，这种方式是经典反馈控制理论中的最基本的控制规律，同时也广泛地应用于工业过程控制和工业自动化的各个领域。

1) 比例控制(P 校正)

当反馈控制信号与系统误差信号成线性比例关系时，称这种控制为比例控制，其控制方式是在系统前向通道中串入一个可供调节系统开环增益的比例环节。

比例控制器(也称比例调节器)与系统的连接方式如图 4-33 所示，其传递函数为

$$G_c(s) = \frac{U(s)}{E(s)} = K_P$$

式中：$E(s)$——被控系统的偏差信号。

$U(s)$——比例控制器输出的控制信号。

由于比例控制器的对数幅频特性曲线是一条斜率为 0dB/dec 的水平直线，所以它不会改变被控系统原有对数幅频特性曲线的形状，只会造成被控系统固有对数幅频特性曲线沿纵轴方向上的上下水平移动，从而改变整个系统的开环增益和穿越频率。同时，由于比例控

制器的对数相频特性曲线是一条水平直线，且相位角为 $0°$ ，所以比例控制器不会改变被控系统原有的相位属性(超前或滞后)。

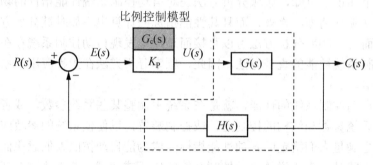

图 4-33　串联比例控制(P 校正)

【例 4-14】　图 4-34(a)所示为一模具加工系统，该系统配有两个驱动电动机，用来驱动刻刀按设定轨迹运动到指定位置,其中电动机 1 用于 x 轴方向,电动机 2 用于 y 和 z 轴方向。图 4-34(b)所示给出了 x 轴方向的控制系统框图。试选择适当的比例控制器参数，使该模具加工系统稳定，并具有一定的稳定裕量。

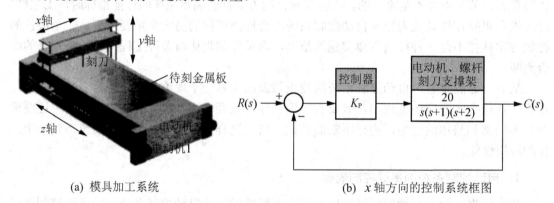

(a) 模具加工系统　　　　　　　　(b) x 轴方向的控制系统框图

图 4-34　模具加工控制系统

解：(1)　首先分析系统的固有性能。为了避免比例控制器对被控系统的影响，先令 $K_P = 1$ ，此时系统原有的开环传递函数为

$$G(s) = \frac{20}{s(s+1)(s+2)} = \frac{10}{s(s+1)(0.5s+1)}$$

即系统的开环增益 $K = 10$ ，由此可得 $20\lg K = 20\lg 10 = 20\text{dB}$ ；转折频率有两个，分别是：$\omega_1 = 1\text{rad/s}$ ，$\omega_2 = 2\text{rad/s}$ 。此时，原有系统的开环对数幅频特性由图 4-35 中的①所示。

由图 4-35 中的曲线①，可得到原有系统的穿越频率为 $\omega_c = 2.1\text{rad/s}$ ，将此穿越频率代入式(4-22)，可求得模具加工系统原有的相位稳定裕量为

$$\gamma = 180° - 90° - \arctan(1 \times \omega_c) - \arctan(0.5 \times \omega_c)$$
$$= 180° - 90° - \arctan(1 \times 2.1) - \arctan(0.5 \times 2.1)$$
$$= 180° - 200.9° = -20.9° < 0$$

结果表明，该模具加工系统是闭环不稳定的系统。

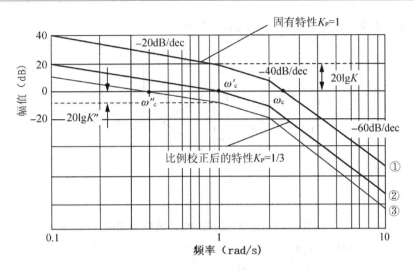

图 4-35　模具加工系统的开环对数幅频特性渐近线

根据自动控制系统的性能分析可知，降低该模具加工系统的开环增益，有利于系统的稳定。因此，现在尝试减小系统开环对数幅频渐近线的高度，并计算由于开环增益下降，导致其穿越频率减小后，与其所对应的相位稳定裕量。其计算结果如表 4-5 所示。

表 4-5　模具加工系统的穿越频率 ω_c 与相位稳定裕量 γ 之间的关系

穿越频率 ω_c	2.1	1.8	1.4	1	0.8	0.4
相位稳定裕量 γ	−20.1°	−12.9°	0.5°	18°	29.5°	57°

由表 4-5 可见，当穿越频率选择为 $\omega_c = 1\text{rad}/\text{s}$ 时，模具加工系统闭环稳定且有一定的相位稳定裕量。

因此，将模具加工系统的开环对数幅频渐近线整体向下平移至 $\omega_c' = 1\text{rad}/\text{s}$ 处(由图 4-35 中的渐近线②表示)。

由图 4-35 中的曲线②所示得到此时系统的开环增益为 $20\lg K \approx 0\text{dB}$，即 $K = 1$。又因为在串入比例控制器后，模具加工系统的开环增益为 $K = 10 \times K_p$，所以可求得此时比例控制器的比例系数为 $K_p = 0.1$。

(2) 现在采用如图 4-36 所示的有源比例调节器实现比例校正(比例调节)。

由图 4-36 所示，利用复数阻抗及运算放大电路的特点，有

$$G_c(s) = \frac{U(s)}{R(s) - C(s)} = \frac{U(s)}{E(s)} = -\frac{R_1}{R_0} = K_p = 0.1$$

若设输入电阻 $R_0 = 20\text{k}\Omega$，则可求得

$$R_1 = 0.1 \times R_0 = 2\text{k}\Omega$$

选取标称值为 $R_1 = 2\text{k}\Omega$ 的电阻，将它接入图 4-36 所示的电路中，就可组成比例控制器，用来实现稳定模具加工系统并使之具有一定相位稳定裕量的目标。

(3) 经过第(2)步校正，模具加工系统虽然稳定了，但它的相位稳定裕量太小，只有 $\gamma = 18°$，因此该模具加工系统的相对稳定性还比较差。通过计算机仿真，可以看到此时模

具加工系统的单位阶跃响应曲线如图 4-37(a)所示。

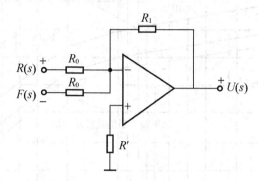

图 4-36   比例控制器的电路结构(复数域)

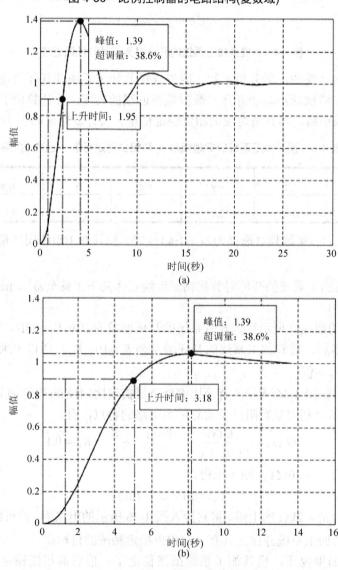

图 4-37   模具加工系统的单位阶跃响应(MATLAB 仿真曲线)

如果想要进一步提高系统的动态性能指标，可进一步减小系统开环对数幅频特性曲线的穿越频率 ω_c(如图 4-35 中的渐近线③)。

如图 4-35 中的曲线③所示，可得到此时模具加工系统的开环增益大约为-9dB。此时比例控制器的比例系数为 $K_P = 0.035$，在单位阶跃信号作用下，模具加工系统的单位阶跃响应曲线如图 4-37(b)所示。

比例控制效果小结如下。

a. 当增加比例系数时，系统的开环增益也增加。此时系统的开环对数幅频特性曲线沿纵轴水平上移，开环对数幅频特性曲线的穿越频率 ω_c 增加。其产生的控制效果是，系统闭环响应的快速性提高，但其相对稳定性会有所降。

$$K\uparrow \quad \rightarrow \quad \omega_c\uparrow \quad \rightarrow \quad \gamma\downarrow \quad \rightarrow \quad \sigma\uparrow \quad \rightarrow \quad t_r\uparrow$$

b. 当减小比例系数时，系统的开环增益也随之减小。此时系统的开环对数幅频特性曲线沿纵轴水平下移，开环对数幅频特性曲线的穿越频率 ω_c 减小。其产生的控制效果是，系统闭环响应的快速性降低，但其相对稳定性会所有所提高。

$$K\downarrow \quad \rightarrow \quad \omega_c\downarrow \quad \rightarrow \quad \gamma\uparrow \quad \rightarrow \quad \sigma\downarrow \quad \rightarrow \quad t_r\downarrow$$

即比例控制不改变系统固有对数幅频特性曲线的形状，但会使特性曲线随着比例的增加或减小做纵轴方向的上下平移。需要注意的是，由于本例为 I 型系统，因此不论比例系数如何变化，系统对阶跃信号响应时的稳态误差均为零。

2) 比例积分控制(PI 校正)

在比例控制的基础上，加上一个比例积分环节就构成了比例积分控制。比例积分控制器(也叫比例积分调节器)与系统的连接方式如图 4-38 所示。比例积分控制器的传递函数为

$$G_c(s) = \frac{U(s)}{E(s)} = K_P + \frac{K_I}{s} = \frac{K_I(Ts+1)}{s}$$

其中：
$$T = K_P/K_I$$

式中：$E(s)$——被控系统的偏差信号；

$U(s)$——比例积分控制器输出的控制信号。

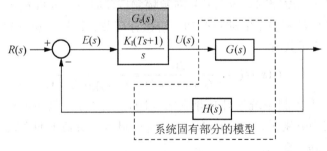

图 4-38 串联比例积分控制(PI 校正)

【例 4-15】 在焊接工艺中，焊点深度是影响焊接质量，但又难以直接测量的关键因素。因此，人们研究了一种通过测量温度来估计焊点深度的方法。图 4-39(a)所示是一自动焊接系统，图 4-39(b)为焊接深度的控制模型。焊接深度控制系统的要求是：实际的焊点深度能与预期焊点深度尽可能一致，以便提高自动焊接系统的焊接质量。试选择比例积分控制

器的参数。

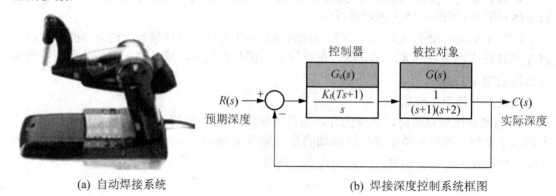

(a) 自动焊接系统

(b) 焊接深度控制系统框图

图 4-39 自动焊接控制系统

解：(1) 首先考虑焊接深度控制系统在单位阶跃信号作用下的稳态误差。为了避免比例积分控制器对被控系统的影响，先令 $G_c(s)=1$，此时原有系统的开环传递函数为

$$G(s)=\frac{1}{(s+1)(s+2)}=\frac{0.5}{(s+1)(0.5s+1)}$$

此时，原有自动焊接系统的稳态误差是

$$e_{ss}=\lim_{s\to 0}sE(s)=\lim_{s\to 0}\left[s\times\frac{1}{1+G(s)G_c(s)}\times\frac{1}{s}\right]$$

$$=\lim_{s\to 0}\left[\frac{1}{1+\lim_{s\to 0}G(s)}\right]\approx 0.67$$

若选择比例积分控制器为 $G_c(s)=K_I=20$，则在单位阶跃信号作用下，焊接深度系统的稳态误差为

$$e_{ss}=\lim_{s\to 0}\left[\frac{1}{1+\lim_{s\to 0}G(s)G_c(s)}\right]=\frac{1}{1+K_I/2}\approx 0.09$$

为便于得到焊接深度控制系统的开环对数幅频特性曲线，现将 $K_I=20$ 代入系统的开环传递函数，暂不考虑控制器中的纯积分和一阶微分环节。这样，在只有比例控制规律作用下，系统的开环传递函数就为

$$G(s)H(s)=\frac{20}{(s+1)(s+2)}=\frac{10}{(s+1)(0.5s+1)}$$

此时，焊接深度控制系统的开环增益 $K=10$，由此可得 $20\lg K=20\lg 10=20\text{dB}$；转折频率有两个，它们分别是：$\omega_1=1\text{rad/s}$，$\omega_2=2\text{rad/s}$。绘制出的系统开环对数幅频特性由图 4-40(a)中的曲线①所示。

由图 4-40(a)可得，此时系统的穿越频率为 $\omega_c=4.2\text{rad/s}$。将此频率代入式(4-23)，求得只有比例控制时，焊接深度控制系统的相位稳定裕量为

$$\gamma=180°-\arctan(1\times\omega_c)-\arctan(0.5\times\omega_c)$$
$$=180°-\arctan(1\times 4.2)-\arctan(0.5\times 4.2)$$
$$=180°-141.1°=38.9°>0$$

进行比例调节后，焊接深度控制系统稳定并具有一定的稳定裕量。

(2) 比例积分控制器，纯积分环节与一阶微分环节的应用。若令 $T = 1$(用比例积分控制器中的一阶微分环节抵消原有系统中的一个惯性环节)，系统的开环传递函数改变为

$$[G(s)H(s)]' = \frac{20 \times (s+1)}{s} \times \frac{1}{(s+1)(s+2)} = \frac{10}{s(0.5s+1)}$$

由此可见，焊接深度控制系统的开环增益不变。但附加的一阶微分环节对消了一个惯性环节。所以转折频率剩下一个。此时系统的开环对数幅频特性由图 4-40(b)中的曲线②所示。

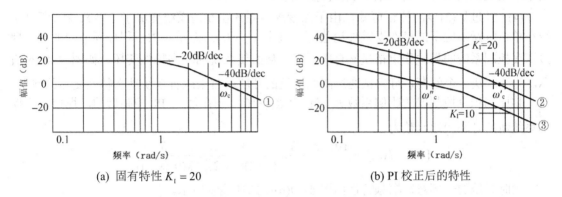

(a) 固有特性 $K_I = 20$　　　　　　(b) PI 校正后的特性

图 4-40　焊接深度控制系统的开环对数幅频渐近线

由图 4-40(b)中的曲线②可知，此时，系统开环对数幅频特性曲线的穿越频率仍为 $\omega_c' = 4.2\text{rad/s}$，但其相位稳定裕量改变为

$$\gamma = 180° - 90° - \arctan(0.5 \times \omega_c') = 180° - 90° - \arctan(0.5 \times 4.2)$$
$$= 180° - 154.5° = 25.5° > 0$$

(3) 现在采用如图 4-41 所示的有源比例积分调节器实现比例积分控制。

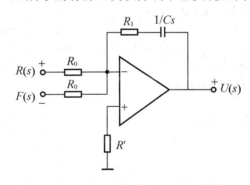

图 4-41　比例积分控制器电路结构(复数域)

由图 4-41 所示，利用复数阻抗及运算放大电路的特点，有

$$G_c(s) = \frac{U(s)}{R(s) - C(s)} = \frac{U(s)}{E(s)} = -\frac{R_1 + 1/Cs}{R_0} = -\frac{R_1 Cs + 1}{R_0 Cs}$$

$$= \frac{K_1(Ts+1)}{s}$$

其中，$K_1 = 1/R_0 C$，$T = R_1 C$。

当选择输入电阻 $R_0 = 20\text{k}\Omega$ 时，由于比例积分控制器的参数选择为 $K_I = 20$ 和 $T = 1$，因此，可得

$$C = \frac{1}{R_0 \times K_I} = \frac{1}{20 \times 10^{-3} \times 20} = 0.25(\mu\text{F})$$

$$R_1 = 1/C = 1/2.5 \times 10^{-6} = 400(\text{k}\Omega)$$

即选取标称值为 $R_1 = 400\text{k}\Omega$ 的电阻和 $C = 0.25\mu\text{F}$ 的电容。将它们接入图 4-41 所示的电路中，组成比例积分控制器以实现使深度误差为零的目的。

(4) 经过第(2)步的校正可知，由于深度焊接系统由 0 型系统变成了 I 型系统，所以系统在单位阶跃响应下的稳态误差理论值达到最小($e_{ss} = 0$)。但是，由于积分环节的加入，焊接深度控制系统的相位稳定裕量 γ 有所下降，从而使系统的动态特性变坏，如图 4-42(a)所示。为了解决这个问题，可尝试通过降低系统的开环增益来改善系统动态特性变坏的问题。

将比例积分控制器的比例系数 K_I 降低至 $K_I = 10$，则在加入 PI 控制后的，焊接深度控制系统新的开环传递函数为

$$[G(s)H(s)]'' = \frac{10 \times (s+1)}{s} \times \frac{1}{(s+1)(s+2)} = \frac{5}{s(0.5s+1)}$$

此时系统的开环对数幅频特性由图 4-39(b)中的曲线③所示。

由图 4-42(b)中的曲线③可知，此时，系统开环对数幅频特性曲线的穿越频率改变为 $\omega_c'' = 1\text{rad/s}$，其相位稳定裕量为

$$\gamma = 180° - 90° - \arctan(0.5 \times \omega_c'') = 180° - 90° - \arctan(0.5 \times 1)$$
$$= 180° - 26.6° = 63.4° > 0$$

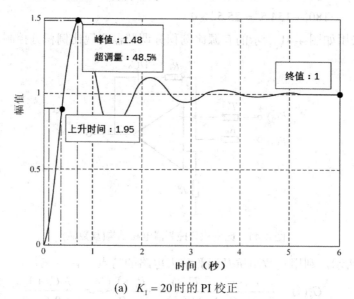

(a) $K_I = 20$ 时的 PI 校正

图 4-42　焊接深度控制系统在比例积分校正后，不同比例系数下的
单位阶跃响应对比曲线(MATLAB 仿真曲线)

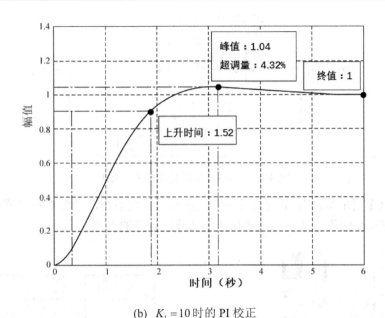

(b) $K_I = 10$ 时的 PI 校正

图 4-42   焊接深度控制系统在比例积分校正后，不同比例系数下的
单位阶跃响应对比曲线(MATLAB 仿真曲线)(续)

由此可见，再次降低系统的开环增益后，系统在不改变其控制精度的同时，又大大地提高了系统相对稳定性。图 4-42(b)给出了当 $K_I = 10$ 时，焊接深度控制系统的单位阶跃响应曲线。与 $K_I = 20$ (见图 4-42(a))相比，其稳态性与动态性均能满足要求。

比例积分控制效果小结如下。

a. 在低频段，系统对数幅频特性曲线的负斜率增加，从而改善了系统的稳态性能。

b. 在中频段，相位稳定裕量减小，系统的超调量增加，降低了系统的相对稳定性。

c. 在高频段，校正前后的影响不大。

比例积分控制改变了系统固有对数频率特性曲线的形状，它的控制效果是通过改变系统原有结构和参数来实现控制目的的。由于积分环节的加入，使系统的型别得以提高，从而使系统开环对数幅频特性曲线低频段的负斜率增加，提高了系统对输入信号的跟踪能力及跟踪精度，降低了系统的稳态误差。但是，由于积分环节具有相位滞后特性，所以也使得系统的相对稳定性有所下降。

3)   比例微分控制(PD 校正)

在比例控制的基础上，加上一个比例微分环节就构成了比例微分控制。比例微分控制器与系统的连接方式如图 4-43 所示。

其传递函数为

$$G_c(s) = \frac{U(s)}{E(s)} = K_P + K_D s = K_P(Ts + 1)$$

比例微分控制模型

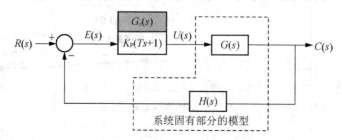

图 4-43　串联比例微分控制(PD 校正)

【例 4-16】 图 4-44 所示为一转子绕线机自动控制系统,其要求是要使绕线速度和绕线位置都具有很高的稳态精度。试选择比例微分控制器的参数。

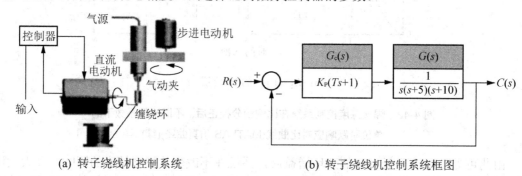

(a) 转子绕线机控制系统　　　　　　(b) 转子绕线机控制系统框图

图 4-44　转子绕线机控制系统

解: (1) 首先考虑系统的稳态误差。为了避免比例微分控制器对被控系统的影响,先令 $G_c(s)=1$,此时原有系统的开环传递函数为

$$G(s) = \frac{1}{s(s+5)(s+10)} = \frac{0.02}{s(0.2s+1)(0.1s+1)}$$

由转子绕线机控制系统的开环传递函数可知,这是一个 I 型系统,因此在单位斜坡信号作用下的稳态误差是

$$e_{ss} = \lim_{s \to 0} sE(s) = \lim_{s \to 0}\left[s \times \frac{1}{1+G(s)G_c(s)} \times \frac{1}{s^2} \right]$$

$$= \lim_{s \to 0}\left[\frac{1}{s + \lim_{s \to 0} sG(s)} \right] = 50$$

若选择比例微分控制器为 $G_c(s) = K_P = 500$,则在单位斜坡信号作用下的稳态误差可减小到

$$e_{ss} = \lim_{s \to 0}\left[\frac{1}{\lim_{s \to 0} sG(s)G_c(s)} \right] = \frac{50}{K_P} = 0.1$$

为了便于得到转子绕线机控制系统的开环对数幅频特性曲线,现将 $K_P = 500$ 代入系统的开环传递函数,并暂不考虑控制器中的一阶微分环节。这样,在只有比例控制规律作用下,系统的开环传递函数变为

$$G(s)H(s) = \frac{500}{s(s+5)(s+10)} = \frac{10}{s(0.2s+1)(0.1s+1)}$$

即此时转子绕线机控制系统的开环增益 $K = 10$，由此可得 $20\lg K = 20\lg10 = 20\text{dB}$；转折频率有两个：$\omega_1 = 5\text{rad}/\text{s}$，$\omega_2 = 10\text{rad}/\text{s}$。系统的开环对数幅频特性由图 4-45(a)中的渐近线所示。

由图 4-45(a)中的渐近线可知，此时转子绕线机控制系统的穿越频率为 $\omega_c = 7\text{rad}/\text{s}$，将此穿越频率代入式(4-23)，求得转子绕线机控制系统的相位稳定裕量为

$$\gamma = 180° - 90° - \arctan(0.2 \times \omega_c) - \arctan(0.1 \times \omega_c)$$
$$= 180° - 90° - \arctan(0.2 \times 7) - \arctan(0.1 \times 7)$$
$$= 180° - 179.5° = 0.5° > 0$$

系统稳定，但相位稳定裕量太小，只有 $0.5°$。

(2)　此时考虑引入一阶微分环节 $Ts + 1$。若令 $T = 0.2$ (用比例微分控制器中的一阶微分环节抵消原有系统中的一个惯性环节)，则系统的开环传递函数改变为

$$[G(s)H(s)]' = 10 \times (0.2s+1) \times \frac{1}{s(0.2s+1)(0.1s+1)} = \frac{10}{s(0.1s+1)}$$

由此可见，在保持转子绕线机控制系统开环增益不变的情况下。增加的一阶微分环节抵消了一个惯性环节。所以转折频率剩下一个。其开环对数幅频特性如图 4-45(b)所示。此时开环对数幅频特性曲线的穿越频率变化为 $\omega_c' = 10\text{rad}/\text{s}$，相位稳定裕量改变为

$$\gamma = 180° - 90° - \arctan(0.1 \times \omega_c')$$
$$= 180° - 90° - \arctan(0.1 \times 10)$$
$$= 180° - 135° = 45° > 0$$

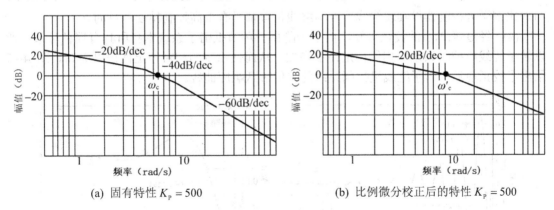

(a) 固有特性 $K_p = 500$　　　　　(b) 比例微分校正后的特性 $K_p = 500$

图 4-45　转子绕线机控制系统的开环对数幅频渐近线

即一阶微分环节的加入，在很大程度上提高了转子绕线机控制系统的相位稳定裕量，极大地改善了系统的相对稳定性。

(3)　现在采用如图 4-46 所示的有源比例微分调节器实现控制。

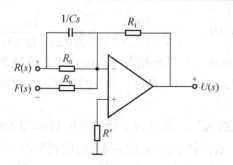

图 4-46　比例微分控制器电路结构(复数域)

由图 4-46 所示，利用复数阻抗及运算放大电路的特点，有

$$G_c(s) = \frac{U(s)}{R(s)-C(s)} = \frac{U(s)}{E(s)} = -\frac{R_1}{R_0 \times \frac{1}{Cs} \Big/ \left(R_0 + \frac{1}{Cs}\right)}$$

$$= -\frac{R_1}{R_0}(R_0 Cs + 1) = K_P(Ts + 1)$$

其中，$K_P = R_1/R_0$，$T = R_0 C$。

当选择输入电阻 $R_0 = 20\text{k}\Omega$ 时，由于比例微分控制器的参数选择为 $K_P = 500$ 和 $T = 0.2$，因此，可得

$$C = \frac{T}{R_0} = \frac{0.2}{20 \times 10^{-3}} = 10(\mu\text{F})$$

$$R_1 = K_P \times R_0 = 500 \times 20 = 10\,000(\text{k}\Omega)$$

即选取标称值为 $R_1 = 10\,000\text{k}\Omega$ 的电阻和 $C = 10\mu\text{F}$ 的电容，将它们接入图 4-46 所示的电路中，组成比例微分控制器以实现绕线速度与绕线位置都具有很高控制精度的目的。

(4) 经过第(2)步的校正可知，由于一阶微分环节抵消了系统本身所具有惯性环节，所以转子绕线机控制系统的相位稳定裕量增加，从而使系统的相对稳定性得以提高。图 4-47 给出了校正前后，转子绕线机控制系统的单位阶跃响应曲线。

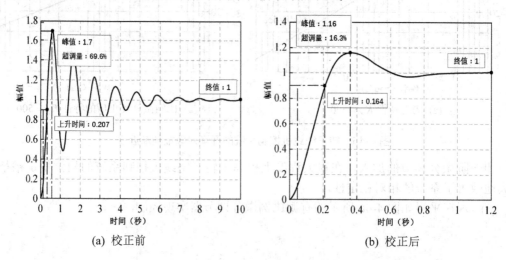

(a) 校正前　　　　　　　　　　　(b) 校正后

图 4-47　转子绕线机控制系统的单位阶跃响应(MATLAB 仿真曲线)

比例微分控制效果小结如下。

a. 在低频段，系统的对数幅频特性曲线没有改变，所以对系统的稳态性能没有影响。

b. 在中频段，相位稳定裕量增加，系统的超调量减小，系统的稳定性及相对稳定性都有极大的改善。

c. 在高频段，系统的对数幅频特性曲线的负斜率减小，高频抗干扰能力有所下降。

比例微分控制改变了系统固有对数频率特性曲线的形状，它的控制效果是通过改变系统原有结构和参数来实现控制目的的。由于微分环节的加入，系统的开环幅频特性曲线的穿越频率增加，从而提高了系统响应的快速性；微分环节的相位超前特性，极大地改善了系统的相对稳定性。但同时也使得系统对高频干扰信号的衰减能力有所下降。

4) 比例—积分—微分控制(PID 校正)

将比例积分与比例微分合在一起就构成了比例—积分—微分控制。比例—积分—微分控制器与系统的连接方式如图 4-48 所示。

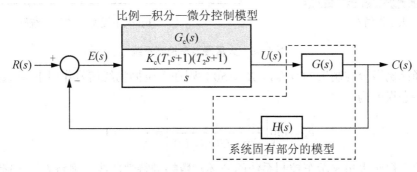

图 4-48 串联比例—积分—微分控制(PID 校正)

其传递函数为

$$G_c(s) = \frac{U(s)}{E(s)} = (K_P + K_D s)\left(K_P + \frac{K_I}{s}\right) = \frac{(K_P s + K_I)(K_D s + K_P)}{s}$$

$$= \frac{K_P K_I \left(\dfrac{K_P}{K_I} s + 1\right)\left(\dfrac{K_D}{K_P} s + 1\right)}{s} = \frac{K_c(T_1 s + 1)(T_2 s + 1)}{s}$$

其中，$\qquad K_c = K_P K_I, \quad T_1 = K_P / K_I, \quad T_2 = K_D / K_P$

式中：$E(s)$——被控系统的偏差信号；

$\qquad U(s)$——比例积分微分控制器输出的控制信号。

【例 4-17】 如图 4-49 所示为典型的火星漫游车控制系统，它由地面测控站遥控指挥。其要求是要使之具有最大的相对稳定性，以适应未知星球地面状况。试选择比例积分微分控制器的参数。

解：(1) 首先考虑系统的稳态误差。为了避免比例—积分—微分控制器对被控系统的影响，先令 $G_c(s) = 1$，此时原有系统的开环传递函数为

$$G(s) = \frac{1}{s^2(s+5)} = \frac{0.2}{s^2(0.2s+1)}$$

由火星漫游车控制系统的开环传递函数可知，这是一个 II 型系统，因此在单位抛物线

信号作用下的稳态误差是

$$e_{ss} = \lim_{s \to 0} sE(s) = \lim_{s \to 0}\left[s \times \frac{1}{1+G(s)G_c(s)} \times \frac{1}{s^3} \right]$$

$$= \lim_{s \to 0}\left[\frac{1}{s^2 + \lim\limits_{s \to 0} s^2 G(s)} \right] = 5$$

(a) 火星漫游车

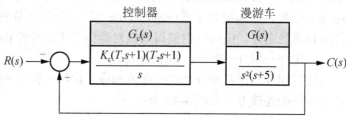

(b) 火星漫游车控制系统框

图 4-49　火星漫游车控制系统

若选择比例微分控制器为 $G_c(s) = K_c = 50$，则在单位抛物线信号作用下，火星漫游车控制系统的稳态误差为

$$e_{ss} = \lim_{s \to 0}\left[\frac{1}{\lim\limits_{s \to 0} s^2 G(s)G_c(s)} \right] = \frac{5}{K_c} = 0.1$$

为了便于得到火星漫游车控制系统的开环对数幅频特性曲线，现将 $K_c = 50$ 代入系统的开环传递函数，且暂不考虑控制器中的一阶微分环节和积分环节。这样在只有比例控制规律作用下，系统的开环传递函数就为

$$G(s)H(s) = \frac{50}{s^2(s+5)} = \frac{10}{s^2(0.2s+1)}$$

即此时火星漫游车控制系统的开环增益 $K = 10$，由此可得 $20\lg K = 20\lg 10 = 20\text{dB}$；转折频率有一个，为 $\omega_1 = 5\text{rad/s}$。系统的开环对数幅频特性由图 4-50 中的渐近线①所示。

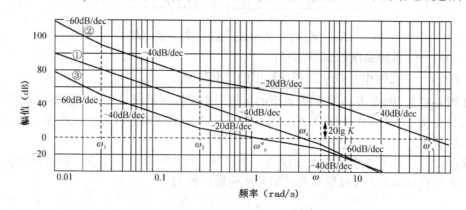

图 4-50　火星漫游车控制系统的开环对数幅频渐近线

由图 4-50 中的渐近线①可知，系统的穿越频率为 $\omega_c \approx 3.2\text{rad/s}$。由火星漫游车的对数

幅频特性可知，如果没有微分调节，对于任意的开环增益来说，系统都将是不稳定的闭环系统。

(2) 为了使系统稳定，就需要有一个微分环节把对数幅频特性曲线在穿越频率处的斜率变成-20dB/dec。现在考虑一阶微分环节的引入。

为了让火星漫游车的对数幅频特性曲线能以-20dB/dec 的斜率穿越 0dB 线，可将第一个一阶微分环节的转折点频率选为 $\omega_1 = 0.3\text{rad}/\text{s}$，即 $T_1 = 3$；第二个一阶微分环节的转折频率选择为 $\omega_2 = 0.1\text{rad}/\text{s}$，即 $T_2 = 30$。于是火星漫游车控制系统的开环传递函数改变为

$$[G(s)H(s)]' = \frac{10(30s+1)(3s+1)}{s} \times \frac{1}{s^2(0.2s+1)} = \frac{10(30s+1)(3s+1)}{s^3(0.2s+1)}$$

进行比例积分微分 PID 校正之后，系统的对数幅频特性如图 4-50 中的②所示。

由图 4-50 中的渐近线②可知，系统的穿越频率变化为 $\omega_c' = 65\text{rad}/\text{s}$，相位稳定裕量为

$$\gamma = 180^\circ - 3 \times 90^\circ + \arctan(30 \times \omega_c') + \arctan(3 \times \omega_c') - \arctan(0.2 \times \omega_c')$$
$$= 180^\circ - 3 \times 90^\circ + \arctan(30 \times 65) + \arctan(3 \times 65) - \arctan(0.2 \times 65)$$
$$= 4.1^\circ > 0$$

由此可见，火星漫游车控制系统经过 PID 校正后已经可以稳定，但其相位稳定裕量太小，只有 4.1°，系统的相对稳定性较差。因此，可进一步考虑通过降低系统的开环增益来获取较大的相位稳定裕量。

选择 $K_c = 0.2$，使系统的开环增益下降至 $K = 0.05$，火星漫游车控制系统的对数幅频特性曲线如图 4-50 中的曲线③所示。

由图 4-50 中的曲线③所示，可得此时火星漫游车控制系统的穿越频率为 $\omega_c'' \approx 1\text{rad}/\text{s}$，系统的相位稳定裕量增加至

$$\gamma = 180^\circ - 3 \times 90^\circ + \arctan(30 \times \omega_c'') + \arctan(3 \times \omega_c'') - \arctan(0.2 \times \omega_c'')$$
$$= 180^\circ - 3 \times 90^\circ + \arctan(30 \times 1) + \arctan(3 \times 1) - \arctan(0.2 \times 1)$$
$$= 58.3^\circ > 0$$

经过校正后，火星漫游车控制系统的单位阶跃响应效果都明显优于其对数幅频特性曲线以-40dB/dec 的斜率穿越 0dB 线时的性能，如图 4-51 所示。

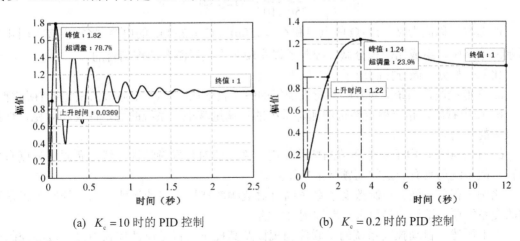

(a) $K_c = 10$ 时的 PID 控制　　(b) $K_c = 0.2$ 时的 PID 控制

图 4-51　火星漫游车控制系统的单位阶跃响应(MATLAB 仿真曲线)

(3) 现在采用如图 4-52 所示的有源比例—积分—微分调节器实现控制。

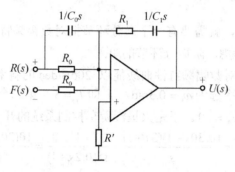

图 4-52　比例微分控制器电路结构(复数域)

由图 4-52，利用复数阻抗及运算放大电路的特点，有

$$G_c(s) = \frac{U(s)}{R(s)-C(s)} = \frac{U(s)}{E(s)} = -\frac{R_1 + 1/C_1 s}{\dfrac{R_0 \times 1/C_0 s}{R_0 + 1/C_0 s}}$$

$$= -\frac{1}{R_0 C_1 s}(R_1 C_1 s + 1)(R_0 C_0 s + 1)$$

$$= \frac{K_c(T_1 s + 1)(T_2 s + 1)}{s}$$

其中，$K_c = 1/R_0 C_1$，$T_1 = R_1 C_1$，$T_2 = R_0 C_0$。

当选择输入电阻 $R_0 = 20\text{k}\Omega$ 时，由于比例积分微分控制器的参数选择为 $K_1 = 0.2$，$T_1 = 30$，$T_2 = 0.3$，可得

$$C_0 = \frac{T_2}{R_0} = \frac{3}{20 \times 10^{-3}} = 150(\mu\text{F})$$

$$C_1 = \frac{1}{R_0 K_c} = \frac{1}{0.2 \times 20 \times 10^{-3}} = 250(\mu\text{F})$$

$$R_1 = \frac{T_1}{C_1} = \frac{3}{250 \times 10^{-6}} = 12(\text{k}\Omega)$$

即选取标称值为 $R_1 = 12\text{k}\Omega$ 的电阻和 $C_0 = 150\mu\text{F}$、$C_1 = 250\mu\text{F}$ 的电容，将它们接入图 4-52 所示的电路中，组成比例积分微分控制器以实现对火星漫游车的控制目的。

比例—积分—微分控制效果小结如下。

a. 在低频段，系统的对数幅频特性曲线的斜率负增加，所以系统的稳态性能有所改善。

b. 在中频段，相位稳定裕量增加，系统的超调量减小，系统的稳定性及相对稳定性都有极大的改善。

c. 在高频段，由于积分环节的持续作用，系统的对数幅频特性曲线的负斜率程度有所改善，故系统仍具有一定的高频抗干扰能力。

比例—积分—微分控制改变了系统固有对数频率特性曲线的形状，它的控制效果是通过改变系统原有结构和参数来实现控制目的的。

综上所述，自动控制系统的串联控制规律及其校正装置是反馈控制中最为成熟控制规律和应用最为广泛校正装置。综合【例 4-14】～【例 4-17】，不难得到以下结论。

(1) 串联控制一般是将校正装置串入自动控制系统的前向通道中，因此为了降低功耗，串联校正装置一般放在前向通道的最前端，即低功率部分。

(2) 对自动控制系统的校正一般都遵循三段频特性。低频段要有一定的渐近线负斜率，以此来提高自动控制系统的稳态跟踪性能；高频段要有较大的渐近线负斜率，以此提高自动控制系统对高频信号的衰减程度，提高自动控制系统的抗干扰能力；中频段则稍微复杂一些，因为这个频段不仅关系到自动控制系统的稳定性，还关系到其动态特性(相对稳定性)。

(3) 从长期的工程实践得知：如果在中频段能以-20dB/dec 的斜率穿越 0dB 线，并在其穿越频率 ω_c 的左右有一定的频率范围，则自动控制系统会有较大的稳定裕量和较好的相对稳定性(伯德第一定理)。

2. 自动控制系统的其他控制规律

1) 局部反馈控制

所谓局部反馈控制是指从整个自动控制系统的某一环节中取出信号，经过校正装置反馈至该环节的信号输入端，从而实现通过改善该环节的局部性能，而达到提高系统整体性能的目的。其校正装置的接入方式如图 4-53 所示。

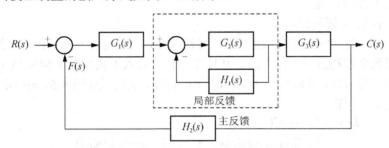

图 4-53　局部反馈在自动控制系统中的接入方式

就控制角度而言，局部反馈控制比串联校正控制更有其突出的特点，利用局部反馈包围某些需要改变动态结构参数环节，可以达到局部改善的效果。有时，甚至在一定条件下可以完全取代被包围的环节，从而大大减小这一部分环节由于特性参数变化及各种干扰给整个自动控制系统带来的不利影响。

(1) 利用局部反馈可以改变系统局部结构的参数。

【例 4-18】如图 4-53 所示系统，如果已知环节 $G_2(s)$ 的传递函数是 $G_2(s)=1/Ts+1$，那么试分析：当局部引入 $H_1(s)=K_H$ 的比例反馈时，该环节结构参数的变化情况。

解：引入局部反馈后，由系统框图运算中的反馈定理可知，该环节的等效传递函数为

$$G_2'(s)=\frac{G_2(s)}{1+G_2(s)H_1(s)}=\frac{1/Ts+1}{1+K_H/Ts+1}=\frac{1}{Ts+1+K_H}=\frac{1/(1+K_H)}{(T/1+K_H)s+1}$$

结论：局部反馈引入后，该惯性环节仍为惯性环节。但与原来的惯性环节相比，其惯性时间常数减小了 $1/(1+K_H)$ 倍；同时由于惯性时间常数可变，因此可以人为地拉开它与其他环节的转折频率，从而改善系统的性能。

(2) 利用局部反馈可以取代局部环节。

【例 4-19】如图 4-53 所示系统，试分析在哪种条件下，该系统固有环节 $G_2(s)$ 可以被局部反馈环节 $H_1(s)$ 取代。

解： 引入局部反馈后，由系统框图运算中的反馈定理可知，该环节的等效传递函数为

$$G_2'(s) = \frac{G_2(s)}{1 + G_2(s)H_1(s)}$$

由此可得到该环节的频率特性为

$$G_2'(j\omega) = \frac{G_2(j\omega)}{1 + G_2(j\omega)H_1(j\omega)}$$

如果在需要的频段内，能够选择局部反馈环节 $H_1(s)$ 的参数，使得该环节幅频特性的模(大小)为

$$\left| 1 + G_2(j\omega)H_1(j\omega) \right| \gg 1$$

则有 $G_2'(j\omega) = \dfrac{G_2(j\omega)}{1 + G_2(j\omega)H_1(j\omega)} \approx \dfrac{G_2(j\omega)}{G_2(j\omega)H_1(j\omega)} = \dfrac{1}{H_1(j\omega)}$ 成立，即此时该环节的传递函数可以被反馈装置 $H_1(s)$ 所取代。

结论： 局部反馈引入后，可以达到用局部反馈装置取代系统原有环节的目的。因此利用这种特性，可以人为改造系统中不希望出现的某些环节，以达到消除系统中的非线性、变参数及抑制干扰的目的。

2)　顺馈控制(前置补偿)

顺馈控制(前置补偿)就是在系统给定信号输入处，引入与输入有关的量，作某种补偿信号量，以此降低系统稳态误差的方法。其校正装置的接入方式如图 4-54(a)所示。

利用框图运算方法，可以将图 4-54(a)所示的框图，变换成如图 4-54(b)所示的接入方式。并由稳态误差定义可得

$$E(s) = R(s) - C(s)$$

$$= \frac{1 + G_1(s)G_2(s)H(s) - G_1(s)G_2(s) - G_2(s)G_3(s)}{1 + G_1(s)G_2(s)H(s)} \times R(s)$$

显然，若要系统误差为零，则有

$$1 + G_1(s)G_2(s)H(s) - G_1(s)G_2(s) - G_2(s)G_3(s) = 0$$

由此可得前馈补偿器的传递函数为

$$G_3(s) = \frac{1 + G_1(s)G_2(s)H(s) - G_1(s)G_2(s)}{G_2(s)}$$

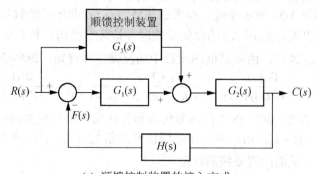

(a)　顺馈控制装置的接入方式

图 4-54　顺馈控制

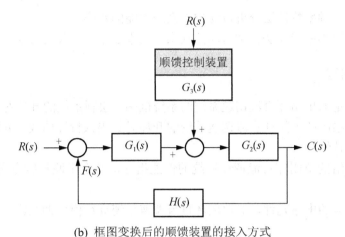

(b) 框图变换后的顺馈装置的接入方式

图 4-54　顺馈控制(续)

结论：由以上简单的推导可以看出，如果能精确知道自动控制系统各组成环节的传递函数，就可以合理地设计出前置补偿器，使系统的输出完全可以准确无误地跟踪某已知的输入信号。但是，由于自动控制系统的数学模型往往很难精确得到，所以想要直接设计前置补偿器，从而使系统的稳态误差达到期望值的这一目标，一般是很难实现的。

任务　单闭环直流调速系统的工程调试

任务引导

在项目 3 中，通过已经建立的单闭环直流调速系统的系统框图(如图 4-55 所示 $T_L=0$)，对给定系统进行了相关的时域分析，并建立了调速系统的性能指标。在这一基础上，利用频率特性分析法，通过对系统分析，找到使系统达到期望性能指标的控制规律，并对系统进行模拟调试。

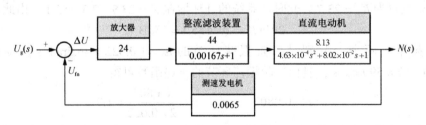

图 4-55　单闭环直流调速系统的系统框图

任务实施

(一)任务目标

(1)　了解频率特性法用于工程实践的步骤与方法。

(2) 学习采用频率特性法分析自动控制系统性能的步骤。

(3) 学习采用频率特性法调试自动控制系统基本思路、步骤与方法。

(二)任务内容

(1) 根据给定的单闭环直流调速系统的系统框图,绘制系统的开环对数频率特性曲线。

(2) 根据所绘制的单闭环直流调速系统的开环对数幅频特性曲线,分析系统的稳定性、动态特性及稳态特性。

(3) 根据所给的单闭环直流调速系统的性能指标,结合串联控制方案,选定改善性能的控制规律。

(4) 选择相应的电路元件,对单闭环直流调速系统进行模拟调试。

(三)知识点

(1) 自动控制系统频率分析法的概念及物理意义。

(2) 自动控制系统开环对数频率特性的绘制。

(3) 自动控制系统性能指标分析。

(4) 改善自动控制系统性能的控制方法。

(四)任务实施步骤

1. 单闭环直流调速系统的开环对数频率特性曲线的绘制

由图 4-55 所示,可求得给定单闭环直流调速系统的开环传递函数(在 $T_L = 0$ 的情况下)为

$$G(s)H(s) = (K_P \times 44 \times 8.13 \times 0.006\,5) \times \frac{1}{0.001\,67s + 1} \times \frac{1}{4.63 \times 10^{-4}s^2 + 8.02 \times 10^{-2}s + 1}$$

$$= 2.33K_P \times \frac{1}{0.001\,67s + 1} \times \frac{1}{4.63 \times 10^{-4}s^2 + 8.02 \times 10^{-2}s + 1}$$

由项目 3 可知,若要满足单闭环直流调速系统所提出的调速指标,则电压放大器的放大倍数需要设置为 $K_P = 23.7$。此时,系统的开环增益 $K = 23.7 \times 2.3 = 55.1$,由此可得

$$20\lg K = 20\lg 55.1 \approx 35\text{dB}$$

转折频率有两个,分别是二阶振荡环节的 $\omega_1 = 1/0.022 \approx 46.5\text{rad/s}$,惯性环节的 $\omega_2 = 1/0.001\,67 \approx 590\text{rad/s}$。且由二阶振荡环节的传递函数可得

$$2\xi T = 0.0802 \quad \Rightarrow \quad \xi = \frac{0.0802}{2 \times 0.022} = 1.9$$

即直流电动机为过阻尼二阶振荡环节,这样单闭环直流调速系统的开环对数幅频特性渐近线(未做修正)由图 4-56 中的渐近线①所示。

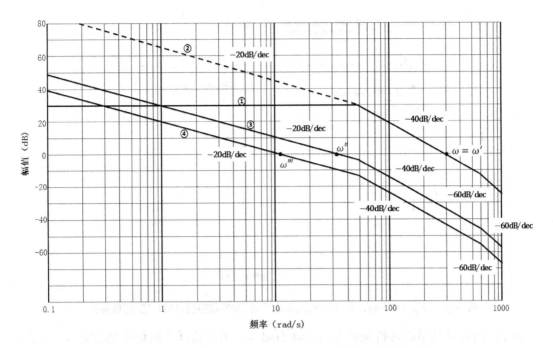

图 4-56 单闭环直流调速系统的开环对数幅频特性渐近线

2. 单闭环直流调速系统的频率稳定性分析

由图 4-56 中的渐近线①可找到，此时系统开环对数幅频特性曲线的穿越频率为 $\omega_c = 300 \text{rad/s}$，相位稳定裕量是

$$\gamma = 180° - \arctan(0.001\,67 \times \omega_c) - \arctan\left[\frac{2\xi T\omega_c}{1-(T\omega_c)^2}\right]$$

$$= 180° - \arctan(0.001\,67 \times 300) - \arctan\left[\frac{8.02 \times 10^{-2} \times 300}{1-(4.63 \times 10^{-4} \times 300)^2}\right] = -32.8° < 0$$

即原有单闭环直流调速系统是不稳定的系统(这个结论与时域分析是一致的)。

换言之，调速控制系统最为重要的性能指标是它的稳态指标。从其开环对数频率特性上看，它的低频部分是一条水平直线。由此可知，该系统在不加校正时，其稳态误差的大小就只能由其开环增益来进行调节。而同样可知，当系统开环增益 $K = 55.1$ 时，原有系统是不能稳定的系统。因此，为了使系统满足工作要求，可综合考虑采用 PI 调节，同时通过降低系统的开环增益，而使系统达到调速指标要求。

3. 单闭环直流调速系统的性能改善

综合以上分析，结合单闭环直流调速系统的性能指标要求，考虑将原系统中的电压放大器(比例调节器，见图 4-55)改换成 PI 调节器，则单闭环直流调速系统的系统框图如图 4-57 所示。PI 调节器的传递函数是

$$G_c(s) = K_P\left(1 + \frac{1}{Ts}\right) = \frac{K_I(Ts+1)}{s} \qquad \text{且} \; K_I = \frac{K_P}{T}$$

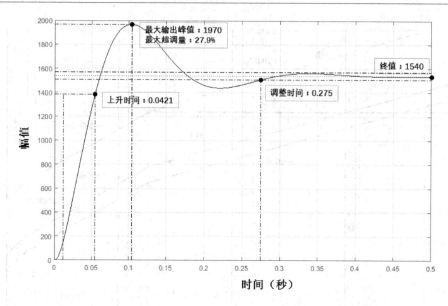

图 4-57　$K_\mathrm{P} = 0.5$ 时，单闭环直流调速系统的阶跃响应(MATLAB 仿真曲线)

由于二阶振荡环节的转折频率为 $\omega_\mathrm{l} \approx 46.5\mathrm{rad/s}$，所以选择比例积分控制中的一阶微分环节的转折频率为 $\omega = 46.5\mathrm{rad/s}$，即 $T = 0.022$。这样做的目的是希望比例积分控制器中的微分环节能够补偿由于积分环节引入，导致中频段产生的更大负斜率，以维持原有中频段 $-40\mathrm{dB/dec}$ 的斜率。加入 PI 调节器后，调速系统的开环传递函数变为

$$G(s)H(s) = \frac{K_\mathrm{I}(0.022s+1)}{s} \times 2.3 \times \frac{1}{0.001\,67s+1} \times \frac{1}{0.000\,462s^2 + 0.080\,2s + 1}$$

取 $K_\mathrm{I} = 1$，得到单闭环直流调速系统的开环对数幅频特性曲线如图 4-56 中的渐近线②所示。此时调速系统的穿越频率仍维持在 $\omega_\mathrm{c} \approx 380\mathrm{rad/s}$，则可求得单闭环直流调速系统的相位稳定裕量是

$$\gamma = 180° - 90° + \arctan(0.02 \times 380) - \arctan(0.00167 \times 380) - \arctan\left(\frac{0.0802 \times 380}{1-(0.02 \times 380)^2}\right)$$

$$= 21.9° > 0$$

取 $K_\mathrm{P} = 23.7$，单闭环直流调速系统的开环幅频特性曲线如图 4-56 中的②所示，虚线部分是 PI 调节器中的积分环节。由于 PI 调节器积分时间常数($T = 0.02\,\mathrm{s}$)的作用，系统开环增益实际增加到

$$K' = \frac{K_\mathrm{P}}{T} \times K_\mathrm{S} \times \frac{1}{C_\mathrm{e}} \times \alpha = \frac{23.7 \times 44 \times 8.13 \times 0.006\,5}{0.02} = 2755 \approx 69(\mathrm{dB})$$

而系统的穿越频率不变，仍有 $\omega_\mathrm{c}' = \omega_\mathrm{c} = 300\mathrm{rad/s}$，但相位稳定裕量

$$\gamma' = 180° - 90° - \arctan(0.001\,67 \times 300) - \arctan\frac{8.02 \times 10^{-2} \times 300}{1 - 4.63 \times 10^{-4} \times 300^2} + \arctan(0.02 \times 300)$$

$$= -5°(<0)$$

即系统仍不稳定。但与未加入 PI 调节器时相比，其不稳定程度已经下降了很多。

根据伯德第一定理，为了使单闭环直流调速系统的开环对数幅频渐近线能以

–20dB/dec 的斜率穿越 0dB 线。在保持 PI 调节器积分时间常数 $T = 0.02$s 不变(一阶微分环节的转折频率不变)的情况下，取 $K_p = 0.5$，并以此降低系统的开环增益，即

$$K'' = \frac{K_p}{T} \times K_S \times \frac{1}{C_e} \times \alpha = \frac{0.5 \times 44 \times 8.13 \times 0.006\,5}{0.02} = 58.1 \approx 35(\text{dB})$$

在此参数配置下，单闭环直流调速系统的开环对数幅频渐近线如图 4-56 中的③所示。此时，系统的穿越频率下降为 $\omega_c'' = 31\text{rad/s}$，相位稳定裕量

$$\gamma' = 180° - 90° - \arctan(0.001\,67 \times 31) - \arctan\frac{8.02 \times 10^{-2} \times 31}{1 - 4.63 \times 10^{-4} \times 31^2} + \arctan(0.02 \times 31)$$

$$= 42°\ (>0)$$

在工程上，该相位稳定裕量理论上应该能够满足单闭环直流调速系统的性能指标。但仔细观察图 4-56 中的渐近线③，不难发现：此时系统虽然以 –20dB/dec 的斜率穿越 30dB 线，但其穿越频率的右侧距离 –40dB/dec 渐近线的转折频率太近。根据伯德第一定理可推知，此时系统的动态特性仍有可能不太理想。图 4-57 所示的系统阶跃($U_g = 10$V)响应曲线证明了这个推测。换言之，在这种参数配置下，系统的最大超调量超出了系统给定的性能指标要求。

取 $K_p = 0.1$，再次降低系统的开环增益，即

$$K''' = \frac{K_p}{T} \times K_S \times \frac{1}{C_e} \times \alpha = \frac{0.1 \times 44 \times 8.13 \times 0.006\,5}{0.02} = 11.6 \approx 21(\text{dB})$$

在此参数配置下，该系统的开环对数幅频特性渐近线如图 4-56 中的④所示。系统的穿越频率降至 $\omega_c''' = 11\text{rad/s}$，且与 –40dB/dec 渐近线的转折频率之间有了一定的距离。此时，系统的相位稳定裕量

$$\gamma''' = 180° - 90° - \arctan(0.001\,67 \times 11) - \arctan\frac{8.02 \times 10^{-2} \times 11}{1 - 4.63 \times 10^{-4} \times 11^2} + \arctan(0.02 \times 11)$$

$$= 55°\ (>0)$$

系统阶跃响应曲线如图 4-58 所示，其最大超调量满足系统所给定的性能指标要求。

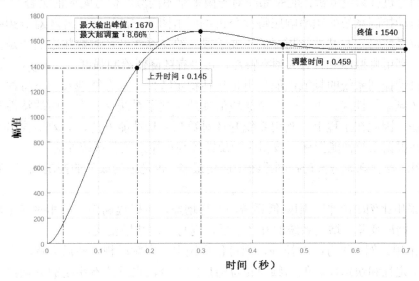

图 4-58　$K_p = 0.1$ 时，单闭环直流调速系统的阶跃响应(MATLAB 仿真曲线)

需要注意的是，PI 调节器的引入，使原系统的开环传递函数由 0 型系统变成了 I 型系统，且 I 型系统对阶跃信号响应的稳态误差为零。但由于物理器件中电容元件(积分器)的作用，或者说原系统受 PI 调节器中一阶微分环节的影响，系统的实际输出值往往会超过给定的输出值(见图 4-57 和图 4-58)。因此，在实际应用中，PI 调节器常常会带有限幅器，以限制实际的输出值。

4. 系统调试

理论分析之后，可以根据具体系统的工作要求选择设置适当的控制器参数，并对所设置的参数进行系统运行的调试试验。由于任何自动控制系统在建立模型时，都是理想化的，所以理论分析只是给出了一个实际自动控制系统正常工作的理论范围，要想得到一个满意的性能指标，还需要在这个理论范围内不断地进行调整与试验。

现假定图 4-56 中渐近线④的性能已经可以满足实际工作系统所规定的性能指标，利用图 4-41 给出的比例积分控制器，按系统分析结果先选择出它的电阻与电容参数。

首先选择输入电阻 $R_0 = 20\text{k}\Omega$，则因为 $K_\text{P} = 0.1$，$T = 0.02$，可得

$$K_\text{I} = \frac{K_\text{P}}{T} = \frac{1}{R_0 C} \quad \Rightarrow \quad C = \frac{T}{R_0 \times K_\text{P}} = \frac{0.02}{20 \times 10^{-3} \times 0.1} = 10(\mu\text{F})$$

$$T = R_1 C \quad \Rightarrow \quad R_1 = T/C = 0.02/10 \times 10^{-6} = 2(\text{k}\Omega)$$

如果由以上参数构成的校正装置在实际应用中不能满足系统所要求的性能指标，根据分析，可以选择更小参数的电阻，来使之满足要求。

小　结

(1) 自动控制系统的频域分析法是建立在系统频率响应基础上进行分析的一种方法。而所谓频率响应是指系统在正弦信号作用下的稳态响应。频域分析并不是针对某一单个的正弦频率信号进行系统分析，它是系统对无限多个不同频率信号响应的集合。

(2) 自动控制系统的频率响应特性分析主要由图示方法进行，开环对数频率特性是分析最小相位系统稳定与其性能指标的重要手段。绘制系统开环对数频率曲线是使用这种方法的前提。利用典型环节的对数频率特性，可以有效降低绘制强度。

(3) 自动控制系统的频域性能分析也包括稳定特性、稳态特性及动态特性三个方面。系统的开环频率特性高、中、低三个频段清晰地反映了系统这三个方面的特性及改善它们特性的方法。因此在工程上，利用系统开环对数频率特性能方便、有效地找出系统所存在的问题，并根据系统性能指标，按相应的反馈控制规律来改善系统性能。

(4) PID 控制规律是自动控制系统中应用最多、也是最为成熟的控制规律。其中有如下四种情况。

a. 若采用比例(P)控制，则降低系统的开环增益，可以提高系统的相对稳定性。但会使系统的稳态精度变差。增大系统的开环增益，则与上述结果相反。

b. 若采用比例—微分(PD)控制，则可使系统中、高频段相位滞后大幅减少，提高了系统的相对稳定性和快速性。但高频段相位滞后的减少，也意味着系统的高频抗干扰能力的削弱。PD 校正对系统的稳态性能没有影响。

c. 比例—积分(PI)控制，可以大幅度提高自动控制系统的无差率，从而改善系统的稳态性能。但会导致系统的稳定性变差。

d. 比例—积分—微分(PID 控制)既可以改善系统的稳态性能，又能改善系统的相对稳定性和快速性，兼顾了稳态精度各稳定性的改善，因此在要求较高的系统中应用广泛。

(5) 局部反馈控制能改变被包围环节的参数、性能，甚至可以改变原有环节的性质。这一点是串联控制所不能取代的。而前馈控制则是减小系统误差的又一种有效的方法。

习　题

一、思考题

1. 什么是系统的频率特性？频率特性的数学表示方法有哪几种？

2. 频率特性与传递函数有什么关系？

3. 幅频特性的物理意义是什么？相频特性的物理意义是什么？

4. "分贝"的物理意义是什么？

5. 对数幅频特性曲线中的 0dB 线的含义是什么？

6. 什么是最小相位系统？它的特点是什么？

7. 什么是系统的临界稳定条件？它的物理含义是什么？

8. 谐振频率的定义是什么？它与二阶振荡环节的系统参数有什么关系？

9. 什么是系统的带宽？

10. 反馈系统的串联控制规律有哪些？串联校正时应该注意哪些问题？

11. 比例控制在调整系统的什么参数？它对系统的性能会产生什么影响？

12. 比例微分控制要调整系统的什么参数？它对系统的性能会产生什么影响？

13. 比例积分控制要调整系统的什么参数？它对系统的性能会产生什么影响？

14. 在什么情况下可用局部反馈装置来取代自动控制系统中不想要的某些环节？

15. 什么是顺馈控制？

二、综合分析题

1. 已知某 PI 控制器的传递函数为 $G_c(s) = 2(0.5S + 1)/s$。试绘制它的开环对数幅频特性曲线及相频特性曲线。

2. 已知某 PID 控制器的传递函数为

$$G_c(s) = \frac{K_c(T_1 s + 1)(T_2 s + 1)}{s}，\text{且有 } K_c > 1、T_1 > T_2。$$

试绘制它的开环对数幅频特性曲线及相频特性曲线。

3. 随着磁盘存储器密度的增大，计算机磁盘驱动器更加严格地要求控制磁头的位置。若设磁头控制系统的传递函数为 $G_c(s) = K/(s+1)^2$。试绘制当 $K = 4$ 时的对数频率特性曲线，并求当 $\omega = 0.5$、1 和 2 时的频率特性的幅值与相位。

4. 已知最小相位系统的开环对数幅频特性曲线如图 4-59 所示。试求这些最小相位系统的开环传递函数。

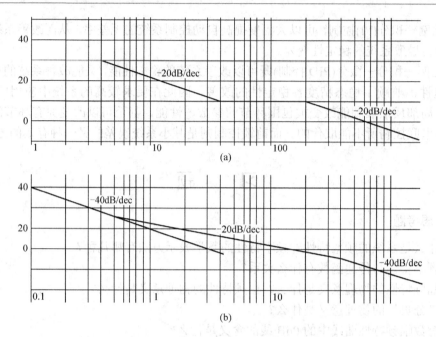

(a)

(b)

图 4-59　最小相位系统的开环对数幅频特性曲线

5．已知某最小相位系统的开环传递函数为 $G(s)H(s) = K(s+2)/s^2(s+4)$。试确定系统稳定时，$K$ 的最大取值。

6．已知负反馈系统的开环传递函数为 $G(s) = K/(0.1s+1)$。当 $\omega = 2\text{rad/s}$ 时，开环对数幅频渐近线穿越 0dB 线。试确定该系统的 K 值。

7．如图 4-60 所示为某一最小相位系统开环对数频率的幅频渐近线。若已知参数 α、ω_1、ω_2，试分别写出该系统的开环传递函数 $G(s)$ 和 $\omega = \omega_c$ 时的相角 $\varphi(\omega_c)$ 的表达式。

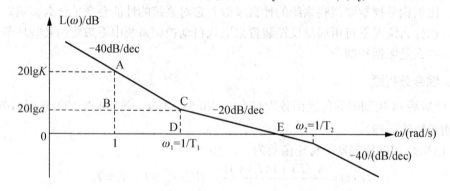

图 4-60　最小相位系统的开环对数幅频特性曲线

8．在如图 4-61 所示的轧钢机自动控制系统中，若已知此系统不计检测延时影响时，其开环传递函数为

$$G(s) = \frac{5}{s(0.1s+1)(0.01s+1)}$$

轧钢机的轧制速度是 $v = 10\text{m/s}$，试求该系统能正常运行时，测厚仪的检测点离轧辊中心的最大距离是多少？

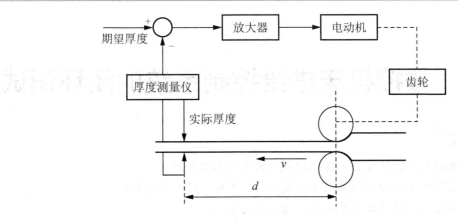

图 4-61　轧钢厚度检测系统

9. 图 4-62 所示为某位反馈系统校正前、后的开环对数幅频特性渐近线。

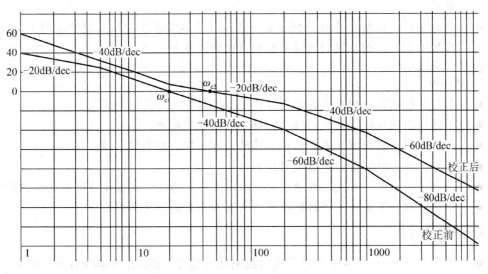

图 4-62　某单位反馈系统校正前、后的开环对数幅频特性渐近线

(1) 写出系统校正前、后的开环传递函数 $G_1(s)$ 和 $G_2(s)$。

(2) 求出串联校正装置的传递函数 $G_c(s)$，并设计此调节器线路及其参数。

(3) 求出校正前、后系统的相位稳定裕量。

项目 5　数控机床进给控制系统的闭环调试

- 了解数控机床进给控制系统的组成结构及基本工作原理。
- 了解数控机床进给控制系统各组成部件的工作原理和功能特性。
- 了解数控机床进给控制系统的性能指标要求。
- 能结合典型环节的数学模型，建立数控机床进给控制系统的系统框图。
- 能根据数控机床进给控制系统的系统框图，利用对数频率特性，对系统进行性能分析。
- 通过分析，能结合串联控制方案的实施，基本掌握数控机床进给控制系统控制方案的形成、控制参数的选择与控制性能的调试等。

拓展能力

- 了解一般伺服控制系统的组成结构、基本工作原理及控制方法。
- 了解一般伺服控制系统的性能指标要求及控制特点。
- 了解一般伺服控制系统各组成部件的工作原理、功能特点及用途。
- 了解改善一般伺服控制系统的控制方法。
- 通过学习，进一步提高自动控制技术的应用能力，形成综合应用理论知识的能力。
- 通过学习，形成技术资料的查阅能力及知识自我拓展的能力。

工作任务

- 综合应用项目 1~4 中已学习过的控制技术理论知识，结合本项目中所给数控机床进给系统参数，完成对数控机床进给控制系统的基本工作原理分析。
- 绘制数控机床进给控制的开环频率特性，并对系统进行稳定性、稳态特性及动态特性分析。
- 结合给定数控机床进给系统的性能要求，分析固有系统存在的问题，并结合串联控制规律，选择适当的串联系统控制器、控制器参数。
- 完成对数控进给控制系统的闭环模拟调试。

　　通过数控机床进给控制系统实例的分析与调试，介绍伺服控制系统各组成部件的结构特点、基本工作任务及相关性能指标。并通过对实例的分析过程，展现自动控制技术在实际工作过程中的一般应用方法与应用思路。

　　自动控制系统的工程实践，是自动控制理论与实践相结合的一次综合应用，其基本原理与基本方法具有普遍的指导意义。任何自动控制系统除了具有的共性之外，同时也具有其相应的个性特征，每一种理论知识都不可能详尽地将各种自动控制系统一一列举出来。因此，当遇到问题时，如何利用所学理论知识，结合实际运用中的具体问题，通过资料查阅、知识扩展来解决问题，是知识学习过程中所必须努力培养的职业能力之一。

相 关 知 识

(一)伺服控制系统的基本工作原理

数控机床进给运动系统，尤其是轮廓控制的进给运动系统，必须在进给定位及进给速度两个方面同时实现自动控制。数控机床进给速度控制方面的问题，与本书前几部分所讨论过的调速控制系统类似，而数控机床在进给定位上的问题则属于对运动轨迹的跟踪控制问题，解决这个问题的控制系统就是通常所说的伺服控制系统。

伺服控制系统也叫随动控制系统，它属于自动控制系统中的一种。与调速系统不同，伺服控制系统要解决的主要问题是如何让系统随着输入指令的变化，按要求迅速而准确地到达指定位置。在机电设备中，伺服系统具有重要的地位，被广泛地应用于工业生产、国防、机器人等各个领域。高性能的伺服控制系统可以提供灵活、方便、准确、快速的伺服运动控制。

伺服控制技术在机械制造行业中应用最多、最为广泛，各种机床运动部分的速度控制、运动轨迹控制、位置控制都是依靠各种伺服系统控制完成的。它们不仅能完成转动控制、直线运动控制，而且能依靠多套伺服系统的配合，完成复杂空间曲线的运动控制，如仿型机床的加工轨迹、机器人手臂关节的运动控制等。它们可以完成的运动控制精度高、速度快，远非一般人工操作所能达到。

在其他领域，伺服控制系统也有较为广泛的应用。如冶金工业中的电弧钢炉、粉末冶金炉的电极位置控制等；运输行业中的电气机车自动调速、高层建筑物中电梯的升降控制、船舶的自动操舵等，以及军事上雷达天线的自动瞄准跟踪控制、战术导弹自动跟踪控制、防空导弹的制导控制等。

伺服控制系统大体上可以分为模拟式伺服控制系统和数字式伺服控制系统。模拟式伺服控制系统的稳态精度受到位置检测元件和运算放大器的精度限制，通常只能达到角分(')级。如要进一步提高伺服系统的稳态精度，就必须采用数字计算机控制器，用高精度数字式元件(如光电编码器等)作位置反馈元件，实现模拟伺服系统的数字化。

另外，自动控制技术和计算机技术的发展也为伺服控制系统的数字化提供了必要的基础。自动控制理论的高速发展，为数字伺服控制系统的研制者提供了不少新的控制规律以及相应的分析和综合方法；计算机技术的飞速发展，为数字伺服系统研制者提供了实现这些控制规律的可能性；尤其是半导体技术的发展，更加快了伺服驱动技术进入全数字化时期的脚步，使伺服控制器的小型化指标取得了很大的进步。IGBT(绝缘栅双极晶体管)的发展，使交流伺服控制系统的应用领域逐步超过直流伺服控制系统。可以说，随着自动控制、半导体技术、计算机技术和整个工业的不断发展，伺服控制技术也取得了极大的进步，伺服控制系统已经进入了全数字化和交流化的时代。

图 5-1 和图 5-2 所示是模拟伺服系统与数字伺服系统的系统组成原理框图。

图 5-1 所示为由电流环、速度环、位置环构成的三环位置伺服控制系统。这是一个模拟

的或称为连续信号的位置伺服系统，系统中的各种物理量，如电动机电流、电动机转速、输出的位置、给定信号等均为模拟量；电流控制器、速度控制器、位置控制器均为由运算放大器所构成的模拟调节器。

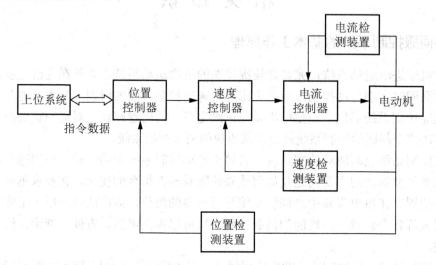

图 5-1 模拟伺服控制系统的原理框图

图 5-2 所示为数字伺服系统的原理框图。从图中可以看出，数字伺服系统是在模拟伺服系统的基础上，将模拟控制功能用数字计算机来代替，这就构成了计算机控制的数字伺服控制系统。而这一替换使伺服系统发生了质的飞跃。

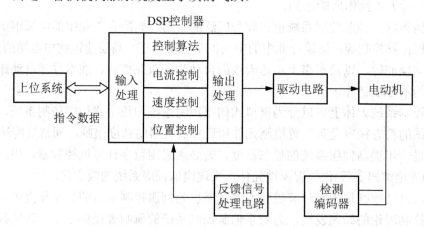

图 5-2 数字伺服控制系统的原理框图

值得注意的是，数字伺服系统与普通模拟伺服系统一样，都是闭环反馈控制系统，所不同的是，数字控制系统中不仅含有数字元件，而且含有模拟元件。这也就是说信号在系统的传递过程中一部分是连续的模拟信号，一部分是离散的数字信号，数字信号与模拟信号必须通过数—模(D/A)或模—数(A/D)转换才能进行传递，这就需要在系统中加上能够实现数字信号与模拟信号相互转换的接口装置。综上所述，比较模拟伺服系统与数字伺服系统，可以总结出以下特点。

(1) 在模拟控制伺服系统中，各处的信号都是连续的模拟信号；而在数字伺服控制系统中，除了含有连续模拟信号外，还含有离散信号、数字信号等多种信号。因此，数字伺服控制系统是模拟信号和数字信号的混合控制系统。

(2) 在模拟伺服控制系统中，控制规律是由运算放大器通过不同电路元件的连接实现的，控制规律越复杂，所需要的模拟电路往往越多，如果要修改控制规律，一般必须改变原有的电路结构；而在数字伺服控制系统中，控制规律是由数字控制器通过编写算法程序实现的，修改一个控制规律，只需要修改计算机控制器的算法程序，一般不用对硬件电路进行改动，而且由于计算机具有丰富的指令系统和很强的逻辑判断能力，从而能够实现模拟电路不能实现的复杂控制规律，因此具有更好的灵活性与适应性。

(3) 在模拟伺服控制系统中，一般一个控制器占用一套控制设备，控制一个回路；而在数字伺服控制系统中，由于数字控制器具有高速运算能力，一个控制器可以包含多个数字控制程序，可以采用分时控制的方式，同时控制多个回路。

(4) 采用数字方式进行伺服系统的控制，如分级数字控制系统、集散控制系统、计算机网络等，便于实现控制与管理的一体化，使得伺服控制系统的自动化水平进一步提高。

(5) 由于数字伺服控制系统需要同时处理数字信号与模拟信号，所以与模拟伺服控制系统相比，数字伺服控制电路需要额外的、能够实现数字信号与模拟信号相互转换的接口驱动电路，以保证信号的有效传递。

需要说明的是，本项目选用的数控机床进给伺服控制系统采用的仍是模拟伺服控制系统。

下面，本项目将首先就伺服控制系统的基本要求、控制特点及性能指标作简要的介绍。

1. 伺服控制系统(随动控制系统)概述

1) 伺服控制系统的基本要求及特征

如前所述，伺服控制系统在众多领域都有着广泛的应用，不同的系统对伺服控制的要求也不尽相同。但大体上可以归纳为以下几个方面。

(1) 稳定性好。在给定输入和外界干扰下，能在短暂的过渡过程后，达到新的平衡状态，或者恢复到原先的平衡状态。

(2) 精度高。随动系统的精度是指输出量跟随给定值的精确程度。如数控机床进给控制系统就要求要有很高的定位精度。

(3) 动态响应快。动态响应是随动系统重要的动态性能指标，要求系统对给定信号的跟踪速度足够快、超调小，甚至要求无超调。

(4) 抗干扰能力强。在各种扰动出现时，控制系统输出的动态变化要小，恢复时间要短，振荡次数要少，甚至要求无振荡。

2) 伺服控制系统的基本特征

根据以上基本要求，伺服控制系统应具备以下基本特征。

(1) 必须具备高精度的检测与传感设备，能准确地给出输出量的变化信号。

(2) 功率放大器及控制系统都必须是可逆的，能够实现电动机的正转与反转。

(3) 足够大的调速范围及足够强的低速带负载能力。

(4) 快速地响应能力和较强的抗干扰能力。

3) 伺服控制系统的性能指标

与调速系统相似,伺服控制系统的性能指标同样分为稳态性能指标和动态性能指标,两者之间既有区别,又有联系。当伺服控制系统达到稳定运行状态时,系统实际位置与目标位置之间的误差称为伺服控制系统的稳态跟踪(跟随)误差。由系统结构和参数决定的稳态跟踪误差可分为三类:位置误差、速度误差和加速度误差。伺服控制系统在动态调节过程中的性能指标称为动态性能指标,诸如超调量(过冲)、跟随速度及跟随时间、调节时间、振荡次数、抗干扰能力等。

影响伺服控制系统稳态精度,导致系统产生稳态误差的因素主要有检测误差和系统误差。检测误差来源于反馈通道的检测元件,因此选用高精度的检测设备或元件是克服这类误差的直接方法;而系统误差则与伺服控制系统的控制方案有关。

(1) 检测误差。检测误差包括给定位置传感器误差和反馈位置传感器的误差,它取决于传感器的原理和制造精度,是传感器本身所固有的,控制方案无法克服。常用的位置传感器误差量级见表5-1。

表5-1 位置传感器的误差量级

位置传感器	误差量级	说 明
伺服电位器	°	度
自整角机	$\leqslant 1°$	
旋转变压器	′	分(角)
圆盘式感应同步器	″	秒(角)
直线式感应同步器	μm	微米
光电和磁性编码器	$360°/N$	$N = 2^n$,n 为二进制位数

(2) 系统误差。包括由系统本身的结构和参数造成的稳态给定误差和在扰动作用下的稳态扰动误差,与系统的结构、参数以及给定输入量和扰动量的类型、大小与作用点有关。实际伺服控制系统可能承受的扰动有:负载变化、电源电压变化、参数变化、噪声干扰等,它们在系统上的作用点各不相同,分析时可以用一种扰动作为代表。

如前所述,系统误差取决于系统开环传递函数中积分环节的个数,因此可以说系统的型别决定了系统的稳态误差,或者说系统的型别决定了伺服控制系统的跟踪能力。对于位置伺服系统来说,由于角位移是转速对时间的积分。因此,控制对象中的最后一个环节是积分环节。换言之,位置伺服系统不可能会出现0型系统。因而,伺服系统常用的典型测试信号多为速度信号(斜坡输入)或加速度信号(抛物线输入)。

最后需要说明的是:伺服控制系统要控制的电动机被称为伺服电动机,这是一种能够跟踪输入指令信号,并按指令信号要求进行动作的执行机构。与调速电动机输出转速不同,伺服电动机输出的是角位移。

2. 数控机床进给控制系统的组成及工作原理

1) 数控机床进给控制系统的组成原理

如前所述,数控机床进给控制系统是一个具有进给定位及进给速度双重控制的运动控制系统。其中内环是用来控制进给速度的速度反馈；外环(主反馈)是用来控制进给定位的伺服控制。由于速度反馈是伺服控制系统内部的一个局部反馈，根据自动控制理论，该局部反馈通过局部闭环处理后，可以视为数控机床进给运动控制系统前向通道中的一个环节。经过这样的处理，系统就只剩下位置主反馈。因此，数控机床进给运动控制系统是一个位置伺服控制系统，如图 5-3 所示。

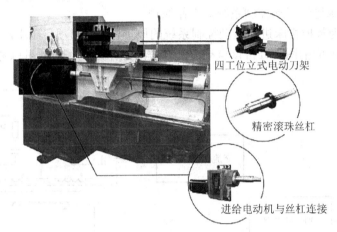

(a) 某数控机床外形结构

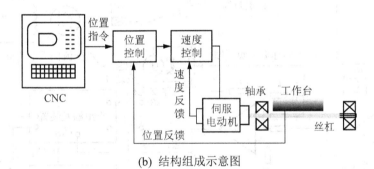

(b) 结构组成示意图

图 5-3　数控机床进给伺服控制系统

速度反馈与位置反馈在数控机床进给运动控制系统中所起的作用如下。

(1) 位置反馈(主反馈)。位置反馈是数控机床进给运动系统的主反馈，称为外环。它的作用是：通过位置指令装置将希望的位移量转换成具有一定精度的电量，利用位置反馈装置随时检测被控工作台的实际位移，然后将它转换成具有一定精度的电量，与位置指令进行比较，把比较得来的偏差信号进行放大，然后控制执行电动机向消除偏差的方向旋转，直到达到一定的精度为止。

(2) 速度反馈(副反馈)。速度反馈是数控机床进给运动系统内部的局部反馈，称为内环。在数控机床进给运动控制系统中，伺服系统经常处于频繁的启动和制动过程中，因此要求伺服电动机有较高的启动加速度和制动力矩，同时要求伺服电动机在稳定运行时，转速平稳。因此，速度反馈的作用是：在启动或制动时，减小位置超调(位置过冲)，稳定运行时保持伺服电动机速度恒定。

2) 数控机床进给控制系统的作用

(1) 接受数控装置发出的进给速度和位移指令信号。

(2) 由伺服控制装置将指令进行功率放大。

(3) 经伺服电动机(直流、交流伺服电动机,步进电动机等)和机械传动机构,驱动数控机床的工作台迅速运动到指定位置,并达到一定的精度要求。

3) 数控机床进给运动控制系统的工作原理

图 5-4 所示为数控机床进给运动控制系统的原理图。利用项目 1 中的知识,首先建立该控制系统的系统组成框图,分析该自动控制系统的工作原理。对此可以考虑以下几点。

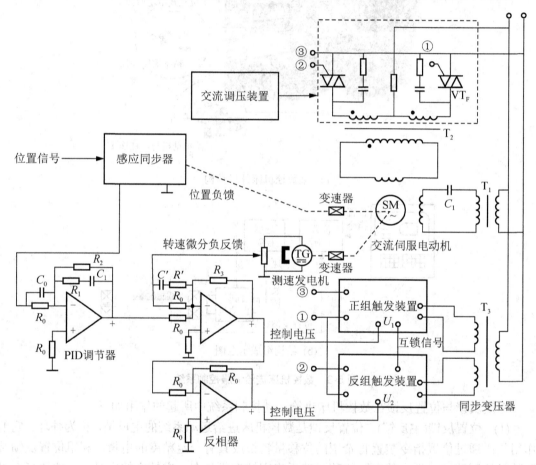

图 5-4 交流进给运动控制系统的原理

(1) 控制目的是跟踪给定的位置信号。由此可以找到以下两个量。

a. 被控制对象(物理实体):交流伺服电动机。

b. 被控量(输出物理实量):伺服电动机转过的角位移。

(2) 控制的装置:晶闸管交流调压装置(正组、反组触发装置)。由此可以找到以下两个量。

a. 控制量:交流伺服电动机两端的输入电压(电枢电压)u_s。

b. 执行机构:交流伺服电动机。

(3) 被控制量与控制量之间是否存在关联：存在。

a. 转速反馈环节及其控制过程：转速检测→与给定转速的输入电压进行比较→改变(正组、反组)触发装置的触发电压 u_c →限制交流伺服电动机的转速。反馈量：交流伺服电动机转速 u_{fn} 。

b. 位置反馈环节及其控制过程：位置检测→与给定位置的输入电压进行比较→改变(正组、反组)触发装置的触发电压 u_c →改变交流伺服电动机转过的角位移。反馈量：工作台位移 X_{fx} 。

因此，交流进给运动控制系统的组成框图如图 5-5 所示。

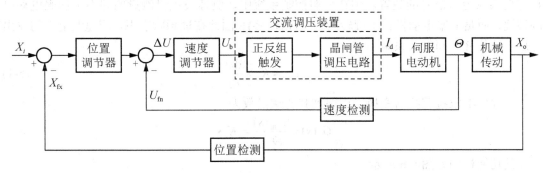

图 5-5　交流进给运动控制系统的组成框图

当假定伺服电动机给定位置 X_i 发生变化时，实际移动位置 X_o 将随着给定位置 X_i 的变化而变化，其跟踪过程(工作原理)如下。

(a) 当 $X_i > X_o$ 时，

$$X_i \uparrow \ \rightarrow \ \Delta X = X_i - X_{fx} > 0 \ \rightarrow u_{c1} > 0 \ \rightarrow 双向晶闸管正向导通，使伺服电动机正转，使 X_o \uparrow$$

当 $X_o = X_i$ 时，伺服电动机停转，跟踪完成 $\leftarrow \ \Delta X = X_i - X_{fx} \downarrow \leftarrow$

(b) 当 $X_i < X_o$ 时，

$$X_i \downarrow \ \rightarrow \ \Delta X = X_i - X_{fx} < 0 \ \rightarrow u_{c1} < 0 \ \rightarrow 双向晶闸管正向导通，使伺服电动机正转，使 X_o \downarrow$$

当 $X_o = X_i$ 时，伺服电动机停转，跟踪完成 $\leftarrow \ \Delta X = X_i - X_{fx} \downarrow \leftarrow$

(二)数控机床进给伺服驱动控制系统的数学模型

由图 5-5 所示可知，数控机床的进给运动控制系统由比较环节、速度及位置调节器、速度及位置检测元件、交流调压装置、伺服电动机、机械传动装置等部件组成。接下来就数控机床进给伺服控制系统的各组成模块来建立可供系统作进一步分析的数学模型。

1. 比较装置

比较装置的功能是将反馈信号与控制信号进行比较，得出偏差信号。图 5-4 中的控制系统有两个比较环节，它们实现的是以下两点。

(1) 局部速度反馈的比较，有

$$\Delta U_{fn}(s) = U_{sn}(s) - U_{fn}(s)$$

(2) 主位置反馈的比较，有

$$\Delta X(s) = X_i(s) - X_{fx}(s)$$

2．检测元件

1) 速度检测装置

由图 5-4 可知，用来检测伺服电动机转速的装置是测速发电机。如前所述，这是一种将转速变换成电压信号的装置。但在伺服控制系统中，测速发电机测量的并不是伺服电动机的转速，而是伺服电动机转子旋转的角度(角位移)。因此在理想状态下，测速发电机的输出电压与角位移之间的关系是

$$u_{fn} = K_n \times \frac{\mathrm{d}\theta}{\mathrm{d}t} \tag{5-1}$$

对式(5-1)求拉普拉斯变换，可得到其传递函数为

$$G_n(s) = \frac{U_{fn}(s)}{\Theta(s)} = K_n s$$

其功能框图如图 5-6 所示。

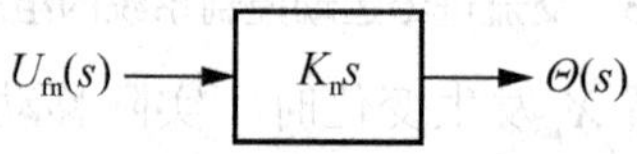

$$U_{fn}(s) \longrightarrow \boxed{K_n s} \longrightarrow \Theta(s)$$

图 5-6　速度检测装置的功能框图

2) 位置检测装置

在伺服控制系统的系统误差中，有一部分是由反馈支路上的检测元件精度所产生的，即检测误差，所以高精度的位置控制需要有高精度的位置检测元件作为硬件支撑。一般位置伺服控制系统常用的位置检测元件有伺服电位器、自整角机、旋转变压器、感应同步器和光电编码器等，其中：伺服电位器、自整角机、旋转变压器、感应同步器属于模拟量位置检测装置；光电编码器则属于数字量位置检测装置，它们的误差量级见表 5-1。图 5-4 系统中采用的是直线感应同步器，这是一种模拟量位置检测装置。

感应同步器的特点是检测精度高(可达 1μm)、测量长度不受限制。当测量长度大于250mm 时，可以用多块定尺接长。除此之外，它的抗干扰能力以及对环境的适应能力都比较强，而且具有维护简单、寿命长等优点，因此，在高精度的数控设备中有着十分广泛的应用。

感应同步器是利用两个平面绕组的互感随两者的相对位置变化而变化，来测量线位移和角位移的传感器。用于测量线位移的称为长度感应同步器，它由定尺和滑尺组成，图 5-7所示是长度感应同步器的内部结构与安装示意图。测量角位移的感应同步器称为圆感应同步器，它由转子和定子组成，其工作原理与长度感应同步器相同。在此，本节只介绍长度同步感应器的工作原理及输入输出关系。

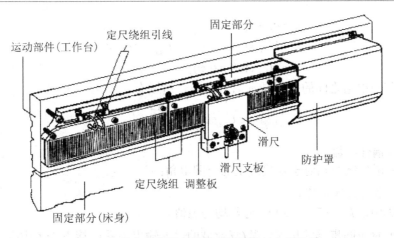

运动部件(工作台)　定尺绕组引线　固定部分

滑尺

滑尺支板　防护罩

定尺绕组　调整板

固定部分(床身)

图 5-7　长度感应同步器的内部结构与安装示意

(1) 长度感应同步器的工作原理。图 5-8(a)所示为长度感应同步器的绕组结构示意图。

定尺上粘有绕组，定尺的标准长度是 250mm，其绕组的节距(τ)为 2mm；滑尺较短，上面粘有两套励磁绕组，一套是正弦绕组(S)，另一套是余弦绕组(C)，当一个绕组与定尺绕组对正时，另一个就与定尺绕组相差 1/4 的节矩，即在空间相差 90° 的电角。

按工作状态，长度感应同步器又可分为鉴相型(即滑尺两绕组励磁电压的幅值相同，而相位不同)和鉴幅型(即滑尺两绕组励磁电压的滑相位相同，而幅值不同)两类。现以鉴相型长度感应同步器为例来说明其工作原理。

图 5-8(b)所示为鉴相型感应同步器的测量方式示意图。

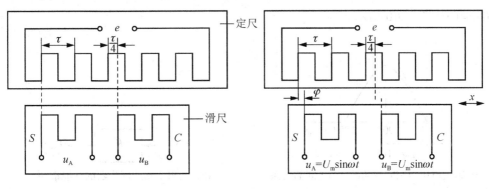

(a) 感应同步器绕组结构　　　　　　　(b) 感应同步器鉴相测量方式

图 5-8　线位移测量感应同步器工作原理示意图

在滑尺 S 绕组与 C 绕组中接入两个同频率、同幅值而相位相差 90° 的交流电压 $u_A = U_m \sin \omega t$ 和 $u_B = U_m \cos \omega t$ 后，则定尺绕组上将产生感生电动势 e。若设滑尺移动了 x 的位移，在空间上对应的电角为 φ，则定尺中由 S 绕组中电压变化而产生的感生电动势为

$$e_A = kU_m \sin \omega t \cos \varphi$$

而由 C 绕组中电压变化而产生的感生电动势为

$$e_A = kU_m \cos \omega t \cos(\varphi + 90°) = -kU_m \cos \omega t \sin \varphi$$

由叠加定理可知，定尺上所产生的总的感生电动势为这两个分量之和，即

$$e = e_A + e_B$$
$$= kU_m \sin \omega t \cos \varphi - kU_m \cos \omega t \cos \varphi$$
$$= kU_m \sin(\omega t - \varphi)$$

由于位移与电角之间的关系是 $\varphi = (2\pi x)/\tau$，所以有

$$e = kU_m \sin\left(\omega t - \frac{2\pi}{\tau}x\right) \qquad (5-2)$$

式中：k ——耦合系数；

    φ ——滑尺绕组相对于定尺绕组的空间电角；

    x ——滑尺直线位移。

在式(5-2)中，k、U_m、ω 和 τ 通常均为恒值。

(2) 长度感应同步器的传递函数(复数域的输入输出关系)。接下来考虑建立鉴相型感应同步器的传递函数。由式(5-2)可知，感应同步器的输出电压(感生电动势)与滑尺的位移成正弦函数关系。如图 5-9(a)所示，当 $\varphi = (2\pi x)/\tau \leqslant 10°$ 时，则有 $\sin \varphi \approx \varphi = 2\pi x/\tau$ 成立。因此，鉴相型感应同步器在此条件下所产生的感生电动势可写成

$$e \approx kU_m\left(\frac{2\pi}{\tau} \times x\right) = K_x x \qquad (5-3)$$

式中，$K_x = 2\pi kU_m/\tau$。

对式(5-3)进行拉普拉斯变换并整理，可得到鉴相型感应同步器的传递函数为

$$G(s) = \frac{E(s)}{X(s)} = K_x$$

其功能框图如图 5-9(b)所示。

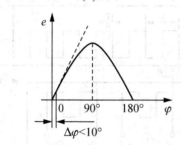

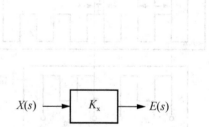

(a) 感生电压与空间电角(位移)之间的关系   (b) 鉴相型感应同步器的功能框图

图 5-9　感应同步器的数学模型

3. 伺服电动机

伺服电动机也称为执行电动机，在控制系统中用作执行元件。它将信号转换为电动机轴上的转角或转速，通过执行控制信号的指令来带动被控对象。伺服电动机的最大特点是可控性。当有控制信号输入时，伺服电动机就转动；当没有控制信号输入时，它就停止转动。改变控制电压的大小和极性就可以改变伺服电动机的转速和转向。因此，它与普通电动机相比具有以下特点。

(1) 调速范围宽广。伺服电动机的转速随着控制电压改变，能在很宽的范围内连续调节。

(2) 转子惯性小，能实现迅速启动与制动。

(3) 控制功率小，过载能力强，可靠性好。

常用的伺服电动机有交流和直流两大类，以交流电源为工作电源的称为交流伺服电动机；以直流电源为工作电源的称为直流伺服电动机。图 5-4 中使用的是交流伺服电动机，为了能方便地得到交流伺服电动机的数学模型，则首先从分析直流伺服电动机入手，通过直流伺服电动机的数学模型来获取交流伺服电动机的传递函数。

1) 直流伺服电动机

直流伺服电动机通常用于功率稍大的系统中。它的基本结构和工作原理与普通直流电动机相同，不同的只是它做得比较细长一些，以便满足随动控制系统对快速响应的要求，如图 5-10 所示。

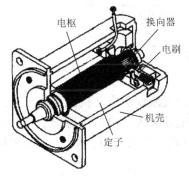

(a) 直流伺服电动机内部结构　　　　　(b) 直流伺服电动机外部结构

图 5-10　直流伺服电动机

直流伺服电动机的数学模型与调速电动机相比，并没有本质上的区别，只是调速电动机以电动机的输出转速为被控量；而伺服电动机则以电动机的输出角位移为被控量，且具有比直流电动机更大的调速范围。电动机的转速与角位移之间的关系是

$$\frac{\mathrm{d}\theta}{\mathrm{d}t} = \frac{2\pi}{60} \times n(t)$$

对该式取拉普拉斯变换，则有

$$\Theta(s)s = \frac{2\pi}{60} \times N(s)$$

整理后可得直流伺服电动机的转速与角位移之间的传递关系为

$$G(s) = \frac{\Theta(s)}{N(s)} = \frac{2\pi}{60} \times \frac{1}{s} \tag{5-4}$$

因此，只要在调速电动机系统框图的基础上增加把转速变换成角位的传递关系，就可以得到直流伺服电动机的系统框图($T_\mathrm{L} = 0$)，如图 5-11 所示。

由于直流调速电动机的闭环传递函数是

$$\Phi(s) = \frac{N(s)}{U_\mathrm{d}(s)} = \frac{1/C_\mathrm{e}}{T_\mathrm{m}T_\mathrm{a}s^2 + T_\mathrm{m}s + 1}$$

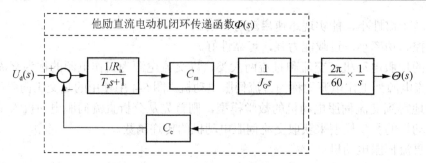

图 5-11　直流伺服电动机的系统框图

将式(5-4)代入，可得到直流伺服系统的传递函数为

$$G(s) = \frac{\Theta(s)}{U_d(s)} = \frac{1/C_e}{T_m T_a s^2 + T_m s + 1} \times \frac{2\pi/60}{s}$$

$$= \frac{K_m}{s(T_m T_a s^2 + T_m s + 1)} \tag{5-5}$$

式中，$K_m = 2\pi/60C_e$。

由式(5-5)可知，若以角位移为输出量，则直流伺服电动机就成为一个三阶系统。但一般情况，由于直流伺服电动机功率没有调速电动机大，电枢电感很小，且回路中不串接平波电抗器，因此，相对电动机的机电时间常数 T_m，有 $T_a \ll T_m$ 成立。当将电磁时间常数 T_a 处理成 $T_a = 0$ 时，式(5-5)可简化为

$$G(s) = \frac{K_m}{s(T_m s + 1)} \tag{5-6}$$

2)　交流伺服电动机

交流伺服电动机也是自动控制系统中一种常用的执行元件，它实质上是一个两相感应电动机。其结构及等效电路如图 5-12 所示。

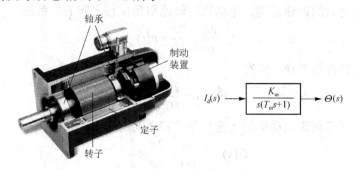

(a) 交流伺服电动机内部结构示意　　(b) 交流伺服电动机功能框图

图 5-12　交流伺服电动机

通常交流伺服电动机有三相异步电动机、永磁式同步电动机和磁阻式步进电动机等，有时也可用电励磁的同步伺服电动机。但无论是异步电动机，还是同步电动机，经过矢量变换、磁链定向等各电流闭环控制后，交流异步或同步电动机均可以等效为电流控制的直流电动机。因此，与直流伺服电动机类似，交流伺服电动机的数学模型是

$$G(s) = \frac{\Theta(s)}{I_{\text{d}}(s)} = \frac{K_{\text{m}}}{s(T_{\text{m}}s + 1)} \tag{5-7}$$

比较式(5-6)和式(5-7)可以得出结论：采用电流闭环控制后，交流伺服系统与直流伺服系统具有相同的控制对象的数学模型。

其功能框图如图 5-12(b)所示。

4. 交流调压装置

交流位置随动系统是以交流伺服电动机为执行元件的控制系统，如何通过改变交流伺服电动机两端的电压(实际上为电流)来达到控制交流伺服电动机转动角度与转动速度是随动控制系统的基本目的。该系统类似于直流调速系统，但与直流调速系统所不同的是，交流电动机在变压调速时的机械特性不如直流电动机。因此，为了获得与直流电动机一样的机械特性，交流调压装置所要实现的任务要比直流调压装置复杂很多。

近年来，由于新型功率电子器件、新型交流电动机控制技术的快速发展，使交流位置随动系统也取得了很大的进步。下面简要介绍交流位置随动系统调速的基本思想及交流调压供电的新型技术，并获得交流调压装置的数学模型。

1) 变压变频调速的基本原理

在电机学中，为了定量分析电动机的特性，引入了转差率 s 的概念。转差率为定子旋转磁场的同步转速 n_1 与转子转速 n 之间的差值 Δn 对同步转速 n_1 之比，即

$$s = \frac{\Delta n}{n_1} = \frac{n_1 - n}{n_1}$$

由于同步转速 $n_1 = 60f_1 / p$ (f_1 供电电源频率)，所以

$$n = n_1 - sn_1 = n_1(1 - s) = \frac{60f_1}{p}(1 - s)$$

由此可见，只要改变供电电源频率 f_1，就可以改变转子转速。但是这种方法存在一个很大的问题。由电动机学知识可知，在异步电动机接入正弦交流电后，每级下所产生的磁通 Φ_{m} (最大值)为

$$\Phi_{\text{m}} \approx \frac{1}{4.44 K_1 N_1} \times \frac{U_1}{f_1} = K \times \frac{U_1}{f_1} \tag{5-8}$$

式中，$K = 1/4.44 K_1 N_1$，K_1 为每相绕组系数，N_1 为每相定子绕组的匝数；U_1 为每相定子绕组的供电电压。

由式(5-8)可见，当供电电压不变时，若只改变供电电源频率，则势必带来定子磁通的变化，受电动机绝缘和磁路饱和的限制，只改变供电电源频率的调速方案导致定子电压只能降低，不能升高。因此，这种调速方式也称为降压调速。降压调速最大的问题在于其调速范围窄、机械特性较软。因此，为了改善交流电动机的调速特性，最好的办法是保持每极磁通量 Φ_{m} 为额定值 Φ_{mN} 不变，这样当供电电源频率 f_1 从额定值向下调节时，必须同时降低电源的供电电压 U_1，使

$$\Phi_{\text{m}} \approx \frac{1}{4.44 K_1 N_1} \times \frac{U_1}{f_1} = K \times \frac{U_1}{f_1} = 恒值$$

而这就是目前应用最为广泛的变频调速。

异步电动机变频调速需要电压与频率均可调节的交流电源，常用的交流可调电源可由电力电子器件构成的静止式功率变换器(一般称为变频器)得到。变频器的结构如图 5-13 所示。变频器按变流方式可分为交—直—交变频器和交—交变频器两种。

图 5-13　变频器结构示意图

交—直—交变频器是先将恒压恒频的交流电(电网电源)通过整流滤波后，变成直流电，然后再将直流电逆变成电压与频率均可调节的交流电，以供给异步电动机使用，故它又被称为间接变频。

交—交变频器是将恒压恒频的交流电直接变换为可调节电压与频率的交流电源，而无须中间环节，故这种方法又被称为直接变频。

现代变频器中用得最多的是脉冲宽度调制(pulse width modulation，PWM)变频技术，其基本思想是：控制逆变器中电力电子器件的开通或关断，输出电压幅值相等、宽度按一定规律变化的高频脉冲序列，并用这样的高频脉冲序列来代替期望的输出电压。

2) 正弦脉冲宽度调制(SPWM)技术

以与期望输出电压波相同的正弦波作为调制波，以频率比期望的输出电压波高得多的等腰三角波作为载波，当调制波与载波相交时，由它们的交点确定逆变器开关器件的通断，从而获得幅值相等、宽度按正弦规律变化的脉冲序列，这种调制方法就称为正弦波脉宽调制(sinusoidal pulse width modulation，SPWM)。

图 5-14 是模拟式 IGBT-SPWM-VVVF(variable voltage variable frequency，变压变频)变频器的原理框图。虚线框内是这种类型变频器的主要结构，其中各主要模块功能大致如下。

(1) 给定环节。S_1 为正、反运转选择开关。电位器 RP_1 调节正向转速，RP_2 调节反向转速。S_2 为启动、停止开关，停车时，将输入端接地，防止干扰信号侵入。

(2) 给定积分电路。它的主体是一个具有限幅的积分环节，以将正、负阶跃信号，转换成上升或下降斜率均可调的、具有限幅的正负斜坡信号。正斜坡信号将使启动过程变得平稳，实现软启动，同时也减小了启动时过大的冲击电流；负斜坡信号将使停车过程变得平稳。

(3) U/f 函数发生器。U/f 函数发生器是一个带限幅的斜坡信号发生器，输出特性如图 5-15 所示。U/f 函数发生器的功能就是为了实现交流电动机的分段调速，即在基频以下，产生一个与频率 f_1 成正比的电压，作为正弦信号幅值的给定信号，以实现恒压频比($U/f = $ 恒量)的控制；在基频以上，则使 U 为一恒量，以实现恒压(弱磁升速)控制。

(4) 开通延时器。它是使待导通的 IGBT 管在换相时稍作延时后，再驱动待桥臂上另一组 IGBT 导通。这是为了防止桥臂上的两组 IGBT 管在换相时，一组没有完全关断，而另一组又导通，形成两组 IGBT 同时导通，造成短路。

(5) 其他环节。除以上模块外，此类变频器中还设有过电压、过电流等保护环节以及电源、显示、报警等辅助模块(图中未画出)。

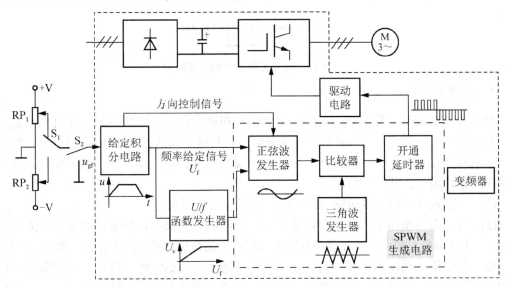

图 5-14 模拟式 IGBT-SPWM-VVVF 变频器原理示意框图

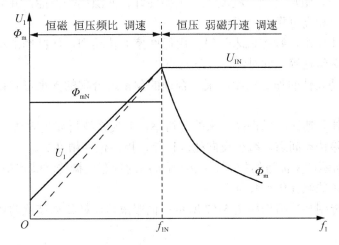

图 5-15 变频器结构示意图

模拟式 IGBT-SPWM-VVVF 变频器的工作过程如下:给定信号(给出转向及转速大小) → 启动(或停止)信号 → 给定积分器(实现平稳启动、减小启动电流) → U/f 函数发生器(基频以下,恒磁恒压频比控制;基频以上,恒压弱磁升速控制) → SPWM 控制电路(由给定频率和给定幅值的正弦信号波与三角波载波比较后产生 SPWM 波) → 驱动电路模块 → 主电路(IGBT 管三相逆变电路) → 供三相异步电动机使用,从而实现交流电动机的 VVVF 调速。

综上所述,由于采用了 SPWM 控制,交流调压装置可视为一个功率放大环节。当改变控制信号电压时,其传递函数为

$$G(s) = \frac{I_{\mathrm{d}}(s)}{U_{\mathrm{s}}(s)} = K_{\mathrm{s}}$$

式中, K_{s} 为交流调压装置的功率放大系数, $K_{\mathrm{s}} = f_1/U_1$ 。

交流调压装置的功能框图如图 5-16 所示。

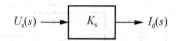

$$U_s(s) \longrightarrow \boxed{K_s} \longrightarrow I_d(s)$$

图 5-16　交流调压装置的功能框图

5．机械传动装置

机械传动装置是一种把动力系统产生的运动和动力传递送给负载的执行机构，是一种转矩和转速的变换装置。其目的是使驱动电动机与负载之间的转矩和转速得到合理的匹配。

在机械加工系统中，机械传动系统一般由减速装置、丝杠螺母副、蜗轮蜗杆副等各种线性传动部件组成，其任务如下。

(1)　降低或增高动力系统输出的速度，以适应负载要求。

(2)　将动力系统输出的等速旋转运动转换为负载所要求的、按某种规律变化的运动。如图 5-3 中机械传动装置丝杠需要将伺服电动机产生的角位移转换成工作台的水平线位移。

由于伺服驱动系统的特点是高精度、高响应速度及高稳定性。因此，与伺服电动机配合的伺服机械传动装置就应该具有良好的伺服性能，即具有较小的转动惯量、较小的机械摩擦力或黏滞阻力、阻尼合理、刚度大、抗振性好、间隙小等性能，并同时满足小型、轻量、高速、低噪声和高可靠性等要求。

为了满足上述要求，数控机床一般采用低摩擦的传动副，如减摩滑动导轨、滚动导轨及静压导轨、滚珠丝杠等。同时考虑以下几点。

(1)　保证传动元件的加工精度，采用合理的预紧、合理的支承形式以提高传动系统的刚度。

(2)　选用最佳降速比，以提高机床的分辨率，并使系统折算到驱动轴上的惯量减少。

(3)　尽量消除传动间隙，减少反向死区误差，提高位移精度等。

由于图 5-4 所示的交流进给控制系统中所采用的伺服机械传动装置是滚珠丝杠螺母副，所以本节只讨论滚珠丝杠传动装置。

滚珠丝杠螺母副装置结构如图 5-17 所示；伺服滚珠丝杠传动装置的传动原理如图 5-18 所示。

(a) 滚珠丝杠螺母副外形　　　　　　　(b) 滚珠丝杠螺母副内部结构

图 5-17　滚珠丝杠螺母副装置的结构示意

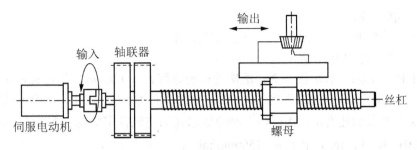

图 5-18　伺服滚珠丝杠传动装置传动原理示意

1)　滚珠丝杠螺母副

滚珠丝杠螺母副是回转运动与直线运动相互转换的一种新型传动装置，在数控机床上得到了广泛的应用。它的结构特点是在具有螺旋槽的丝杠螺母间装有滚珠作为中间传动元件，以减少摩擦。

值得注意的是，滚珠丝杠的传动间隙是轴向间隙，因此，在使用过程中，为了保证反向传动精度和丝杠的刚度，必须消除轴向间隙。消除轴向间隙常采用双螺母结构，利用两个螺母的相对轴向位移，使两个滚珠螺母中的滚珠分别紧贴在螺旋滚道的两个相反的侧面上。用这种预紧方法消除轴向间隙时，应注意预紧力不宜过大，预紧力过大会使空载力矩增加，从而降低传动效率，缩短使用寿命。

2)　电动机通过联轴器直接与丝杠连接

如图 5-18 所示，此结构中，伺服电动机的转轴与丝杠之间采用锥环无键连接或高精度十字联轴器连接，从而使进给传动系统具有较高的传动精度和传动刚度，并大大简化了机械结构。加工中心和精度较高的数控机床的进给运动中，普遍采用这种连接形式。

由于该机械传动装置的主要功能是将旋转运动转换成直线运动，因此，其传递函数可表示为

$$G(s) = \frac{X(s)}{\Theta(s)} = 1/z = K_z$$

式中：$\Theta(s)$ ——伺服电动机输出的角位移，它作为机械传动装置的输入信号；

$\quad\quad$ $X(s)$ ——由机械传动装置转换来的位移量；

$\quad\quad$ z ——机械传动装置的传动比，它表示伺服电动机转动一周螺母移动的距离，相当于齿轮的减速比。

机械传动装置的功能框图如图 5-19 所示。

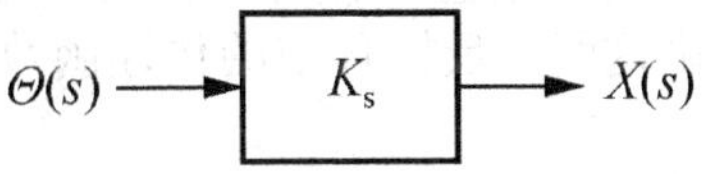

$$\Theta(s) \longrightarrow \boxed{K_s} \longrightarrow X(s)$$

图 5-19　交流调压装置的功能框图

需要说明的是，当机械传动装置采用这种数学模型时，其机械传动机构所产生的转动惯量都必须折算到电动机轴上，折算公式是

$$J_m = \frac{1}{z^2} \times \left(\frac{L_0}{2\pi}\right)^2 \times m$$

式中：z ——传动比；

L_0 ——丝杠的导程，即两个螺距之间的距离；

m ——驱动负载的质量。

本项目中，若系统传动比 $z=2$，滚珠丝杠的导程 $L_0=0.004\text{m}$，丝杠直径 $d=0.016\text{m}$，驱动负载质量 $m=100\text{kg}$，工作台与导轨之间的摩擦系数 $f=0.1$，工作台最大线速度 $v=0.05\text{m/s}$，最大加速度 $a=10\text{m/s}^2$，则应该选择的交流伺服电动机参数为：电动机转动惯量 $J_\text{m}>1.01\times10^{-5}\text{kg}\cdot\text{m}^2$，转速 $n>1500\text{rad/min}$。

具体校验如下。

(1) 将负载力矩折算到电动机轴上。

外负载力矩：$F_\text{w}=mgf=100\times10\times0.1=100(\text{N})$

惯性负载力矩：$F_\text{J}=ma=100\times10=1\,000(\text{N})$。

将以上负载力矩折算到电动机轴上，则有

$$T_\text{m}=\frac{1}{z}\times\frac{L_0}{2\pi}\times(F_\text{w}+F_\text{J})=\frac{0.004}{2\times2\pi}\times(100+1\,000)=0.35(\text{N}\cdot\text{m})$$

(2) 将转动惯量折算到电动机轴上，则有

$$J_\text{m}=\frac{1}{z^2}\times\left(\frac{L_0}{2\pi}\right)^2\times m=\left(\frac{0.004}{2\times2\pi}\right)^2\times100=1.01\times10^{-5}(\text{kg}\cdot\text{m}^2)$$

因此，电动机转速应为

$$n=z\times\frac{v}{L_0}=2\times\frac{0.05}{0.004}=25(\text{rad/s})=1\,500(\text{rad/min})$$

轴的功率应为

$$P=(1.5\sim2.5)\frac{2\pi n\times T_\text{m}}{\eta}$$

当传动效率 $\eta=0.8$ 时，电动机输出功率应为

$$P_\text{m}=2\times\frac{2\pi n\times0.35}{0.8}=137.44(\text{W})$$

(3) 选择的交流异步伺服电动机主要参数为：$U_\text{n}=180\text{V}$，$I_\text{N}=1.32\text{A}$，$P_\text{N}=400\text{W}$，$R_\text{a}=2.49\Omega$，$L_\text{a}=14.28\text{mH}$，电动机转动惯量 $J_\text{m}=3\times10^{-5}\text{kg}\cdot\text{m}^2$。

6. 控制装置(调节器)

由数控机床进给运动控制系统的系统组成框图 5-5 可知，该伺服控制系统中存在两个反馈回路：一个是精确工作台定位的位置反馈外环；另一个是用来稳定伺服电动机转速的速度反馈内环。接下来分别讨论这两个反馈环节的传递函数。

1) 速度微分负反馈

由图 5-5 可得到速度反馈的控制电路如图 5-20 所示。

在图 5-21(b)中，利用叠加定理及运算放大器虚断、虚短的概念，可得

$$U_s/R_3=-\left[-\frac{\Delta U}{R_0}+U_\text{fn}\left(\frac{1}{R_0}+\frac{1}{(R'+1/C's)}\right)\right]$$

$$=\frac{1}{R_0}\left[\Delta U-U_\text{fn}\left(1+\frac{C'R's}{C'R's+1}\right)\right] \tag{5-9}$$

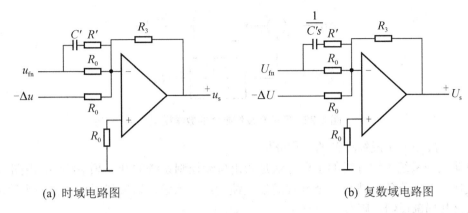

(a) 时域电路图　　　　　　　　　　　(b) 复数域电路图

图 5-20　速度微分调节电路

由此，可以得到两种表示该速度微分负反馈的系统框图。

(1)　第一种表示方式。

整理式(5-9)，得

$$U_{s} = \frac{R_{3}}{R_{0}}\left[\Delta U - U_{fn}\left(1 + \frac{C'R_{0}s}{C'R's+1} \right) \right] = \frac{R_{3}}{R_{0}}\left(\Delta U - U_{fn} - \frac{C'R'R_{0}s}{C'R's+1}U_{fn} \right)$$

$$= K_{p}\left(\Delta U - U_{fn} - \frac{\tau_{0}s}{\tau_{1}s+1}U_{fn} \right)$$

其中，$K_{p} = R_{3}/R_{0}$，$\tau_{0} = C'R'R_{0}$，$\tau_{1} = C'R'$，其框图如图 5-21(a)所示。

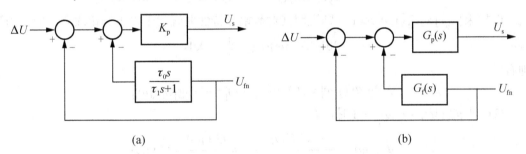

(a)　　　　　　　　　　　　　　　　　(b)

图 5-21　微分负反馈电路的数学模型(一)

(2)　第二种表示方式。

整理式(5-9)得

$$U_{s} = \frac{R_{3}}{R_{0}}\left[\Delta U - U_{fn}\left(1 + \frac{C'R_{0}s}{C'R's+1} \right) \right] = \frac{R_{3}}{R_{0}}\left(\Delta U - \frac{C'R'R_{0}s + C'R's + 1}{C'R's+1}U_{fn} \right)$$

$$= K_{p}\left(\Delta U - \frac{\tau_{0}s+1}{\tau_{1}s+1}U_{fn} \right)$$

其中，$K_{p} = R_{3}/R_{0}$，$\tau_{0} = C'(R'R_{0} + R')$，$\tau_{1} = C'R'$，其框图如图 5-22 所示。

两种方法都显示，该电路并不是单纯的微分反馈，其中附加了一个小惯性环节。小惯性环节的加入虽然对微分作用有所削弱，但抑制了微分环节引来的高频噪声，有助于提高数控进给系统的抗干扰能力。

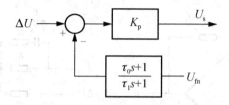

图 5-22　微分负反馈电路的数学模型(二)

2)　速度微分负反馈环节的工程分析

自动控制系统工程分析的主要方法是做出自动控制系统的开环频率特性。由图 5-21(b) 不难发现，该微分负反馈是一个具有局部反馈的反馈系统，如果利用闭环传递函数求取公式来简化其局部反馈，则有

$$\Phi'(s) = \frac{G_p(s)}{1 + G_p(s)G_f(s)} \tag{5-10}$$

在很多情况下，这样所求得的闭环传递函数很难变换成典型环节的乘积形式，而想要直接绘制闭环传递函数的频率特性往往又非常复杂。因此在工程上，可以利用在项目 4 中的知识，对其闭环频率特性频率曲线进行工程处理与分析。

由式(5-10)可知，利用频率特性分析如下。

(1)　当 $\left| G_p(j\omega)G_f(j\omega) \right| \gg 1$ 时，有

$$\Phi'(j\omega) = \frac{G_p(j\omega)}{1 + G_p(j\omega)G_f(j\omega)} \approx \frac{G_p(j\omega)}{G_p(j\omega)G_f(j\omega)} = \frac{1}{G_f(j\omega)}$$

即如果 $\left| G_p(j\omega)G_f(j\omega) \right| \gg 1$，则说明其对数幅频特性曲线对于以下结论成立，即，当

$$20\lg \left| G_p(j\omega)G_f(j\omega) \right| \gg 0\text{dB}$$

则有

$$20\lg \left| \Phi'(j\omega) \right| \approx 20\lg \left| 1/G_f(j\omega) \right| = -20\lg \left| G_f(j\omega) \right|$$

(2)　当 $\left| G_p(j\omega)G_f(j\omega) \right| \ll 1$ 时，有

$$\Phi'(j\omega) = \frac{G_p(j\omega)}{1 + G_p(j\omega)G_f(j\omega)} \approx \frac{G_p(j\omega)}{1} = G_p(j\omega)$$

即，当

$$20\lg \left| G_p(j\omega)G_f(j\omega) \right| \ll 0\text{dB}$$

则有

$$20\lg \left| \Phi'(j\omega) \right| = 20\lg \left| G_p(j\omega) \right|$$

因此，在本项目中若令

$$G_p(s) = K_p, \quad G_f(s) = \tau_0 s/\tau_1 s + 1$$

则可以通过以上方法来近似获得闭环传递函数 $\Phi'(j\omega)$ 的对数频率特性曲线，如图 5-23 所示。

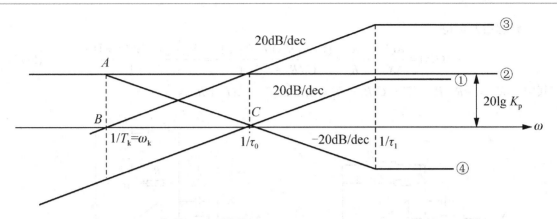

图 5-23 闭环传递函数 $\Phi'(j\omega)$ 的对数频率特性曲线

① $G_f(s) = \tau_0 s / \tau_1 s + 1$ 的对数频率特性曲线; 　② $G_p(s) = K_p$ 的对数频率特性曲线;

③ $G_p(j\omega)G_f(j\omega) = K_p\tau_0 s / \tau_1 s + 1$ 的对数频率特性曲线; 　④ $\Phi'(s) = \dfrac{G_p(s)}{1 + G_p(s)G_f(s)}$ 的对数频率特性曲线

由图 5-23 中的渐近线④可以得到闭环传递函数 $\Phi'(j\omega)$ 的近似开环传递函数

$$\Phi'(s) = \frac{K_p(\tau_1 s + 1)}{T_k s + 1} \tag{5-11}$$

现在来确定待定参数 T_k。利用图 5-23 中所示的 $R_t \triangle ABC$ 和斜率公式,有

$$\frac{20\lg K_p - 0}{\lg \dfrac{1}{T_k} - \lg \dfrac{1}{\tau_0}} = -20 \quad \Rightarrow \quad T_k = K_p\tau_0$$

将 $T_k = K_p\tau_0$ 代入式(5-11)可得

$$\Phi'(s) = \frac{K_p(\tau_1 s + 1)}{T_k s + 1} = \frac{K_p(\tau_1 s + 1)}{K_p\tau_0 s + 1} \tag{5-12}$$

现在,通过直接求该微分负反馈的闭环传递函数,来对比以上的近似结果,由闭环公式

$$\Phi'(s) = \frac{G_p(s)}{1 + G_p(s)G_f(s)} = \frac{K_p}{1 + \dfrac{K_p\tau_0 s}{\tau_1 s + 1}} = \frac{K_p\tau_1 s + 1}{\tau_1 s + 1 + K_p\tau_0 s}$$

$$= \frac{K_p(\tau_1 s + 1)}{(K_p\tau_0 + \tau_1)s + 1} \tag{5-13}$$

比较式(5-12)和式(5-13),只要 $K_p\tau_0 \gg \tau_1$,则这样的近似对系统分析来说就是可行的。

3) 位置 PID 调节

由图 5-4 可知该位置 PID 调节器的电路如图 5-24 所示。

在图 5-24(b)中,利用叠加定理及运算放大器虚断、虚短的概念,可得

$$-\Delta U \left(\frac{1}{R_2} + \frac{1}{R_1 + 1/C_1 s} \right) = \left(\frac{1}{R_0} + \frac{1}{1/C_0 s} \right) \Delta X$$

$$-\Delta U \frac{1}{R_2} \left(1 + \frac{C_1 R_2 s}{C_1 R_1 s + 1} \right) = \frac{1}{R_0} (1 + C_0 R_0 s) \Delta X$$

整理后，可得

$$G(s) = \frac{\Delta U}{\Delta X} = -\frac{R_2}{R_0} \times \frac{(1 + C_0 R_0 s)(C_1 R_1 s + 1)}{C_1(R_1 + R_2)s + 1} = \frac{K_{px}(T_0 s + 1)(T_1 s + 1)}{T_2 s + 1} \tag{5-14}$$

其中，$K_{px} = -R_2/R_0$；$T_0 = C_0 R_0$；$T_1 = C_1 R_1$；$T_2 = C_1(R_1 + R_2)$。

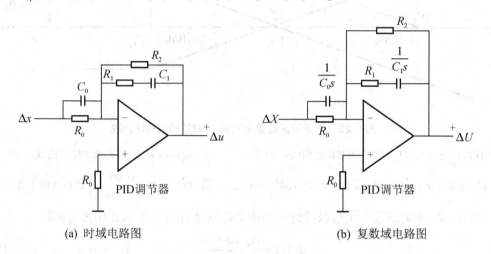

(a) 时域电路图 (b) 复数域电路图

图 5-24 位置 PID 调节电路

通过以上对各个环节的分析，若采用第二种方式表示速度微分负反馈，则最终得到的数控机床进给运动系统的系统框图，如图 5-25 所示。

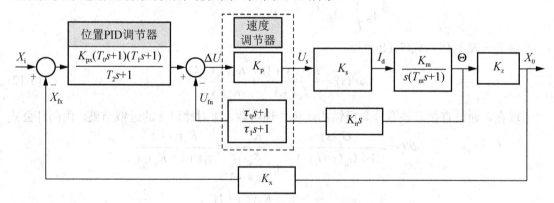

图 5-25 数控机床进给运动控制系统的系统框图

(三)数控机床进给控制系统的闭环性能分析与调试

1. 数控机床进给控制系统的性能指标

任何自动控制系统的分析与调试，都建立在所给定系统的性能指标上。一个自动控制系统调试结果的评价，简单来说就是该系统经过调试后，是否在平稳运行的基础上，达到用户提出来的指标要求。因此，首先给出数控机床进给控制系统的指标要求。

1) 系统要求

(1) 调速范围宽。

(2) 控制精度能满足定位精度和轮廓切削精度的要求。

(3) 快速响应好。

(4) 抗干扰能力强，工作稳定，具有较高的可靠性。

2) 闭环伺服系统的稳定性能要求

(1) 定位控制系统。相位稳定裕量 γ 为 $50°$ 左右。

(2) 轮廓控制系统。相位稳定裕量 γ 为 $50° \sim 65°$。

3) 稳态性能要求

(1) 单位阶跃给定(单位阶跃信号)输入下的稳态误差为

$$e_{ss} = \lim_{s \to 0} G_0(s) = \frac{1}{1 + K_p}$$

(2) 单位等速给定(单位斜坡信号)输入时的稳态误差为

$$e_{ss} = \lim_{s \to 0} s G_0(s) = \frac{1}{K_v}$$

4) 动态性能指标

如前所述，数控机床伺服系统简化后为二阶系统，则有

超调量：$\sigma_p \% = e^{-\xi\pi/\sqrt{1-\xi^2}} \times 100\%$

调整时间：$t_s = (3 \sim 4)\dfrac{1}{\xi\omega_n} = (6 \sim 8)\tau$

2．数控机床进给控制系统的闭环性能分析

在了解数控机床进给系统指标要求的基础上，借助所建立的数控机床进给控制系统的系统框图，可以开始对系统进行性能分析。分析的原则是由内向外，先分析系统内部小闭环的特性，然后再分析外部主反馈电路。

1) 数控机床进给控制系统内部小闭环的性能分析

数控机床进给运动控制系统框图如图 5-25 所示。为了方便分析，现将其内部小闭环重录于此，如图 5-26 所示。

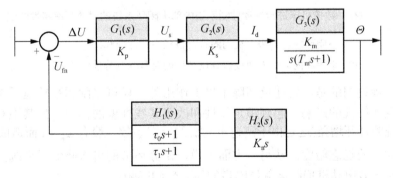

图 5-26 数控机床进给运动控制系统内部小闭环系统框图

由图 5-26 可以很方便地得到该小闭环系统的开环传递函数。

(1) 小闭环内，伺服电动机的固有的开环传递函数为

$$G(s)H(s)' = G_1(s)G_2(s)G_3(s) = \frac{K_p K_s K_m}{s(T_m s + 1)}$$

因此,伺服电动机固有的开环频率特性如图 5-27 中的曲线①所示。

(2) 小闭环内,引入速度微分反馈后系统的开环传递函数为

$$G(s)H(s)'' = G_1(s)G_2(s)G_3(s)H_1(s)H_2(s) = K_p \times K_s \frac{K_m}{s(T_m s + 1)} \times \frac{\tau_0 s + 1}{\tau_1 s + 1} \times K_n s$$

$$= \frac{K_p K_s K_m K_n (\tau_0 s + 1)}{(T_m s + 1)(\tau_1 s + 1)}$$

$$= \frac{K_\Phi (\tau_0 s + 1)}{(T_m s + 1)(\tau_1 s + 1)}$$

式中:$T_m > \tau_0 > \tau_1$。

因此,伺服电动机在引入速度微分反馈后的开环频率特性如图 5-27 中的曲线②所示。

(3) 内部小闭环性能分析。由图 5-27 可见,在转速微分的作用下,该小闭环的开环对数频率曲线以 –20dB/dec 的斜率穿越 0dB 线,其稳定性得到了极大的改善。另外,其穿越频率也由原来的 $\omega_{c\Phi}'$ 提高到了 $\omega_{c\Phi}$,这也为进一步提高系统的快速性创造了条件。

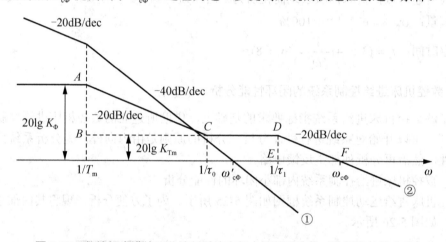

图 5-27　数控机床进给运动控制系统内部小闭环系统的对数频率特性曲线

　① 小闭环内,伺服电机的固有对数频率特性曲线;

　② 小闭环内,引入速度微分反馈后的对数幅频特性曲线

需要进一步说明的是,转速反馈除了以上作用外,还可以削弱被转速反馈包围部分参数的变化以及非线性的影响,起到镇定特性和改善其线性度的作用。但其不利之处在于,它压低了系统的开环增益(这是由于测速电动机的反馈系数一般有 $K_n < 1$ 而造成的),从而影响了伺服电动机的稳态精度;从另一方面来说,微分环节的引入降低了系统高频段的衰减斜率,从而使伺服电动机抑制高频抗噪声的能力受到影响。

(4) 穿越频率的求取。由频率特性性质及斜率公式,在图 5-27 所示的 $\triangle ABC$ 中有

$$\frac{20\lg K_\Phi - 20\lg K_{Tm}}{\lg \dfrac{1}{T_m} - \lg \dfrac{1}{\tau_0}} = -20 \quad \Rightarrow \quad K_{Tm} = \frac{\tau_0 K_\Phi}{T_m}$$

在图 5-27 所示的 $\triangle DEF$ 中有

$$\frac{20\lg K_{\mathrm{Tm}} - 0}{\lg \dfrac{1}{\tau_1} - \lg \omega_{c\Phi}} = -20 \quad \Rightarrow \quad \omega_{c\Phi} = \frac{K_{\mathrm{Tm}}}{\tau_1} = \frac{\tau_0 K_{\Phi}}{\tau_1 T_{\mathrm{m}}}$$

2)　数控机床进给控制系统的闭环性能分析

为了在工程上，可以利用开环对数频率特性对整个系统进行分析，就必须对这个内部的小闭环进行处理，把它看成是整个系统中的某个环节。由闭环传递函数求取公式，可以很容易求得这个内部小闭环系统的传递函数为

$$\Phi_{\Phi}(s) = \frac{G_1(s)G_2(s)G_3(s)}{1 + G_1(s)G_2(s)G_3(s)H_1(s)H_2(s)}$$

$$= \frac{K_{\mathrm{p}}K_{\mathrm{s}}K_{\mathrm{m}}\big/s(T_{\mathrm{m}}s + 1)}{1 + K_{\mathrm{p}}K_{\mathrm{s}}K_{\mathrm{m}}K_{\mathrm{n}}(\tau_0 s + 1)\big/(T_{\mathrm{m}}s + 1)(\tau_1 s + 1)}$$

但要把这个环节分解成典型环节，并以乘积形式出现并不是一件容易事。在上一节有关速度微分反馈控制的讨论中，已经知道可以通过闭环近似的方法将闭环传递函数近似成开环传递函数。因此，本节仍将利用这种方法，先处理掉内部小闭环，然后利用整个系统的开环对数频率特性来对其进行性能分析。

(1)　内部闭环频率特性的开环近似。小闭环开环近似的原则是，若闭环系统的传递函数为

$$\Phi(s) = \frac{G(s)}{1 + G(s)H(s)}$$

那么有如下两种情况。

a. 当 $\left|G(\mathrm{j}\omega)H(\mathrm{j}\omega)\right| \gg 1$ 时，即其对数幅频特性曲线在 0dB 线以上，则有

$$20\lg\left|\Phi(\mathrm{j}\omega)\right| \approx 20\lg\left|1/H(\mathrm{j}\omega)\right| = -20\lg\left|H(\mathrm{j}\omega)\right|$$

b. 当 $\left|G(\mathrm{j}\omega)H(\mathrm{j}\omega)\right| \ll 1$ 时，即其对数幅频特性曲线在 0dB 线以下，则有

$$20\lg\left|\Phi(\mathrm{j}\omega)\right| \approx 20\lg\left|G(\mathrm{j}\omega)\right|$$

结合以上分段讨论，内部闭环频率特性开环近似的对数幅频特性曲线如图 5-28 所示。

由图 5-28 中的曲线④可得到内部闭环的近似开环传递函数为

$$G_{\Phi}(s) = \frac{K(\tau_0 s + 1)}{s(\tau_1 s + 1)\left(\dfrac{1}{\omega_{c\Phi}}s + 1\right)} = \frac{K(\tau_1 s + 1)}{s(\tau_0 s + 1)(T_{\Phi}s + 1)}$$

其中，$T_{\Phi} = 1/\omega_{c\Phi} = \tau_1 T_{\mathrm{m}}/\tau_0 K_{\Phi}$。

由于当 $\left|G(\mathrm{j}\omega)H(\mathrm{j}\omega)\right| \gg 1$ 时，闭环频率特性为 $20\lg\left|\Phi(\mathrm{j}\omega)\right| \approx 20\lg\left|1/H(\mathrm{j}\omega)\right|$，所以有 $K \approx K_{\mathrm{n}}$。

(2)　数控机床进给控制系统的开环传递函数。经过闭环近似等效处理后，可以将数控机床进给运动控制系统的系统框图 5-25 简化为如图 5-29 所示的系统框图。

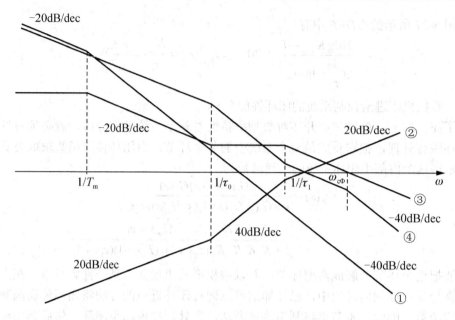

图 5-28　数控机床进给控制系统内部闭环频率特性的开环近似

① 小闭环内，伺服电机的固有对数频率特性曲线；

② 小闭环内，速度微分反馈环节的对数频率特性曲线；

③ 小闭环的 $G(s)H(s)$ 开环频率曲线；

④ 小闭环传递函数 $\Phi(s)$ 的开环等效对数频率近似曲线

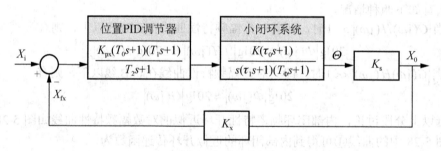

图 5-29　数控机床进给运动控制系统的简化框图

由图 5-29 可得数控机床进给控制系统的开环传递函数为

$$G(s)H(s) = \frac{K_{px}(T_0 s + 1)(T_1 s + 1)}{T_2 s + 1} \times \frac{K(\tau_0 s + 1)}{s(\tau_1 s + 1)(T_\Phi s + 1)} \times K_z \tag{5-15}$$

在不考虑 PID 调节时，系统固有的幅频特性曲线如图 5-30 所示。

由如图 5-30 可知，在引入局部转速微分反馈控制之后，数控机床进给运动控制系统是稳定系统，但中频段范围过窄，其相对稳定性会受极大限制。同时，由于转速微分环节的作用，使运动系统的高频衰减斜率降低，系统的抗干扰能力下降。

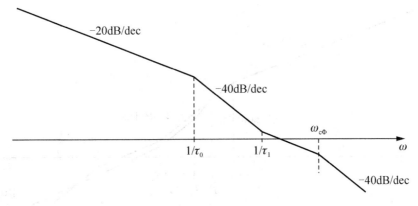

图 5-30 数控机床进给运动控制系统的幅频特性曲线

3．数控机床进给控制系统的闭环性能调试

基于以上分析，可利用调整 PID 控制器的参数来调整数控机床进给运动控制系统的性能，使之达到正常工作要求。

由式(5-14)可知该系统 PID 调节器的传递函数是

$$G(s) = \frac{\Delta U}{\Delta X} = -\frac{R_2}{R_0} \times \frac{(1+C_0 R_0 s)(C_1 R_1 s + 1)}{C_1(R_1 + R_2)s + 1} = \frac{K_{px}(T_0 s + 1)(T_1 s + 1)}{T_2 s + 1}$$

其中：$K_{px} = -R_2/R_0$，$T_0 = C_0 R_0$，$T_1 = C_1 R_1$，$T_2 = C_1(R_1 + R_2)$。

1) 系统开环增益调试

由式(5-15)可知，引入 PID 调节器后，数控机床进给运动控制系统的开环增益为

$$K' = K_{px} \times K \times K_z$$

由于系统已经是一阶无差系统，所以考虑用 K' 来补偿机械传动装置 K_z 所带来的增益下降。为此可选择 $K_{px} = 1/K_z$，从而使 $K' = K_{px} K K_z = K$。

又由于 $K_{px} = -R_2/R_0$，所以当选定运算放大器输入电阻 R_0 后，就可以得到电阻 R_2 的取值范围。

2) PID 调节器时间常数的选择

结合图 5-30 和调节器的传递函数，可以作这样的考虑。即将两个微分环节安排在中频段的前后，以拓展中频段宽度，提高数控机床进给运动控制系统的相对稳定性。

由于 $T_0 = C_0 R_0$、$T_1 = C_1 R_1$、$T_2 = C_1(R_1 + R_2)$，因此有 $T_2 > T_1 > T_0$。

这样数控机床进给运动控制系统调试方案如图 5-31 所示。

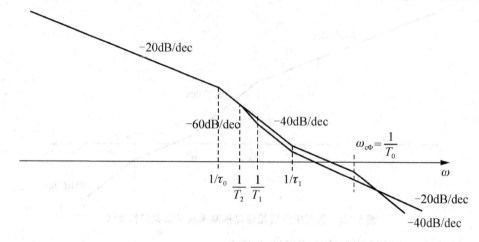

图 5-31　数控机床进给运动控制系统时间常数的设置方案

任务　数控机床进给控制系统的闭环调试

(一)任务目标

本项目通过对数控机床进给运动控制系统分析与调试过程及思路的模仿，进一步熟悉自动控制系统理论知识的应用，将理论知识与实践应用有机地结合起来。

(二)任务内容

(1) 根据所给实际系统参数，选择并完成对数控机床进给运动控制系统控制参数的设置与调试。

(2) 学习查阅相关的技术资料，以扩展知识结构。

(三)知识点

(1) 自动控制系统基本工作原理分析方法。

(2) 自动控制系统框图的建立与性能指标。

(3) 自动控制系统对数频率特性曲线的绘制及自动控制系统性能的频率特性分析。

(4) 自动控制控制方案的实施、控制参数的选择及调试。

(四)任务实施步骤

(1) 根据所给定的系统参数，建立数控机床进给控制系统的系统框图。系统参数如下所示。

a. 机械系统。机械传动比为 $z = 2$，滚珠丝杠的导程 $L_0 = 0.004\text{m}$，丝杠直径 $d = 0.016\text{m}$，驱动负载质量 $m = 100\text{kg}$，工作台与导轨之间的摩擦系数为 $f = 0.1$，工作台最大线速度为 $v = 0.05\text{m/s}$，最大加速度为 $a = 10\text{m/s}^2$。

b. 检测系统。测速发电动机反馈系数 $K_n = 0.5 \times 10^3$ 伏秒/位；位置检测装置 $K_x = 0.0143$ 伏/位。

c. 交流调压装置的传递系数 $K_s = 44$。

(2) 绘制数控机床进给控制系统的开环频率特性。

(3) 根据数控机床进给控制系统的开环频率特性，模仿本项目相关知识内容，完成以下任务。

a. 选择满足系统性能要求的调节器参数。

b. 补充数控机床进给运动控制系统在单位斜坡信号作用下的稳态误差分析。

c. 考虑是否能对该系统的控制规律(调节方式)进行改进。

(五)任务完成报告

完成给定数控机床进给控制系统的原理分析、性能分析及调试参数的选择与确定，并撰写成书面报告。

小　　结

(1) 对一个实际的自动控制系统进行分析与调试，应该先作定性分析，后作定量分析。即首先把基本的工作原理搞清楚，可以把系统按其所实现的功能分成若干个功能单元，再将每一个单元分解成若干个环节，这样先化整为零，弄清楚每个模块或每个环节在整个系统中所起的作用及工作原理，同时抓住每个模块或环节的输入输出关系，以及各个模块或环节之间的信号联系；然后，在此基础上建立系统的数学模型，画出系统框图；最后借助系统框图，就可以分析出哪些参数关系影响到系统稳定性、动态性和稳态性，并根据系统运行时所表现出来的问题，对系统进行调试与维护。

(2) 数控机床进给运动控制系统是典型的位置伺服控制系统，伺服控制系统又称为随动控制系统。这类系统的特点如下。

a. 输出量为位移，而不是转速。

b. 输入量是在不断变化的，且输出量能按一定精度跟随输入量的变化。

c. 供电电路都应该是可逆电路，使伺服电动机可以沿正、反两个方向转动，以抵消正或负的位移偏差。

d. 位置随动系统至少有两个反馈回路，即系统的主反馈(位置反馈)，主要作用是用来消除位置偏差；局部反馈(速度反馈)，主要作用是稳定转速和限制加速度，改善系统的稳定性。此外，还有电流环，可以用来限制最大电流等。

e. 伺服控制系统的技术指标，主要是跟随误差。

(3) 伺服控制系统的结构特点如下。

a. 伺服系统通常是闭环控制系统，主要包括检测装置、信号转换电路、放大装置、补偿装置、执行机构、电源装置和被控对象等部分。检测装置用来检测输入信号和系统输出；放大装置将控制信号进行功率放大；执行部件主要是机械传动装置，其任务是将伺服电动机的角位移变换成机械的线位移。

b. 为了使各部件信号之间有效匹配，并使系统具有良好的工作品质，一般还有信号转换线路和补偿装置。

(4) 交流伺服电动机的传递函数与直流伺服电动机的传递函数相似。

习　题

一、思考题

1. 随动系统与调速系统有哪些异同点？

2. 随动系统由哪几部分组成？各部分的作用是什么？

3. 位置随动系统的反馈环有什么特点？

4. 滚珠丝杠螺母副的工作原理与特点是什么？

5. 伺服电动机与普通电动机有什么区别？

6. 数控机床对随动系统的要求是什么？

7. 伺服系统中，测速电动机在应用上与调速时有什么不同？

8. 为什么高精度的位置随动系统必须配有高精度的位置检测元件？

9. 交流伺服电动机与直流伺服电动机在结构、性能和用途方面有什么区别？

二、综合分析题

1. 若数控机床工作台丝杆的导程为4，试计算丝杆旋转两周时，工作台的位移是多少？

2. 图 5-32 所示为一直流斩波电路，试完成下列任务。

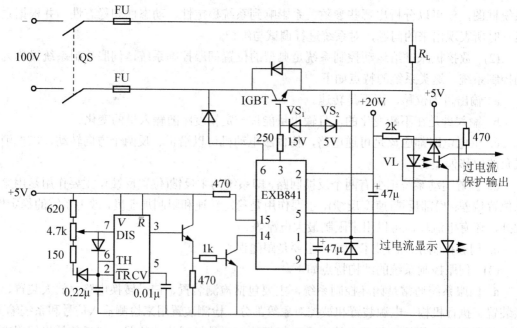

图 5-32　直流斩波电路

(1)　查阅相关资料，说明 555 时基电路的工作原理。

(2)　查阅相关资料，说明芯片 EXB841 的功能。

(3)　试分析此直流斩波电路的工作原理。

(4)　画出负载电阻 R_L 上的电压波形。

(5)　计算调节 4.7kΩ 电位器，负载 R_L 上平均电压的调节范围与占空比变化范围。

3．图 5-33 所示为一小功率脉宽调制的直流调速系统的实际电路，试分析：

(1)　该电路是开环控制还是闭环控制？

(2)　该电路是单向调速还是双向调速？

(3)　电动机两端电压的调节范围是多少？

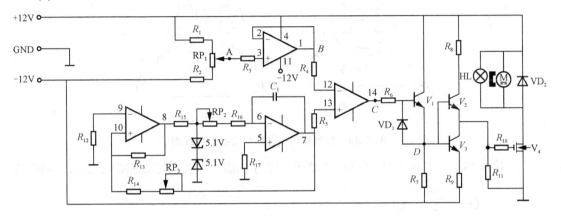

图 5-33　小功率直流电动机调速系统

4．图 5-34 所示为一自动控制系统的原理图。

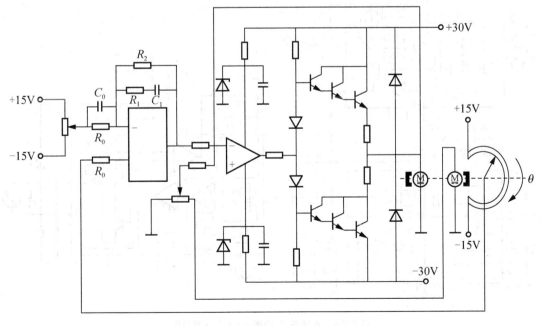

图 5-34　自动控制系统原理图

(1) 试画出该控制系统的组成框图。

(2) 由系统组成框图分析该自动控制系统的工作原理，并说明这个系统属于哪一类自动控制系统。

(3) 求出该自动控制系统调节器与放大器的数学模型。

5. 试简单分析图 5-35 所示检测元件的原理。

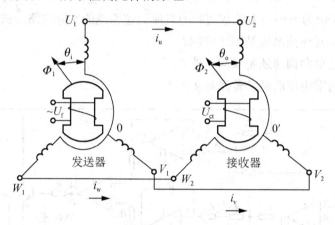

图 5-35　自整角机发送器与接收器接线图

6. 图 5-36 所示是由微型计算机控制的直流数字伺服控制系统的原理图，试完成下列任务。

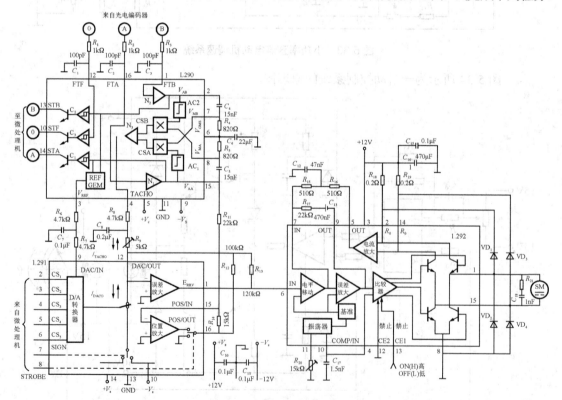

图 5-36　直流数字伺服控制系统原理图

(1)　查阅相关资料，简述 L290、L291、L292 三种专用集成电路的工作原理与功能。

(2)　绘出该直流伺服控制系统的组成原理框图。

7．图 5-37 所示为射电望远镜方位数控系统，试完成下列任务。

(1)　画出该数控系统的系统框图。

(2)　解释图中信号转换装置的作用。

(3)　简单说明其控制过程。

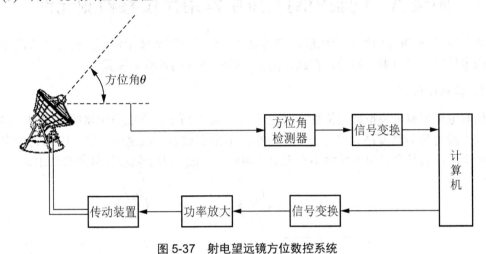

图 5-37　射电望远镜方位数控系统

附　录

附录 A　伺服控制系统中常用角位移检测元件

除了项目 5 所介绍的长度感应同步器以外，伺服控制系统中常用的角位移检测元件还有伺服电位器、光电编码器等。在此，简要介绍一下这两种检测装置。

1. 伺服电位器

伺服电位器属于模拟量角位移检测元件。图 A-1 所示为伺服电位器的原理图。伺服电位器较一般电位器精度高、摩擦转矩也较小，但由于通常为线绕电位器，因此它输出的信号不够平滑，而且容易出现接触不良现象，因此，一般应用于精度较低的系统中。

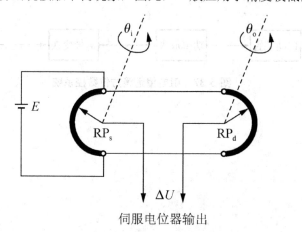

伺服电位器输出

图 A-1　伺服电位器原理图

伺服电位器的输出电压 ΔU 与角位移差 $\Delta \theta$ 成正比，即

$$\Delta U = K(\theta_i - \theta_o) = K\Delta \theta$$

伺服电位器线路简单，惯性小，消耗功率小，所需电源也简单，但通常的电位器有接触不良和寿命短的缺点。现在国内已生产光电照射式的光电电位器，可以避免上述缺点。

2. 光电编码器

光电编码器(简称光电码盘)也是目前常用的角位移检测元件。它属于数字量角位移检测元件。其外形结构如图 A-2(a)所示。

光电编码器由光源、光栅码盘和光敏元件三部分组成，直接输出数字式电脉冲信号，是现代数字伺服控制系统主要采用的位置检测元件。码盘一般为圆形，与电动机同轴连接，由电动机带动旋转，也有用直线形的，由移动机构传动。按照输出脉冲与对应位置关系的不同，光电编码器有增量式和绝对值式两种，也有将两者结合为一体的混合式编码器。

1) 增量式编码器

脉冲数直接与位移的增量成正比的编码器称为增量式编码器，常用的圆形增量式编码器每转发出 500～5000 个脉冲，高精度编码器可达数万脉冲，其结构示意图如图 A-2(b)所示。一般增量式编码器带有清零信号，用于消除积分累计误差。

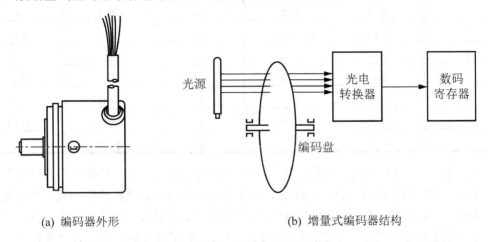

    (a) 编码器外形   (b) 增量式编码器结构

图 A-2   光电码盘角位移检测元件

2) 绝对值式编码器

绝对值式编码器的码盘图案由若干个同心圆构成，称为码道。码道的道数与二进制的位数相同，有固有的零点，每个位置对应距离零点不同的位置的绝对值。绝对值式码盘一周的总计数值为 $N = 2^n$，其中 n 为码的道数(也就是二进制的位数)，一般 $n = 4 \sim 12$，粗精结合的码盘可达 $n = 20$。

绝对值式编码器的码盘又分为二进制(编码)码盘和循环(编码)码盘两种，如图 A-3 所示。

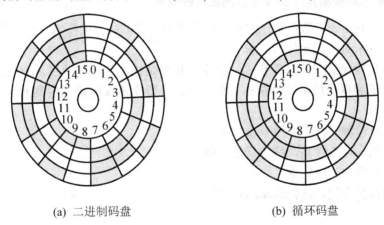

    (a) 二进制码盘   (b) 循环码盘

图 A-3   绝对值式光电编码器

(1) 二进制码盘。在二进制编码盘里，码道从外到里按二进制刻制，外层为最低位，里层为最高位，如图 A-3(a)所示。轴位置与数码的对照关系如表 A-1 所示。

表 A-1　循环码码盘轴与数码的对照表

轴的位置	二进制码	格 雷 码	轴的位置	二进制码	格 雷 码
0	0000	0000	8	1000	1000
1	0001	0001	9	1001	1001
2	0010	0011	10	1010	1010
3	0011	0010	11	1011	1011
4	0100	0110	12	1100	1100
5	0101	0111	13	1101	1101
6	0110	0101	14	1110	1110
7	0111	0100	15	1111	1111

当二进制码盘在转动时，可能出现两位以上的数字同时改变，导致"粗大误差"的产生。例如，当数码由 0111 变到 1000 时，由于光电管排列不齐或特性不一致，有可能产生高位偏移，本来是 1000 的数读成了 0000，误差达到 8，这就是"粗大误差"。为了克服这一缺点，可改用双排光电管组成的双读出端，对进位和不进位的情况实行"选读"，这样一来"粗大误差"虽可以消除，但结构和电路要复杂得多。

(2) 循环码码盘(格雷码)。为了从根本上消除"粗大误差"，可以采用循环码码盘。循环码码盘又称为格雷码盘，其特点是在相邻的两个码道之间只有一个码发生变化，因此当读数改变时，只有一个光电管处于交界上，如图 A-3(b)所示。

循环码码盘轴与数码的对照也列在表 A-1 中。其缺点是在读出后必须先通过逻辑电路换算成二进制码，然后才能参加运算。

3. 数控机床对检测元件及位置检测装置的要求

最后，简要介绍一下数控机床对检测元件及位置检测装置的要求。

1) 数控机床对检测元件的要求

检测元件是检测装置的重要部件，其主要作用是检测位移和速度，发送反馈信号。位移检测系统能够测量的最小位移量称为分辨率。分辨率不仅取决于检测元件本身，也取决于测量电路。

数控机床对检测元件的主要要求如下。

(1) 寿命长，可靠性高，抗干扰能力强。

(2) 满足精度和速度要求。

(3) 使用维护方便，适合机床运行环境。

(4) 成本低。

(5) 便于与计算机连接。

不同类型的数控机床对检测系统的精度与速度的要求不同。通常大型数控机床以满足速度要求为主，而中、小型和高精度数控机床以满足精度要求为主。选择测量系统的分辨率和脉冲当量时，一般要求比加工精度高一个数量级。

2) 数控机床对位置检测装置的要求

位置检测装置是数控机床伺服系统的重要组成部分。它的作用是检测位移和速度，发送反馈信号，构成闭环或半闭环控制。数控机床的加工精度主要由检测系统的精度决定。不同类型的数控机床，对位置检测元件、检测系统的精度要求和被测部件的最高移动速度各不相同。现在检测元件与系统的最高水平是：被测部件的最高移动速度高达240m/min时，其检测位移的分辨率(能检测的最小位移量)可达1μm，如当速度为24m/min时，可达0.1μm。最高分辨率可达到0.01μm。

数控机床对位置检测装置有以下要求。

(1) 受温度、湿度的影响小，工作可靠，能长期保持精度，抗干扰能力强。

(2) 在机床执行部件移动范围内，能满足精度和速度的要求。

(3) 使用维护方便，适应机床工作环境。

(4) 成本低。

附录 B　自动控制系统的一般调试方法

(1) 了解工作对象的工作要求(或加工工艺要求)，仔细检查机械部件和检测装置的安装情况，是否会阻力过大或卡死。因为机械部件安装的不好，开车后会产生事故，检测装置安装的不好(如偏心、有间隙，甚至卡死等)将会严重影响系统精度，形成振荡，甚至产生事故。

(2) 系统调试是在各单元和部件全部合格的前提下进行的。因此，在系统调试前，要对各单元进行测试，检查工作是否正常，做下记录。

(3) 系统调试是按图样要求，接线无误的前提下进行的。因此，在系统调试前要检查各接线是否正常、牢靠。特别是接地线和继电保护线路，更要仔细检查(对自制设备或经过长途运输后的设备，更应仔细检查、核对)。未经检查，贸然投入运行，常会造成严重事故。

(4) 写出调试大纲，明确调试顺序。系统调试是最容易产生遗漏、慌乱和出现事故的阶段，因此一定要明确调试步骤，写出调试大纲；并对参加调试的人员进行分工，对各种可能出现的事故(或故障)，事先进行分析，并制定出产生事故后的应急措施。

(5) 准备好必要的仪器、仪表，例如双踪示波器、高内阻万用表、代用负载电阻箱、数字记录型多线示波器、绝缘电阻表，和其他监控仪表(如电压表、电流表、转速表等)，以及作为调试输入信号的直流稳压电源和调试专用信号源等。

选用调试仪器时，要注意所选用仪器的功能(型号)、精度、量程是否符合要求，要尽量选用高输入阻抗的仪器(如数字万用表、示波器等)，以减小测量时的负载效应。此外还要特别注意测量仪器的接地(以免高电压通过分布电容窜入控制电路)和测量时要把弱电的公共端线和强电的零线分开(例如测量电力电子电路用的示波器的公共线，便不可接强电地线)。

(6) 准备好记录用纸，并画好记录表格。

(7) 清理和隔离调试现场，使调试人员处于进行活动最方便的位置，各就各位。对机械转动部分和电力线应加罩防护，以保证人身安全。调试现场还应配有可切断电力总电源的"紧停"开关和有关保护装置，还应配备灭火消防设备，以防万一。

附录 C 制定调试大纲的原则

制定调试大纲有以下原则。

(1) 先单元，后系统。

(2) 先控制回路，后主电路。

(3) 先检验保护环节，后投入运行。

(4) 通电调试时，先用电阻负载代替电动机，待电路正常后，再换接电动机负载。

(5) 对调速系统和随动系统，调试的关键是电动机投入运转。投入运行时，一般应先加低的给定电压开环启动，然后再逐渐加大反馈量(和给定量)。

(6) 对多环系统，一般为先调内环，后调外环。

(7) 对加载实验，一般应先轻载后重载，先低速后高速。

(8) 系统调试时，应首先使系统正常稳定运行。通常先将 PI 调节器的积分电容短接(改为比例调节器)，待稳定后，再恢复 PI 调节器，继续进行调节(将积分电容短接，可降低系统的阶次，有利于系统的稳定运行，但会增加稳态误差)。

(9) 先调整稳态精度，后调整动态指标。对系统的动态性能，可采用慢扫描示波器或采用数字记录型示波器记录下有关参量的波形(现在也可采用虚拟示波器来记录有关波形)。

(10) 分析系统的动态、稳态性能的数据和波形记录，找出系统参数配置中的问题，以作进一步的改进调试。

参 考 文 献

[1] Richard C. Dorf，Rober H. Bishop. 现代控制系统[M]. 谢红卫，等，译. 8 版. 北京：高等教育出版社，2004.

[2] Gen F. Franklin，J. David Powell，Abbas Emami-Naeini. 自动控制原理与设计[M]. 李中华，张雨浓，译. 5 版. 北京：人民邮电出版社，2007.

[3] 孔凡才. 自动控制原理与系统[M]. 3 版. 北京：机械工业出版社，2007.

[4] 陈伯时. 电力拖动自动控制系统——运动控制系统[M]. 4 版. 北京：机械工业出版社，2009.

[5] 邓星钟. 机电传动控制[M]. 4 版. 武汉：华中科技大学出版社，2007.

[6] 莫正康. 电力电子应用技术[M]. 3 版. 北京：机械工业出版社，2000.

[7] Benjamin C. Kuo，Fari Golnaraghi. 自动控制系统[M]. 汪小帆，李翔，译. 8 版. 北京：高等教育出版社，2004.

[8] 张立勋，黄筱调，等. 机电一体化系统设计[M]. 北京：机械工业出版社，2007.

[9] 朱骥北. 机械控制工程基础[M]. 北京：机械工业出版社，2007.

[10] 王铁成. 特种电机与控制[M]. 北京：机械工业出版社，2009.

[11] 胡松涛. 自动控制原理[M]. 4 版. 北京：科学出版社，2002.

[12] 陈伯时，陈敏逊. 交流调速系统[M]. 北京：机械工业出版社，1998.

[13] 魏克新，王云亮，陈志敏. MATLAB 语言与自动控制系统设计[M]. 北京：机械工业出版社，1999.